本书受到国家重点研发计划"绿色宜居村镇技术创新"重点专项项目"村镇聚落空间重构数字化模拟及评价模型"（2018YFD1100300）支持

村镇聚落空间重构规律与设计优化研究丛书

新型城乡关系下县域村镇聚落体系规划方法

李和平　谢　鑫　肖　竞　著

科学出版社

北　京

内 容 简 介

面对现行村镇聚落规划设计方法存在"城市偏向""就乡村论乡村""地域适应性不足"等问题,本书旨在在城乡融合发展背景下构建适用于新型城乡关系的县域村镇聚落体系规划方法。借鉴国内外相关理论与规划经验,从"重构特征分析—重构动力识别—城乡融合类型划分—村镇发展单元划定—村镇聚落体系优化"的研究路径提出一套以"村镇发展单元"为载体开展村镇聚落体系规划的方法。

本书可以为城乡规划、区域规划、乡村地理、村镇治理等研究领域的科研人员、设计人员、管理者、硕博研究生以及对城乡融合发展和村镇聚落规划感兴趣的读者提供理论、方法和实践参考。

审图号:GS 京(2023)1202 号

图书在版编目(CIP)数据

新型城乡关系下县域村镇聚落体系规划方法 / 李和平,谢鑫,肖竞著. —北京:科学出版社,2023.9
(村镇聚落空间重构规律与设计优化研究丛书)
ISBN 978-7-03-074619-1

Ⅰ.①新… Ⅱ.①李… ②谢… ③肖… Ⅲ.①乡村规划–研究–中国
Ⅳ.①TU982.29

中国版本图书馆 CIP 数据核字(2022)第 255430 号

责任编辑:李晓娟 王勤勤 / 责任校对:郝甜甜
责任印制:吴兆东 / 封面设计:美光

科学出版社 出版
北京东黄城根北街 16 号
邮政编码:100717
http://www.sciencep.com
北京建宏印刷有限公司印刷
科学出版社发行 各地新华书店经销

*

2023 年 9 月第 一 版 开本:787×1092 1/16
2024 年 6 月第三次印刷 印张:14
字数:350 000

定价:188.00 元
(如有印装质量问题,我社负责调换)

总　序

　　村镇聚落是兼具生产、生活、生态、文化等多重功能，由空间、经济、社会及自然要素相互作用的复杂系统。村镇聚落及乡村与城市空间互促共生，共同构成人类活动的空间系统。在工业化、信息化和快速城镇化的背景下，我国乡村地区普遍面临资源环境约束、区域发展不平衡、人口流失、地域文化衰微等突出问题，迫切需要科学转型与重构。由于特有的地理环境、资源条件与发展特点，我国乡村地区的发展不能简单套用国外的经验和模式，这就需要我们深入研究村镇聚落发展衍化的规律与机制，探索适应我国村镇聚落空间重构特征的本土化理论和方法。

　　国家"十三五"重点研发计划"绿色宜居村镇技术创新"重点专项项目"村镇聚落空间重构数字化模拟及评价模型"，聚焦研究中国特色村镇聚落空间转型重构机制与路径方法，突破村镇聚落空间发展全过程数字模拟与全息展示技术，以科学指导乡村地区的经济社会发展和空间规划建设，为乡村地区的政策制定、规划建设管理提供理论指导与技术支持，从而服务于国家乡村振兴战略。在项目负责人重庆大学李和平教授的带领和组织下，由19家全国重点高校、科研院所与设计机构科研人员组成的研发团队，经过四年努力，基于村镇聚落发展"过去、现在、未来重构"的时间逻辑，遵循"历时性规律总结—共时性类型特征—实时性评价监测—现时性规划干预"的研究思路，针对我国村镇聚落数量多且区域差异大的特点，建构"国家—区域—县域—镇村"尺度的多层级样本系统，选择剧烈重构的典型地文区的典型县域村镇聚落作为研究样本，按照理论建构、样本分析、总结提炼、案例实证、理论修正、示范展示的技术路线，探索建构了我国村镇聚落空间重构的分析理论与技术方法，并将部分理论与技术成果结集出版，形成了这套"村镇聚落空间重构规律与设计优化研究丛书"。

　　本丛书分别从村镇聚落衍化规律、谱系识别、评价检测、重构优化等角度，提出了适用于我国村镇聚落动力转型重构的可持续发展实践指导方法与技术指引，对完善我国村镇发展的理论体系具有重要学术价值。同时，对促进乡村地区经济社会发展，助力国家的乡村振兴战略实施具有重要的专业指导意义，也有助于提高国土空间规划工作的效率和相关政策实施的精准性。

　　当前，我国乡村振兴正迈向全面发展的新阶段，未来乡村地区的空间、社会、经济发展与治理将逐渐向智能化、信息化方向发展，积极运用大数据、人工智能等新技术新方法，深入研究乡村人居环境建设规律，揭示我国不同地区、不同类型乡村人居环境发展的地域差异性及其深层影响因素，以分区、分类指导乡村地区的科学发展具有十分重要的意义。本丛书在这方面进行了卓有成效的探索，希望宜居村镇技术创新领域不断推出新的成果。

2022 年 11 月

前　言

中华人民共和国成立以来，我国城乡关系经历了城乡分离、城乡失衡、城乡碰撞和城乡融合等不同历史发展阶段。2017年，党的十九大提出"乡村振兴"与"城乡融合发展"战略，要求"建立健全城乡融合发展体制机制和政策体系，加快推进农业农村现代化"，形成"工农互促、城乡互补、全面融合、共同繁荣"的新型工农城乡关系，我国城乡关系也进入城乡融合发展的新阶段。2019年，国家十八部委联合印发《国家城乡融合发展试验区改革方案》，要求各地认真贯彻落实城乡融合发展的相关要求。在此背景下，如何破除长期以来城乡发展不均衡与乡村发展不充分的问题，成为社会学、经济学、地理学、城乡规划学等多学科研究的重点。

县域村镇聚落体系是县域范围内乡镇、乡村共同组成的有机联系整体，与城乡关系密切相关。在城乡关系由城乡分离向城乡融合转变的过程中，县域村镇聚落体系要适应内部要素和外部调控的变化，不断通过优化城乡资源配置，调整城乡社会经济形态，改变城乡地域空间格局，才能实现村镇等级规模、空间结构、功能布局等方面的转型重构。受城乡二元结构的影响，我国传统村镇聚落规划设计方法存在"城市偏向""就乡村论乡村""地域适应性不足"等问题，无法适应当前城乡融合发展的大趋势。基于此，本书将县域村镇聚落体系的研究放在更大区域的城乡关系之中进行探讨，从城乡融合发展的背景重新审视县域村镇聚落的地位，将乡镇与乡村作为一个整体，提出以"村镇发展单元"作为县域村镇聚落体系规划的基本载体，统筹城乡资源、功能与产业，优化村镇聚落等级体系、空间结构、功能布局与设施配套，旨在提出一套科学合理，适用于不同地区、不同类型县域村镇聚落体系的规划方法，服务于我国乡村振兴与城乡融合发展战略。

近年来，我国部分地区已经出现统筹村镇发展的"单元式规划"探索，相关实践主要集中于东南沿海城市，如上海"郊野单元"、广州"美丽乡村群"和浙江"美丽城镇群"等。虽然已有研究提供了一种破除行政单元边界，从区域视角理解与看待村镇发展的思路，对县域村镇聚落体系的研究具有借鉴价值，也实证了以"单元"为基本载体开展村镇聚落体系规划的可行性与合理性，但各地的"单元式规划"在规划层级、要素和内容上各有重点，难以形成一套可推广至不同地区、不同类型县域的普适性方法。同时，"单元"是开展"单元式规划"的关键，已有的实践探索尚未形成一套科学划定村镇发展单元的技术方法，尤其是在当前国土空间规划体系改革的背景下，如何划定村镇发展单元，划定单元后如何对各类规划要素进行优化，尚需进一步探讨。

　　本书是国家"十三五"重点研发计划"绿色宜居村镇技术创新"重点专项项目"村镇聚落空间重构数字化模拟及评价模型"（2018YFD1100300）的研究成果之一。在乡村振兴和国土空间规划体系的宏观背景下，我国各地都在探索村镇聚落空间的发展路径。本书的探索只是一种尝试，难免存在不足，敬请读者批评指正。

李和平

2022 年 12 月于山城重庆

目　录

第1章 城乡关系转型背景下村镇体系规划的问题

1.1 我国城乡关系演化的历史过程

城乡关系是广泛存在于城市与乡村之间，两者之间相互依存、相互制约、相互促进、相互影响的联系（刘豪兴，2010）。我国城乡关系具有独特的历史阶段特征，从中华人民共和国成立初期"以重工业为中心"到十九大以后"农业农村优先发展"，我国城乡关系逐渐由二元的"城乡对立"向一元的"城乡融合"转变。系统梳理城乡关系演化的历程不仅可以描绘我国城乡建设的大体脉络，探寻我国城乡发展的规律，还可以通过比对过去和现在，帮助深刻理解城乡融合发展的历史渊源和内在原因，让人们在处理城乡关系相关命题时可以有更全面的认识。镇村体系是县域范围内由城镇、乡村共同组成的有机联系整体，与城乡关系密切相关，县域镇村体系的研究不能就乡村论乡村，而需要"跳出乡村"，从更大的城乡关系、区域环境来统筹协调（杨贵庆，2019）。因此，在研究镇村体系的相关内容前，有必要对我国城乡关系的发展历程建立一个正确的认识，作为研究的逻辑起点和基础（王玉虎和张娟，2018），在此基础之上再将镇村体系放在大的城乡关系背景之中，去探讨其发展的总体趋势与方向。

目前关于我国城乡关系历程划分的研究较多，研究方法多以定性为主，主要从政策解读（陈宏胜等，2016）、要素分析（杜国明和刘美，2021）、地方实践回顾（张秋仪等，2021）等视角将我国城乡关系的演变历程分为不同阶段。研究结论尚未达成一致，如有学者将我国城乡关系划分为"强制性以乡促城""市场化以乡促城""以城带乡"3个阶段（赵群毅，2009），也有学者将其划分为"城乡分化""城乡对立""城乡融合""城乡一体"4个阶段（杜国明和刘美，2021），还有学者将其划分为"城乡初始""城乡起飞""城乡不平衡发展""城乡统筹发展""城乡一体化发展"5个阶段（赵民等，2016）。可以看出，我国城乡关系历程与演变特征尚有待从多维度、多视角开展系统性研究，以便得到更为全面、科学的结论，形成城乡关系发展的共识。

1.1.1 城乡关系演化分析框架

我国历史发展经历了剧烈的社会变革，城乡关系的形成受宏观政策环境和城乡要素配置的双重影响。20世纪50年代中国逐步建立起计划经济体制，政府期待在城乡发展中起到决定性作用。1978年改革开放推动我国市场经济体制建立，国际资本、民间资本等市场要素参与到城乡建设之中，但政府仍然起主导作用（陈宏胜等，2016）。可以看出，政府在城乡发展中扮演着重要"组织者"的角色,而市场则扮演着重要"调节者"的作用,因此"国家政策"与"城乡要素"是解读城乡关系非常重要的两把钥匙。其中,"国家政策"是政府部门在不同时期针对当前城乡发展面临的主要任务和问题,提出的宏观调控手段,对城乡人口转化、城乡规模控制、城乡产业转型有着极其重要的影响。而"城乡要素"则是市场依据政策确定的方向和目标,驱动人口、资本、技术等在城乡之间进行配置的结果。基于此,本书构建"政策变迁-要素流动"双重视角下的城乡关系分析框架(图1-1),以宏观政策变迁的历史视角为主线,以城乡要素配置的变化过程为辅线,通过双线互动的形式来探讨城乡关系的变化。

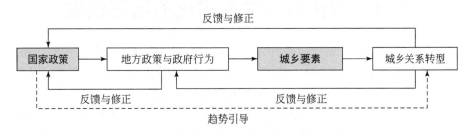

图1-1 "国家政策"与"城乡要素"对城乡关系转型作用

1.1.2 我国城乡政策的演化特征

政策变迁方面,本研究以全国代表大会报告、中央一号文件等政策文件为基础,增加其他人口、土地、税收、城镇化、乡村振兴、城乡融合等专项文件进行补充。通过对上述城乡政策文件的解读与回顾,重新审视中华人民共和国成立以来城乡关系的演变历程。

从全国代表大会报告来看,其城乡发展的政策导向基本与"五年计划"一致。1956年党的八大报告提出"逐步实现社会主义的工业化""逐步完成对农业、手工业和资本主义工商业的社会主义改造",强调了工业发展对国民经济恢复的重要性。从党的十大到十一大,我国提出以农业为基础发展工业的模式,城乡关系形成了"农业支撑工业""乡村孕育城市"的特征。从党的十二大到十三大,随着国民经济基本恢复,农村开始受到重视,"农林牧副渔全面发展"和"乡镇企业发展"的提出大大促进了乡村地区的经济发展。从党的十四大到十五大,国家提出"农业产业化经营",加大对农业农村设施、科技的投入,但受"城乡收益剪刀差"的影响,城市地区的发展政策力度更大。从党的十六大到十九大,面对城乡二元差距的增大,"城乡统筹"(2002年)、"城乡一体化"(2007年)、"新型城镇化"(2012年)、"城乡融合"(2017年)等概念相继提出,促进了我国城乡关系逐渐由"城乡二元"转向"城乡一元"的状态。

从历年中央一号文件来看,1982~1985年的政策导向为逐步放宽农村商品、资金、人口流入城市的限制,如"农村供销合作社改革""允许农民资金流动""农民落户政策松动""取消购销政策"等;1986~2006年开始通过"增加农业投入"、"农村税费改革"和"乡镇企业改革"等提升外部动力的方式加强城市对农村的带动作用,调整工农城乡关系；2007～2017 年则主要是采取健全农业"产业体系"、"市场体系"、"经营体系"和"服务体系"等完善农村内生动力的方式，建立城乡一体化发展机制；2017 年以后，国家对乡村发展的政策集中在"体制完善"和"模式创新"上，先后提出"完善产权制度和农村要素市场化配置"、"完善'农户+合作社'、'农户+公司'利益联结机制"、"健全农民分享产业链增值收益机制"和"把县域作为城乡融合的切入点"等要求。

从人口、产业、土地、税收、经济其他"专项类"重要政策文件来看，政府对城乡关系的调控从"重城轻乡"越来越倾向于"城乡等值"的价值导向，如经济体制经历了"计划经济"（1954 年）到"市场经济"（1993 年）的转型，农产品流通经历了"统购统销"的制定（1953 年）与取消（1985 年），农业税也经历了"征收"（1958 年）到"免除"（2005 年），城乡户籍制度经历了"二元户籍制度建立"（1958 年）到"松动"（1984 年）再到"改革"（1997 年）的过程。

可以看出，经过半个多世纪的发展，我国已经建立起适合城乡融合发展的体制环境（胡鞍钢等，2011），且已从经济计划转型为综合性规划。回顾 1949～2022 年的城乡政策，不难发现，我国城乡政策的制定经历了工业优先导向、城镇优先导向、城乡协调导向再到农业农村优先导向四个阶段（图 1-2）。

1.1.3 我国城乡要素的演化特征

如果说国家政策对城乡关系发展起到的是自上而下的宏观引导作用，那么自下而上直接对城乡关系演变发挥作用的则是要素流动系统（闫海等，2018）。本书对劳动力、农产品、资金、土地、技术 5 个方面的城乡要素流动情况进行研究，得到定量分析的研究结果，与国家政策的变迁分析互为补充，为我国城乡关系转型历程的划分提供更全面、更科学的研究依据。

（1）劳动力要素

从劳动力在城乡之间的流动来看，"户籍制度改革"和"有计划地推进我国城市化进程"政策的提出对我国城乡就业人口的影响较大。1958 年为了解决落后的农业无法满足工业化发展需求的问题，国家出台二元户籍制度对劳动力实行计划管理，限制农村人口流动，城镇人口增长缓慢，直到 1978 年城镇化率仍然维持在 18% 以下。改革开放后，市场经济改革促进劳动力流动，城镇化率第一次提速，到 1997 年达到 31.91%（图 1-3）。20世纪 90 年代国家提出"有计划地推进我国城市化进程"，并实行"户籍制度改革"，大量农村劳动力转移至城镇，我国迎来城镇化率的第二次加速。1997～2020 年农村就业人口从49 039 万人下降到 28 793 万人，农村就业人数回到 70 年代规模（图 1-4）。可以看出，我国劳动力的转移主要发生在改革开放后和 90 年代以后两个阶段，一方面城镇化与工业化发展形成"拉力"，对农村劳动力产生吸引；另一方面农业现代化发展改变了传统低效劳作方式，单位耕地面积所需劳动力减少，在要素转移上发挥"推力"作用。

（2）农产品要素

从农产品在城乡之间的流动来看，1953 年我国实行统购统销制度，农产品在城乡之间的流动受到限制，农村供销合作社是城乡农产品流通的主要渠道。直到 1985 年，国家才

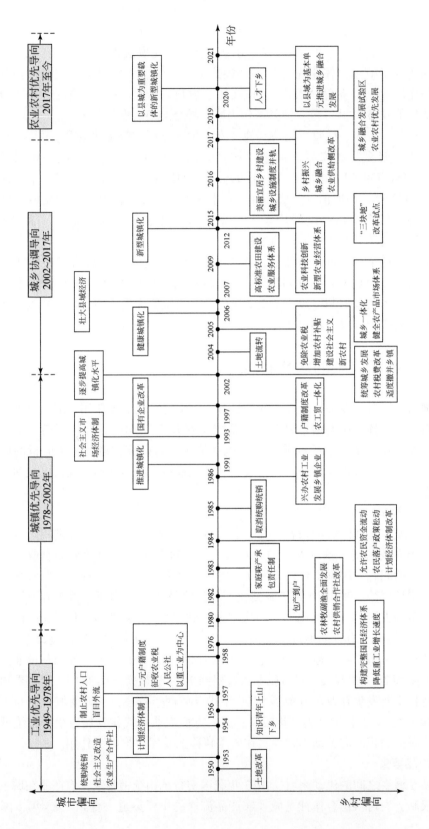

图 1-2　我国城乡发展政策变迁历程

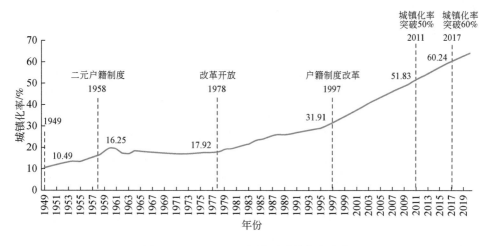

图 1-3　1949~2020 年我国城镇化率变化

资料来源：历年《中国统计年鉴》

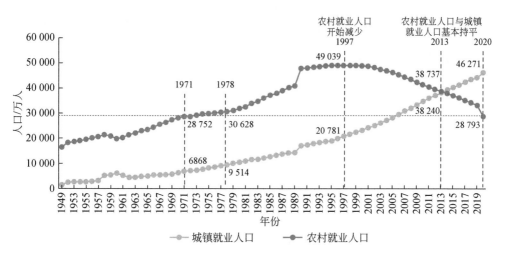

图 1-4　1949~2020 年我国城乡就业人口变化

资料来源：历年《中国人口与就业统计年鉴》

取消向农民下达农产品统购派购任务，逐步放宽农村商品流入城市的限制，如"农村供销合作社改革""取消购销政策"等。2000 年以后，为了适应现代农业发展，城乡物流通道建设受到重视，2004 年中央一号文件提出全面放开粮食收购和销售市场，实行购销多渠道经营，发挥市场机制作用，搞活农产品流通。2007 年，《中共中央 国务院关于积极发展现代农业扎实推进社会主义新农村建设的若干意见》中提出大力发展农村连锁经营、电子商务等现代流通方式。加快建设"万村千乡市场"、"双百市场"、"新农村现代流通网络"和"农村商务信息服务"等工程。2015 年，《中共中央 国务院关于加大改革创新力度加快农业现代化建设的若干意见》提出支持电商、物流、商贸、金融等企业参与涉农电子商务平台建设。城乡物流系统进一步完善。

(3) 资金要素

从资金投入在城乡之间的流动来看，中华人民共和国成立以来的较长一段时间，国家通过宏观手段抽取大量农业资金用于发展重工业。1958年我国开始征收农业税，农业税收额度从1958年的32.6亿元增加至2005年的936.4亿元，1985~2005年农业税收额度总计7976.9亿元①。到2005年，应对日渐衰落的农村（如空心化、老龄化、精英流失等），中央到地方加强对"三农"的扶持力度，农业税彻底免除②。从资金去向看，1978年以前每年国家财政用于农业发展的支出不足150.7亿元，1978~2002年农业支出缓慢增长，年均增长30亿元。2002年以后国家采取"以工促农、以城带乡"的方式扶持乡村发展，2007~2009年国务院明确提出要大幅度增加对"三农"的投入，继续提高农村地区的财政投入、固定资产投资，增加农业农村补贴等③④⑤，如"种粮农民补贴""良种补贴""农机具购置补贴""家电下乡补贴"等。2022年3月财政部发布的《关于2021年中央和地方预算执行情况与2022年中央和地方预算草案的报告》中显示，中央财政衔接推进乡村振兴补助资金按照只增不减的原则安排1650亿元，增加8476亿元。自此，我国资金要素的投入逐渐由工业转向农业，由城市转向农村（图1-5）。

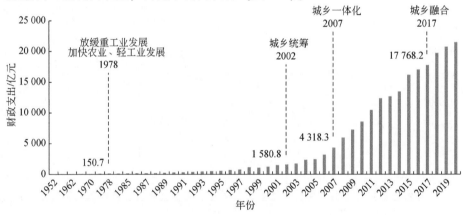

图1-5　1952~2020年我国财政农业支出变化示意

资料来源：历年《中国农村统计年鉴》

---

① 数据来源于历年《中国统计年鉴》。

② 2006年以前，农业各税包括农业税、牧业税、耕地占用税、农业特产税、契税和烟叶税；2006年以后，农业各税只包括耕地占用税、契税和烟叶税。

③ 2007年1月，《中共中央 国务院关于积极发展现代农业扎实推进社会主义新农村建设的若干意见》提出：2007年，财政支农投入的增量要继续高于上年，国家固定资产投资用于农村的增量要继续高于上年，土地出让收入用于农村建设的增量要继续高于上年。

④ 2008年2月，《中共中央 国务院关于切实加强农业基础建设进一步促进农业发展农民增收的若干意见》提出：2008年，财政支农投入的增量要明显高于上年，国家固定资产投资用于农村的增量要明显高于上年，政府土地出让收入用于农村建设的增量要明显高于上年。耕地占用税新增收入主要用于"三农"，重点加强农田水利、农业综合开发和农村基础设施建设。

⑤ 2009年2月，《中共中央 国务院关于2009年促进农业稳定发展农民持续增收的若干意见》提出：进一步强化惠农政策，增强科技支撑，加大投入力度。

（4）土地要素

土地是城镇化与农业农村发展的基本要素，也是促进城乡资源双向流动的关键载体（肖莉，2021），土地制度是农村最基本的生产关系。中华人民共和国成立初期，土地改革废除了封建土地所有制，实现了耕者有其田。1953年国家推行农业生产合作社，1958年推行人民公社，土地从农民私有变为集体所有。1983年《当前农村经济政策的若干问题》以及1988年《中华人民共和国土地管理法》逐步确定家庭联产承包责任制，农村土地实行集体所有、家庭承包经营的统分结合双层经营体制（陈坤秋等，2019）。1987年深圳发生中国第一宗土地公开拍卖，促使1998年《中华人民共和国土地管理法》第一次修正，明确土地使用权可以依法转让，同时住房分配货币化开始实行，加之城镇化的快速发展，城市建设用地渐趋紧张，占补平衡、增减挂钩等土地管理制度相继施行。2004年《国务院关于深化改革严格土地管理的决定》发布，开始实行土地流转制度，松动农民与土地的固化关系，让农民可以将其土地转包给他人耕种而进城务工。2015年1月，《关于农村土地征收、集体经营性建设用地入市、宅基地制度改革试点工作的意见》的印发标志着我国新一轮的农村土地制度改革提上日程，土地承包经营权流转、宅基地使用权抵押和集体经营性建设用地入市成为深化农村改革、加快推进农业现代化的重要保障。2019年《中华人民共和国土地管理法》（修正）通过人大决议，破除了农村集体经营性建设用地进入市场的法律障碍。

可以看出，1950年土地改革前后，我国土地由"私有共用"转为"公有公用"，这两个时期形成了人地固化关系，对土地流通产生了阻碍。1978年以后，"包干到户"和"家庭联产承包责任制"激活了乡村地区的土地流通，农村土地逐步由"私有共用"与"公有公用"转变为"公有私用"（吴宇哲和孙小峰，2018）。1988年以后，城市地区的土地被激活，使用权可以依法转让，促进了土地进入市场流通，城市建设用地由1988年的12 095万 hm² 增加至2020年的60 721万 hm²，镇建成区面积由1990年的83万 hm² 增加至2020年的434万 hm²。可以看出，城市建设用地大幅增加，但乡村建设用地变化不大（图1-6和图1-7）。2015年以后，农村集体经营性建设用地入市被提出，标志着城乡土地

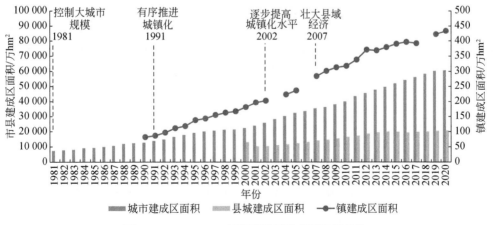

图1-6　1981~2020年我国城镇建成区规模变化

资料来源：历年《中国城乡建设统计年鉴》

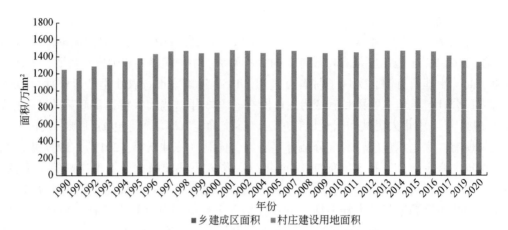

图 1-7   1990～2020 年我国乡村建设用地规模变化

资料来源：历年《中国城乡建设统计年鉴》，缺 2003 年、2006 年、2018 年数据

市场逐步形成双向互动的机制，土地要素的流通进入了一个新阶段。

（5）技术要素

"三五"（1966～1970 年）计划最早提出农业机械化发展，但受工业化与城镇化导向发展思路的影响，技术要素在农村地区的实质性投入不足，1970 年农业机械总动力 216.5 亿 W。1949～2003 年全国大中型拖拉机数量均低于 100 万台。2004～2005 年连续两年中央一号文件均提出要加大对中小型水利设施建设的投入，农业机械化水平实质性提升，2004 年以后大中型拖拉机数量猛增，由 111.9 万台增加至 2017 年的 670.1 万台，农业机械总动力 9878.3 亿 W（图 1-8）。同时，我国还通过农业科技推广、农民职业技能培训等方式加大对农村的技术投入，如"种子工程""畜禽水产良种工程""科技入户工程"的实施以及 2005 年设立的"超级稻项目"推广[1][2]，还有部分地区采取补助、培训券、报账制等方式调动农民参与培训的积极性。2020 年中央一号文件明确提出"人才下乡"的要求，并将其作为教师、医生等职业晋升的前提[3]。

值得注意的是，各要素在城乡之间的流动并不是独立进行的，一种要素的流动常常伴随着其他要素流动的加快，如随着农村"三块地"改革的不断深入，农村人地依附关系被打破，人口在城乡之间的流动被加快，资金、技术等要素回流乡村的局面逐渐显现。在此过程中，人口、资本、技术等城乡要素也经历了"乡村限制流动—乡村流向城市—城市流向乡村—城乡双向自由流动"的过程（图 1-9）。

---

[1] 2004 年 2 月，《中共中央 国务院关于促进农民增加收入若干政策的意见》提出：优先支持主产区推广一批有重大影响的优良品种和先进适用技术。围绕农田基本建设，加快中小型水利设施建设，扩大农田有效灌溉面积，提高排涝和抗旱能力。

[2] 2005 年 2 月，《中共中央 国务院关于进一步加强农村工作提高农业综合生产能力若干政策的意见》提出：从 2005 年起，要在继续搞好大中型农田水利基础设施建设的同时，不断加大对小型农田水利基础设施建设的投入力度。

[3] 2020 年 1 月，《中共中央 国务院关于抓好"三农"领域重点工作确保如期实现全面小康的意见》提出：有组织地动员城市科研人员、工程师、规划师、建筑师、教师、医生下乡服务。城市中小学教师、医生晋升高级职称前，原则上要有 1 年以上农村基层工作服务经历。

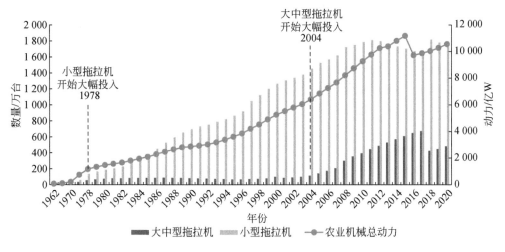

图 1-8　1962～2020 年我国农业机械水平变化

资料来源：历年《中国农村统计年鉴》

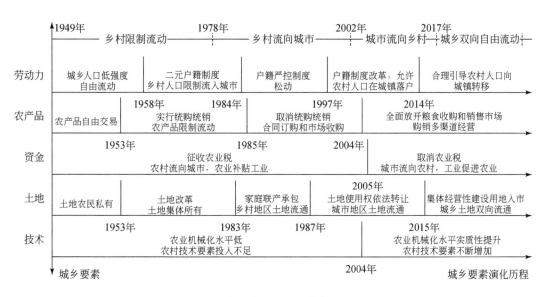

图 1-9　我国城乡发展要素变迁历程

1.1.4　我国城乡关系演化历程划分

从我国城乡政策变迁与城乡要素流动的分析来看，1978 年改革开放后，社会主义市场经济逐渐建立，国家通过工农产品"剪刀差""征收农业税""鼓励乡镇企业发展""户籍制度改革"等方式促进乡村剩余劳动力向城镇转移，城乡差异逐渐增大，形成了"城乡失衡"的城乡关系。2002 年党的十六大提出"城乡统筹"的概念，城乡二元结构开始出现松动，随后深化土地改革、免除农业税、建设社会主义新农村等政策的出台，将农村发展提到与城市相同的重要地位，2007 年党的十七大又提出"城乡一体化"的要求，可见这一阶段的城乡关系属于"相互碰撞"的探索时期。2017 年党的十九大提出"城乡融合发展"要求，自此我国城乡关系进入了前所未有的新阶段，随后《乡村振兴战略规划(2018—2022 年)》《国家新型城镇化规划（2014—2020 年)》《国家城乡融合发展试验区改革方案》等纷纷强调要加快形成工农互促、城乡互补、全面融合、共同繁荣的新型工农城乡关系。

中华人民共和国成立以后我国城乡关系随时间发展而不断演化，整体上呈现出一种由自发走向有序、由城乡分离走向城乡融合、由低水平走向高水平城乡协同的发展演变规律。城乡关系的转型历程大致可以分为"城乡分离—城乡失衡—城乡碰撞—城乡融合"四个大的阶段（图 1-10）。

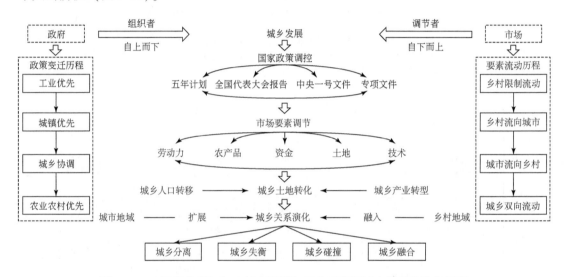

图 1-10 "国家政策"与"城乡要素"视角下我国城乡关系的演化历程

（1）城乡分离阶段（1949～1978 年）

从国家政策与城乡要素流动情况来看，中华人民共和国成立以后我国逐渐由城乡统一向城乡二元结构转型，因此这一阶段的城乡关系按照城乡二元结构的形成又可以细分为两个阶段。1949～1953 年，我国的首要任务是完成城乡社会主义改造，包括废除地主阶级封建剥削实行农民土地所有制、发展集体所有制的农业生产合作社等。通过共同劳动、集体经营的方式提高劳动生产率，当时全国各地开始普遍发展互助组和试办初级农业生产合作社。至 1952 年底，互助组已发展到 810 万个，初级农业生产合作社 3600 多个[①]。1953 年2 月，《关于农业生产互助合作的决议》正式颁布执行，12 月出台《中国共产党中央委员会关于发展农业合作社的决议》。从空间特征来看，这一时期的城乡建设发展缓慢，乡村

---

① 新浪读书. 1953 年 2 月 15 日，中央颁布《关于农业生产互助合作的决议》. http://book.sina.com.cn/today/2010-10-21/162325773.shtml.

居民点呈均质、点状分布,镇村体系呈现出"小城小村"的空间特征。

1953~1978年,我国主要任务是通过社会主义工业化发展完成国民经济的恢复,农村剩余价值主要用于支持国家工业发展,其间涉及的城乡发展政策主要包括统购统销制度、计划经济体制建立、户籍制度、征收农业税、人民公社运动等。1958年出台的《中华人民共和国户口登记条例》,将城乡人口分为农业人口和非农业人口,并严格限制农村人口迁往城市,1962~1978年全国城镇化率连续17年保持在18%以下,城乡二元结构使得城乡相互分离。这一时期的城乡空间成为国家调节城乡关系、工农关系的一种工具,具有强烈的计划经济特征。村民受政策制约被固化于乡村的土地和农业生产上,形成"不离土不离乡"的传统乡村(向博文和赵渺希,2020),此时的乡村居民点建设仍然十分缓慢,规模较小(耿慧志和李开明,2020),空间结构松散,镇村体系呈现出单中心结构的"大城小村"的空间特征。

(2) 城乡失衡阶段(1978~2002年)

1978~2002年是我国城乡发展的重要时期,城镇化与乡村工业化是这一时期的发展重点。我国通过"包产到户""家庭联产承包责任制""乡镇企业发展""社会主义市场经济体制""户籍制度改革"等政策对城乡经济进行改革,解放了农村劳动力,城乡经济得到较快发展。虽然户籍制度改革与市场经济体制的建立开放了城乡生产要素的自由流动,市场在城乡资源配置中的作用凸显,乡村发展得到进一步提升。但同时城镇化、工业化导向以及乡镇企业发展等政策一度导致城乡"剪刀差",促使资源要素在城镇集聚,乡村发展严重滞后于城市,城乡居民人均可支配收入比由1983年的1.82上升至2003年的3.15,城乡二元结构进一步固化,城乡关系失衡。这一阶段的城乡发展也可以细分为两个时期,1988年以前主要通过农村工业、乡镇企业推动小城镇大发展,1988年以后主要通过土地和住房商品化与市场化改革推进城市主导的城镇化(武廷海,2013)。

从城市空间格局来看,这一时期的城乡建设发展迅速,乡村数量多、分布广,镇村体系呈现出小城镇主导的多节点分散式的"小城大镇"的空间特征。

(3) 城乡碰撞阶段(2002~2017年)

2002年,我国步入工业化中后期(蒲向军等,2018),工业产值由1949年的140亿元增长至2002年的47 775亿元,城镇化率接近40%,城乡居民人均可支配收入比超过3.0。为了改变长期以来形成的重工轻农、重城轻乡思想,国家先后提出"城乡统筹"(2002年)、"城乡一体化"(2007年)、"新型城镇化"(2012年)等发展理念。我国开始转变以往农业、农村为工业和城市发展提供资本积累的城乡发展模式,开始探索工业反哺农业、城市支持农村的发展路径,改变城乡二元经济结构体制。2004年开始实行土地流转制度,破解农民与土地的固化关系,2005年农业税免除和社会主义新农村建设,2009年加大统筹城乡发展力度,协调推进工业化、城镇化和农业现代化[①]。2011年我国城镇化率突破50%,乡村人口向城镇人口转移的速度放缓,2015年、2016年中国流动人口总量较上一年减少568万人和171万人(国家卫生和计划生育委员会流动人口司,2017),传统城

---

① 2009年12月,《中共中央 国务院关于加大统筹城乡发展力度进一步夯实农业农村发展基础的若干意见》提出:协调推进工业化、城镇化和农业现代化,努力形成城乡经济社会发展一体化新格局。

镇化向新型城镇化过渡,"集约、智能、绿色、低碳"和"以人文本"等成为城乡发展的新理念。

工业园区、开发区的整顿加快了非农产业的集聚,表现为拆除、迁并与整合原有乡镇零散工业小区或开发区。例如,苏州市通过行政性指令大刀阔斧地减少乡镇工业小区的数量,由 2001 年的 224 个减少至 2005 年的 53 个(刘彬等,2020)。这一时期城镇剧烈扩张,乡村逐步拆并,镇村体系形成中心外围集中式的"大中小城市和小城镇"空间特征,"小城镇"被认为是城乡有机过渡的重要一环。

(4)城乡融合阶段(2017 年至今)

2017 年党的十九大报告明确提出实施乡村振兴战略,首次将"城乡融合发展"写入党的文献,为乡村振兴吹响了有力号角。2017 年 12 月中央农村工作会议强调要走中国特色社会主义乡村振兴道路,2018 年中央一号文件对实施乡村振兴战略作出系统部署,绘就了"三农"事业新征程的宏伟蓝图。2019 年 12 月《国家城乡融合发展试验区改革方案》公布全国 11 个国家级城乡融合发展试验区的名单。2019 年政府工作报告明确提出"提高新型城镇化质量""新型城镇化要处处体现以人为核心"。2020 年 4 月 3 日国家发展和改革委员会发布《2020 年新型城镇化建设和城乡融合发展重点任务》,明确了新型城镇化建设的重点任务。2020 年 1 月 1 日起修订实行的《中华人民共和国土地管理法》重点聚焦农村"三块地"改革,包括土地征收、农村宅基地管理制度和集体经营性建设用地入市三大方面,进一步促进了城乡要素的双向自由流动。2020 年 5 月 29 日印发的《国家发展改革委关于加快开展县城城镇化补短板强弱项工作的通知》提出,重点投向县城新型城镇化建设,并明确提出了 4 个领域 17 项建设任务。

从城市空间格局来看,这一时期的镇村体系伴随城乡交通网络、物流体系和电子商务的发展,空间结构由中心外围集中式转向多中心网络化的特征。

1.2 我国村镇体系规划的发展演变

针对农房建设和乡镇企业迅速发展造成耕地占用等问题,1979 年国家建设部门召开了"第一次全国农村房屋建设工作会议",以重视节约用地和防止乱占耕地为目标构建合理的生产和生活关系,开始重要的村庄建设规划探索阶段。1982 年国家基本建设委员会、国家农业委员会联合颁布了《村镇规划原则》,同年制定《村镇建房用地管理条例》,为村庄规划管理提供了法规依据(赵虎等,2011)。

镇村关系的构建最初起源于城乡建设环境保护部于 1987 年做出的以集镇建设为重点的决策,形成了从只抓农房建设发展到对村镇进行综合规划建设的阶段转变。1993 年10 月,建设部在江苏省苏州市召开"全国村镇建设工作会议",确定以小城镇建设为中心,带动村镇建设,促进农村经济全面发展的工作方针。同年由国务院颁布的《村庄和集镇规划建设管理条例》首次提及"县级人民政府组织编制县域规划,应当包括村庄、集镇建设体系规划"(张立等,2021),1994 年,建设部颁布《城镇体系规划编制审批办法》开启了对村镇体系规划编制及技术评审的探索。2006 年,《县域村镇体系规划编制暂行办法》作为我国第一部关于县域村镇体系规划的法规,为响应《城市规划编制办法》而提出"明确村镇层次等级（包括县城—中心镇—一般镇—中心村），选定重点发展的中心镇，确定各乡镇人口规模，职能分工、建设标准""确定村庄布局基本原则和分类管理策略。明确重点建设的中心村，制定中心村建设标准"，指出县域村镇体系规划的强制性内容。2009年底，全国2000多个县，绝大部分都依据《城市规划编制办法》编制了县域镇村体系规划，并且多数省份专门把镇村体系规划作为构筑县（市）域发展战略的重要平台（何灵聪，2012）。2014年在乡村体系规划领域开展"多规合一"规划方法和工作机制试点后，住房和城乡建设部于2015年11月颁布《关于改革创新全面有效推进乡村规划工作的指导意见》，着力推进县（市）域乡村建设规划编制，并将其纳入县（市）总体规划的专项规划（魏书威等，2019）。

2012年，党的十八大首次提出"美丽中国"概念，旨在将生态文明建设融入经济、政治、文化、社会建设的各方面与全过程，满足"五位一体"的推进建设的总要求。随后，国家在对安徽、浙江等地规划探索的基础上形成了全国首个美丽乡村建设的国家标准《美丽乡村建设指南》（GB/T 32000—2015）。党的十九大提出乡村振兴战略，并于2018年一号文件《中共中央 国务院关于实施乡村振兴战略的意见》提出乡村振兴的具体任务与要求，提出美丽乡村建设发展"产业兴旺、生态宜居、乡风文明、治理有效、生活富裕"的总要求，颁布《乡村振兴战略规划（2018—2022年)》（表1-1）。

表1-1 我国村镇聚落体系规划的相关文件

年份	文件名称	要求与内容
1982	《村镇规划原则》	对村镇规划的任务、内容做出了原则性规定，主要为了规范农房建设
1993	《村镇规划标准》（GB 50188—1993）（2007年废止）	提出将村镇规划作为一个独立的整体，由改革开放初单一的农房建设规划向以集镇为重心的综合规划转变
1993	《村庄和集镇规划建设管理条例》	确定村庄、集镇规划一般分为村庄、集镇总体规划和村庄、集镇建设规划两个阶段进行
1994	《城镇体系规划编制审批办法》	对我国城镇体系规划编制的目的、任务、编制组织及审批方式、编制内容及成果要求等进行了详细规定
2000	《县域城镇体系规划编制要点》（试行）	在乡村城市化试点县（市）加强县域城镇体系规划的编制工作，其他县（市）可结合当地情况参照执行。有条件的提出中心村和其他村庄布局的指导原则
2005	《关于推进社会主义新农村建设的若干意见》	从经济、社会等方面对新农村建设提出了明确要求，开创了建设社会主义新农村的新局面
2006	《县域村镇体系规划编制暂行办法》	明确村镇体系结构，提出村庄布局的基本原则；实现基础设施向农村覆盖；制定村庄整治与建设的分类管理策略
2007	《镇规划标准》（GB 50188—2007）	对镇域镇村体系规划编制内容提出要求，提出村庄的规划规模应按人口数量划分为特大、大、中、小型四级
2009	《关于开展工程项目带动村镇规划一体化实施试点的工作要求》	通过规划整合各类工程项目和资金，以工程项目带动村镇规划的实施。要在总结基层依靠自身力量，改善农村人居环境经验的基础上，提出创新村镇规划制定和实施的方法和机制

年份	文件名称	要求与内容
2010	《镇（乡）域规划导则（试行）》	对原有的村镇规划在名称、阶段和内容进行调整，将现有镇村规划的内容分为镇规划、乡规划和村规划三种，构建镇区（乡政府驻地）、中心村、基层村三级体系
2014	《住房城乡建设部关于做好2014年村庄规划、镇规划和县域村镇体系规划试点工作的通知》	探索县域城乡规划、国民经济社会发展规划、土地利用规划及生态环境规划等"多规合一"的规划方法和工作机制，实现县域村镇体系规划全覆盖、全县一张图管理
2015	《美丽乡村建设指南》（GB/T 32000—2015）	从村庄用地布局、设施布局建设、乡村环境整治、产业发展需求等方面综合构建村庄建设的主要内容
2015	《关于改革创新全面有效推进乡村规划工作的指导意见》	明确乡村体系、划定乡村居民点管控边界、确定建设项目、提出乡村风貌控制要求、分区分类制定村庄整治指引，承担了联系宏观体系规划与微观村庄规划的作用
2016	《住房城乡建设部办公厅关于开展2016年县（市）域乡村建设规划和村庄规划试点工作的通知》	建立以县（市）域乡村建设规划为依据和指导的镇、乡和村庄规划编制体系，统筹安排乡村重要基础设施和公共服务设施建设
2017	《农村人居环境整治三年行动方案》	加强村庄规划管理，全面完成县域乡村建设规划编制或修编，鼓励推行"多规合一"；推进实用性村庄规划编制实施，实现村庄规划管理基本覆盖
2018	《美丽乡村建设评价》（GB/T 37072—2018）	从村庄规划、村庄建设、生态环境、经济发展、公共服务、乡风文明、基层组织等方面对美丽乡村的建设内容进行评价
2018	《中共中央 国务院关于实施乡村振兴战略的意见》	提出美丽乡村建设发展"产业兴旺、生态宜居、乡风文明、治理有效、生活富裕"的总要求
2018	《乡村振兴战略规划（2018—2022年）》	确定以集聚提升、城郊融合、特色保护、搬迁撤并四类构建乡村振兴格局，并从乡村产业发展、生态宜居、乡村文化、乡村治理等方面构建乡村振兴发展内容
2018	《住房城乡建设部关于进一步加强村庄建设规划工作的通知》	要求实现村庄规划管理基本覆盖，因地制宜编制村庄建设规划，组织多方力量下乡编制规划，完善乡村建设规划许可管理等
2019	《自然资源部办公厅关于加强村庄规划促进乡村振兴的通知》	确定村庄规划范围为村域全部国土空间，可以一个或几个行政村为单元编制，编制"多规合一"的实用性村庄规划

对上述相关文件进行分析和整理，不难发现，我国村镇聚落体系规划所涉及的类型大致包括镇村体系规划、村庄建设规划、镇村布局规划、美丽乡村规划等多种类型。不同规划类型的侧重点不一样（表1-2）。

1.2.1 镇村体系规划

1992年后，国家从战略高度把小城镇建设作为村镇建设的重点，要求加强小城镇规划建设与管理。1993年、1996年召开的两次全国村镇建设工作会议都明确了以小城镇建设为重点的指导思想。从1994年8月建设部颁布《城镇体系规划编制审批办法》开始，国家层面开启了对村镇体系规划编制及技术评审的探索，广东、浙江等沿海省份亦逐步开展了乡村体系规划的编制工作。

表 1-2　我国村镇聚落体系规划的类型

规划名称	总体要求	规划内容
镇村体系规划	针对县域范围，对各乡镇和村庄进行规划，明确不同层次建制镇、集镇、村庄的地位、性质和作用，围绕小城镇建设需求进行乡村体系调整，主要开展村镇职能、规模的梳理与引导，解决城镇体系规划编制和审批工作不规范，规划缺乏科学性等问题	综合评价县域的发展条件； 提出县域城乡统筹发展战略和产业发展空间布局方案； 预测县域人口规模，提出城镇化战略及目标； 提出县域空间分区管制原则； 确定县域村镇体系布局，明确重点发展的中心镇； 确定村庄布局基本原则和分类管理策略； 提出县域基础设施和社会公共服务设施配置原则与策略
村庄建设规划	针对村庄建设空间，对村庄各项建设活动进行规划，落实村庄整治工作的要求，重点研究农村经济发展和物质空间整治，解决村民迫切要求改善农村生活环境和村容村貌等问题	评估地区经济发展水平； 各项建设的用地布局、用地规模； 对住宅和供水、供电、道路、绿化、环境卫生以及生产配套设施做出具体安排； 近期建设工程以及重点地段建设具体安排
镇村布局规划	针对当下县域、镇域、村域各级层面进行规划，主要涵盖县域或镇域范围内镇村体系、撤村并点、功能整合和空间优化等方面，解决当下自然村落格局零散、管理混乱无序等问题	确定镇区规模和村庄规模； 镇区和村庄居民点的分类与布局； 农村地区的公共服务设施和基础设施布局
美丽乡村规划	针对当下村庄发展滞后的问题，对村域范围进行整体规划，主要解决我国广大乡村边缘化和空心化、传统农业逐渐衰弱、生态环境逐渐恶化的发展困境	确定乡村发展的建设模式； 树立乡村品牌，引导乡村的产业发展； 挖掘村落文化，保护村庄的整体风貌； 整合公共资源，有效推进公共服务均等化； 维护乡村生态环境，保护绿水青山

县（市）域城镇体系规划到 21 世纪初的县（市）域村镇体系规划，均是重点针对乡村城镇化趋势较为突出的地区开展编制试点工作，其突出特点是围绕小城镇特别是重点小城镇的建设，附带进行乡村体系调整，将自下而上与自上而下相结合。局部试点、初步探索，无统一方法、统一名称。结合县（市）域市场经济发展诉求，在乡村城镇化的部分试点地区开展村镇职能、规模的梳理与引导。规划总体上按照"服务城镇、分类归纳、分层指导"的思想，围绕小城镇建设需求进行乡村体系调整，明确不同层次建制镇、集镇、村庄的地位、性质和作用，初步形成了"服务城镇发展、服从城镇体系"的乡村体系（魏书威等，2019）。县（市）域城镇体系规划的编制和实施，使小城镇的基础设施建设和投资环境明显改善，城镇功能不断充实，吸纳了大量农村的富余劳动力。小城镇的发展，推动了城镇化进程，带动了农村建设，农业机械化作业有了新的发展空间，农业生产效率极大提高，农村集体收入和农民收入有了显著增加，带动农村住房特别是基础设施和公用设施建设出现了一个新的高潮（张鑑和赵毅，2017）。

例如，江苏于 1995 年在全省推动开展了"两区划定"工作，要求各乡（镇）确定镇、村建设用地和基本农田保护区空间布局,"两区划定"指的是划定村镇建设规划区和基本农田保护区。其中,划定村镇建设规划区指的是确定中心镇、一般镇、中心村和基层村四个等级居民点体系的空间布局与用地边界,划定基本农田保护区指的是划定一级基本农田边界和二级基本农田边界。此项工作在解决农田保护与城乡建设的矛盾、协调经济发展与建设用地的关系、构建合理村镇体系等方面取得了显著成效。

但在 2006 年《县域村镇体系规划编制暂行办法》颁布之前,我国乡村体系的自身乡土特征和相对独立性始终得不到认可,乡村从属于城镇、服务于城镇的传统思维禁锢了乡村体系的建构。

1.2.2　村庄建设规划

进入 21 世纪,国家高度重视农村发展,并明确了全面贯彻落实科学发展观,统筹城乡经济社会发展,实行工业反哺农业、城市支持农村的方针。2005 年 11 月,建设部在江西召开了全国村庄整治工作会议,以其为先导开展社会主义新农村建设。2005 年 12 月 31 日,中共中央、国务院出台了《关于推进社会主义新农村建设的若干意见》,指出建设社会主义新农村是我国现代化进程中的重大历史任务,要求围绕社会主义新农村建设做好农业和农村工作,提出了"生产发展、生活宽裕、乡风文明、村容整洁、管理民主"的方针。党的十七大进一步明确提出建立以工促农、以城带乡的长效机制,形成城乡经济社会发展一体化的新格局。

同时,各地都在积极推进新农村建设规划工作,落实村庄整治工作的要求,重点研究农村经济发展和物质空间整治,解决村民日常生活中较迫切的实际需求,重点对村庄居民点进行全面、细致的安排。规划对项目实施指导作用明显,人居建成环境得到了实质性的提升,公共活动场所、出行条件、住房条件、设施配套等基本生活条件改善明显。

例如,2007 年编制的《上海青浦区金泽镇七百亩村新农村建设规划》,按照中央关于新农村建设"管理民主、生产发展、生活宽裕、乡风文明、村容整洁"二十字总方针,本次规划的核心任务是落实村庄整治工作的要求,重点研究农村经济发展和物质空间整治,解决村民日常生活中较迫切的实际需求(图1-11)。

但是村庄建设规划聚焦建设空间,内容不全面,尽管口号上均提出了全域规划,但实际上缺乏对生态、农业等非建设空间的有效管理,对村庄居民点以外的区域规划深度不足,不能直接指导基本农田、生态环境保护等方面工作安排。同时,村庄建设规划实施成效根本上取决于政府、村民和规划师等利益主体的互动作用,现阶段实施效果不理想,尤其是在文化和产业方面的偏差,这多是由于乡村规划建设活动中有些部门干预过度、村民主体缺失和规划设计失位。

1.2.3　镇村布局规划

由于村庄规划大多单个编制,主要解决村庄发展的个体问题,缺少对于乡村地区统筹

图 1-11 《上海青浦区金泽镇七百亩村新农村建设规划》平面图、效果图及实施效果

资料来源：《上海青浦区金泽镇七百亩村新农村建设规划》，上海翌德建筑规划设计有限公司

发展的视角，有时难免陷入"就村论村"的困境。面对此类发展情况，迫切需要一种新的规划类型，对一定范围内的乡村地区的整体发展和村庄布局进行引导。鉴于此，江苏、浙江、广东等地纷纷开始编制"镇村布局规划""村庄布局规划""村庄布点规划"等相关规划。

在具体实践中，镇村布局规划也称"镇村体系规划"或"村庄布点规划"。该规划一般包括三个部分：一是确定镇区规模和村庄规模；二是镇区和村庄居民点的分类与布局，其主体是迁村并点，促进农村土地的集约使用；三是农村地区的公共服务设施和基础设施布局。该规划与传统的"镇总体规划"的区别在于，镇村布局规划重点关注农村地区的居民点布局，规划的主要目的在于集约使用土地，优化农村空间，统筹规划镇村基础设施（张立和何莲，2017）。因此，镇村布局规划内容的重点主要注重乡村空间布局优化和人居环境品质提升，通过乡村物质空间环境改善进而推动乡村空间治理的水平提升，统筹考虑城镇化战略下留村人口以及未来村庄分类，以引导公共财政投入和设施配置。

以江苏为例，江苏先后于 2005 年、2014 年、2019 年组织编制了三轮镇村布局规划。2005 年，江苏省以"适度集聚、节约用地、有利农业生产和方便农民生活"为基本原则，率先组织开展城乡规划全覆盖编制工作，希望通过镇村布局规划解决城镇化进程中乡村地区村庄规模小、建设无序、布局散乱、环境较差、土地资源浪费较大等问题（张   和赵毅，2017），以确定自然村庄布点，统筹安排各类公共设施和基础设施，对多余的各类设施进行清理，对农业生产空间进行整理，对生态和特色文化进行保护。十年的布局优化建设对农村的无序建设起到一定的抑制作用。2014 年 6 月，在"新型城镇化""新常态"赋予城乡一体化新意义的背景下，江苏省人民政府印发了《省政府办公厅关于加快优化镇村布局规划的指导意见》，开始编制镇村布局优化规划，将自然村庄划分为"重点村""特色村""一般村"，逐步加强对农村生态环境保护的重视以及村庄特色的挖掘（杨元珍等，2016）。2019 年江苏省出台《江苏省镇村布局规划优化完善技术指南（试行）》，对应国家《乡村振兴战略规划（2018—2022 年）》要求调整为五类（集聚提升类村庄、特色保护类村庄、城郊融合类村庄、搬迁撤并类村庄和其他一般村庄），进一步提出以县（市、区）为单位，以乡镇为基本编制单元推进规划工作，并提出在引导村庄空间优化的同时注重保留乡村特色，留存乡村记忆（陈小卉和闾海，2021）。

镇村布局规划以人口流动为基础，为推进不同背景下的城镇化建设优化和重组现有的镇村体系，目的是解决当下自然村落格局零散、管理混乱无序等问题，从编制的内容上看，主要涵盖镇村体系、撤村并点、功能整合和空间优化等方面，推动有条件的农村居民尽快适度集中。但镇村布局规划较少涉及村庄产业发展和未来具体的规划建设内容，缺乏对乡村建设的综合性考虑。由于国家层面没有出台相关法规或规范性文件来指导规划编制，只是多数省份出台了导则、纲要或指南来指导该类规划，缺乏多规协调和政策支撑（魏书威等，2019），该类规划未能在全国得到普遍的推广。

1.2.4 美丽乡村规划

面对我国广大乡村边缘化和空心化，传统农业逐渐衰弱，生态环境逐渐恶化的发展困境，2012 年底，党的十八大报告提出了建设美丽中国的宏伟构想（陈秋红和于法稳，2014）。十八届三中全会勾画出"建设美丽中国、打造生态文明"的宏伟蓝图，促使美丽乡村建设成为建设新时代美丽中国重要的一环（樊亚明和刘慧，2016）。2013 年，国家在浙江、安徽等 13 个省试点美丽乡村标准化建设实践，涌现了浙江安吉、福建长泰、贵州余庆等典型美丽乡村。例如，福建出台了《福建省美丽乡村建设指南和标准（试行）》（2014 年）及《美丽乡村建设指南》（DB35/T 1460—2014）；陕西出台《美丽乡村建设规范》（DB61/T 992—2015）。在现有规划实践的基础上，全国首个美丽乡村建设的国家标准《美丽乡村建设指南》（GB/T 32000—2015）编制完成，首次明确了"规划科学、生产发展、生活宽裕、乡风文明、村容整洁、管理民主，宜居、宜业的可持续发展乡村"的规划目标（中国标准化研究院，2010），并于 2018 年确定了《美丽乡村建设评价》（GB/T 37072—2018）。

2013 年农业部总结出了十大美丽乡村创建模式，分别为产业发展型模式、生态保护型模式、城郊集约型模式、社会综治型模式、文化传承型模式、渔业开发型模式、草原牧场型模式、环境整治型模式、休闲旅游型模式、高效农业型模式。从建设内容上看，重点强调了村庄生产生活设施的建设、农村生态环境和村容村貌的整治，并对如何提升乡村经济发展和生活服务配套完善等方面提出一定的优化建议。美丽乡村建设实现村庄从个体"点"的"美丽"转向整体"线、面"的"美丽"，体现了村庄规划的一种新要求与新视野，有利于实现村庄与周边区域的竞合发展，其建设的本质不仅仅是村庄的美化，也在于通过村容村貌的整治提升村民的生活品质，为建设现代农村、培养现代农民打好基础（图 1-12）。

图 1-12　淳安县枫树岭镇下姜村乡村实施效果
资料来源:《淳安县枫树岭镇下姜村美丽乡村精品村规划》，杭州市规划设计研究院

　　美丽乡村规划的概念最初由浙江省提出，2003 年 6 月，浙江省委、省政府召开全省"千村示范、万村整治"工作会议，提出用 5 年时间从全省选择 1 万个行政村进行全面整治，把其中 1000 个中心村建设成全面小康示范村。2010 年 6 月，浙江省委、省政府决定推广安吉经验，提出实施《浙江省美丽乡村建设行动计划（2011—2015 年）》（以下简称《计划》），"美丽乡村"上升为全省的战略决策，是"千村示范、万村整治"工程的提升，通过村庄环境的综合整治，农村产业的持续发展，精神文明的全面提升，逐步形成环境优美、产业特色鲜明、设施健全、文化丰富、农民幸福的现代"美丽乡村"（徐文辉，2016)，并于 2014 年出台了全国首个美丽乡村地方标准浙江省《美丽乡村建设规范》（DB 33/T 912—2014）①。

　　但目前美丽乡村规划的对象较为局限，以实现"一村一品、一村一景、一村一业"为主要目标（宋京华，2013)，针对的是少量具有特色的村庄进行提升型规划。该类村庄规划过于偏重旅游发展需要（袁源等，2020)，难以有效适用于所有村庄，因此目前关于美丽乡村规划探索重点聚焦于景村融合（樊亚明和刘慧，2016)、景区依托（李彦等，2017）等方面，较为强调通过旅游带动村庄的建设发展。"美丽乡村"建设在容纳农村旅游、产业、生态、文化协调发展的同时，应该更多地看到当下绝大部分农村经济发展的困境和脱贫致富面临的巨大挑战，将经济产业发展作为美丽乡村建设的物质基础和重要环节。

――――――――――――――

　　①　2019 年 8 月 9 日已作废，由《新时代美丽乡村建设规范》（DB33/T 912—2019）代替。

1.3　城乡关系转型背景下村镇体系规划的问题

1.3.1　规划内容仍然具有"城市偏向"特征

　　城市化和城镇化一直以来都是我国城乡发展的基本主轴（任远，2016）。全国各地的城市化和城镇化建设如火如荼，中心城市、县城区在很长一段时间内得到大力发展。这种"城市偏向"的发展模式导致2005~2020年我国城市和县城的建成区人口不断上升。与此同时，乡和村庄户籍人口呈现下降趋势，大量的乡村人口涌入大城市、县城当中，在县域这一层级，县城区的发展更多的是产生极化效应，是对乡村人口的吸纳、对土地资源的掠夺，由此形成了县城人口增长，但乡村人口减少甚至出现了严重收缩的现象（表1-3）。

表1-3　2005~2020年中国人口变化　　　　（单位：亿人）

年份	县城人口	城区人口	建制镇建成区户籍人口	乡建成区户籍人口	村庄户籍人口
2005	1.00	3.59	1.48	0.52	7.87
2006	1.10	3.33	1.40	0.35	7.14
2007	1.16	3.36	1.31	0.34	7.63
2008	1.19	3.35	1.38	0.34	7.72
2009	1.23	3.41	1.38	0.33	7.70
2010	1.26	3.54	1.39	0.32	7.69
2011	1.29	3.54	1.44	0.31	7.64
2012	1.34	3.70	1.48	0.31	7.63
2013	1.37	3.77	1.52	0.31	7.62
2014	1.40	3.86	1.56	0.30	7.63
2015	1.40	3.94	1.60	0.29	7.65
2016	1.39	4.03	1.62	0.28	7.63
2017	1.39	4.10	1.55	0.25	7.56
2018	1.40	4.27	1.61	0.25	7.71
2019	1.41	4.35	1.65	0.24	7.76
2020	1.41	4.43	1.66	0.24	7.77

资料来源：《中国城乡建设统计年鉴2020》。

　　受到这种"城市发展"观念的影响，规划界一直以来都更加重视城市功能研究，县域镇村体系规划往往是为县城、城镇的发展寻找依据（崔功豪和徐英时，2001），在实际编制工作往往重视的是城镇建成区内部的规划和发展，却忽视了对乡村地区的研究。由于在长期的城乡二元体制背景下，我国村镇地区的发展仍然沿用的是"牺牲乡村发展城市"的城镇化道路（叶红等，2021），在经济取得高速发展和城市不断外延扩张的同时，城乡差距进一步扩大，由此而累积的"三农"矛盾已到达非常突出的境况（张克俊和杜婵，2019）。

在规划界，"城市偏向"的发展思路体现在我国快速城镇化的进程中出现的"粗暴式"的乡村用地征用现象。据统计，2005～2020年城市建成区面积一直处于快速增长的过程，县城建成区面积和建制镇建成区面积均有不同程度的增长，但是乡村地域面积却不断减少（图1-13）。在县域这一层级，县域总体规划、镇村规划往往伴随着大量的行政区划调整，撤镇设街、撤乡建镇等过程。与此同时，"城市偏向"的发展观念也造成了被动城镇化的问题，被动城镇化是指农民由于某种客观原因不得不放弃农业生产和乡村生活方式，被动地向城市的生产生活方式转移的过程（章光日和顾朝林，2006）。这个过程使得乡村地域的土地、文化等正在离我们远去，也造成了乡村特色丧失的问题。虽然"城市偏向"的发展固然能促进发展，但长此以往也加剧了城乡之间的不平衡、不对等。

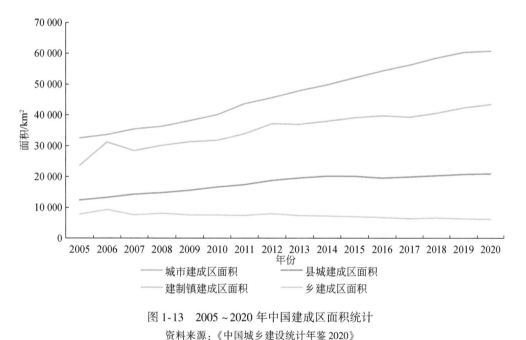

图1-13　2005～2020年中国建成区面积统计

资料来源：《中国城乡建设统计年鉴2020》

因此村镇规划还是需要从"乡村视角"出发，将镇村视为规划的主体，发掘村镇自身的特色资源与优势，这样才能让镇村实现可持续的发展，实现城市与乡村的共同繁荣。

1.3.2　规划模式存在"就乡村论乡村"弊端

现行规划编制体系普遍存在"就城市论城市，就乡村论乡村"的现象，只有点没有面，缺乏对乡村地域功能的有效管控机制。我国村镇规划方法主要聚焦村庄单体的建设规划，较少关注村庄体系的规划。例如，2000年实施的《村镇规划编制办法（试行）》中没有明确指出镇、村层面需要解决的问题。实际编制工作往往重视村镇层面的问题，忽视了村庄体系规划的问题。独立的村庄规划的编制对乡村的生活、生产、生态空间的布局建设起到了积极作用，但不考虑乡村与乡村，乡村与城市之间的关系和联系，造成乡村的均质发展、平均发力，不能实现优势聚集，资源难以统筹协调，同时还造成大量的资金花费在类似的规划编制上。

县域村镇规划缺乏有效的指导和约束性，导致乡镇发展呈现各自为政的状态，乡镇之间的发展缺乏统筹的现象越发严重。主要体现在：一是村镇体系内各乡镇的发展规模大小缺乏统筹。一些村镇为了寻求自身发展，盲目建设、无序扩张、布局分散。二是村镇产业发展缺乏统筹规划。村镇在进行产业规划时往往仅从自身角度出发，未将周边乡镇的产业关联考虑在内，这就导致村镇产业类型雷同、同质化竞争、对外关联度低、缺乏与县城的对接等问题。三是村镇公共服务设施配置缺乏考量。村镇级别的公共服务设施往往是按照村镇等级进行配置，未考虑到人口、产业、空间布局等现实情况。在实际发展过程中，一些发展规模较小的村镇存在设施配置浪费的现象，而一些发展规模较大的村镇却存在设施配置紧缺的情况。以成都市乡村规划编制为例（胡滨等，2009），村级行政单元在乡村振兴背景下存在建设浪费、资源闲置与新产业新业态缺乏发展空间的矛盾，制约着农业农村的现代化进程（马琰等，2021a）。以重庆市乡村规划编制为例，2006 年，应国家"新农村建设"要求，启动了全市新农村规划工作；2009 年，按照《重庆市村规划编制技术导则》要求，启动了全市村规划的"全覆盖"编制；2017 年，重庆市规划局与重庆市国土资源与房屋管理局联合出台《重庆市村规划编制审批办法（试行）》（渝规发〔2017〕64 号），在全市范围内大力推动"两规合一"下的村规划编制工作。除 2006 年的工作是以各区县域农村为工作对象外，其他几次工作都是以单个村为单元进行推进。总体而言，既有的实践过于以"单个村论村规划"，规划工作在一定程度上缺乏全域的统筹考虑与协调（钱紫华等，2020）。

在一定地域范围内，自然地理环境、社会经济条件、人文条件往往基本相似，乡村间的区别不大，共性部分的规划内容所占比例较大，而个性部分的规划内容所占比例较小。因此在一定地域范围内，发展类型与条件类似的村镇可以考虑统筹规划，采用连片发展方法进行规划的编制工作，其实用性、针对性、经济性也会更强。

1.3.3 "标准化" 规划难以满足地域差异

我国幅员辽阔，不同地域之间乡村存在较大差异，包括地形地貌、气候等自然条件的差异，也包括社会经济文化发展水平的差异。经济发达地区和边远落后地区的乡村生产力发展水平差别较大。发达地区和贫困地区的乡村所处的经济发展阶段和面对的发展机会不同（杨贵庆和关中美，2018）。杨保清等（2021）将我国乡村地区的地形地貌、气候、资源禀赋、地域文化、外部驱动力、人口、经济和产业等要素作为划分依据，采用多种方法将我国划分为 5 个村镇聚落大区、12 个村镇聚落区和 48 个村镇聚落亚区，各个村镇聚落大区、区和亚区之间呈现出不同的自然属性、经济属性、社会属性、文化属性和发展阶段特征，说明全国范围不同村镇聚落存在显著的地域分异。然而我国现行规划缺乏分类指导，规划的针对性不强、可操作性较弱，对不同地区的差异性考虑不足，而且各地缺乏专门的村镇规划编制细则，尤其在区县一级更为明显。"模式化"的规划，不能有效指导村镇建设，难以满足村镇发展需求。因此需要针对地域性特点进一步对村镇进行分类，针对不同地域不同类型村镇自身的资源禀赋和发展需求，因地制宜制订规划方案，从而有效指导多元化的乡村发展，满足乡村振兴的需求。

同时，镇村规划是指导村镇建设的依据，它明确了县城—中心镇—中心村的点状村镇体系。而村镇聚落体系是由县域内的村镇聚落共同组成的有机联系的整体，在实际规划实践过程中，等级规划虽然确定了中心镇到中心村的体系，也明确了乡镇发展职能，但是却成了"固定模板"，缺乏对县域城乡整体功能包括社会、经济方面的考量。这就导致村镇规划与实际发展脱节，停留在规划文本层面，缺乏有效的指导和约束性，难以满足乡村发展的多元需求。

第 2 章 城乡融合发展的典型模式与理论基础

2.1 国外城乡融合发展的典型模式

国外城乡融合发展的典型代表有美国模式、德国模式、韩国模式、日本模式等（表2-1），不同城乡融合发展模式呈现出不同的特点，其发展策略也不尽相同。本章对其进行深入分析，以期为我国城乡融合发展提供经验。

表 2-1 国外城乡融合发展的典型代表

典型代表	城乡融合特点	城乡融合发展策略
美国模式	通过"区域联动"实现城乡一体	区域协同的农业体系；区域共享的配套设施；多方共营的生态环境
德国模式	通过"土地综合整治"促进城乡等值	开展农地整理，实现农业规模化发展；实施基础设施更新，构建城乡同等的服务体系；发展多功能农业，形成城乡互动的产业结构
韩国模式	依托"新村运动""小城镇培育"缩小城乡差距	以新村运动为基础，逐步实现农业农村现代化转型；以小城镇培育为纽带，逐步缩小城乡差距；以"定住生活圈"为载体，统筹城乡资源配置
日本模式	通过"町村整合"实现就地城镇化	以采取城乡有别的措施为前提，发挥城市带动作用；以工业化为依托推进乡村基建，完善物质空间环境；以"市民下乡"为推手撬动产业资源，实现城乡互动

2.1.1 美国模式：通过"区域联动"实现城乡一体

20 世纪 60 年代美国已实现了高度城镇化，城镇化率超过 85%。其中，有超过 3 万余个小城镇作为城镇化的重要空间载体（Veneri and Ruiz，2013），因此对美国城乡一体化模式研究对我国推进以县域为载体的新型城镇化具有重要意义。城市与乡村的主要构成形态为：以中小城镇为主，农村则以高机械化水平的大农场为主，并随着城市化近域推进的过程，城市边缘区的产业经济和空间结构发生改变，间接地促进了城乡融合发展。20 世纪末，美国出现了新兴产业部门——生产服务业，即为生产提供信息和服务。美国许多乡村社区由于其具有先进的技术和便捷的区位条件，对促进生产服务业的发展提供了空间载体，为区域城乡融合发展提供了内在动力。

克莱姆森（Clemson）是美国南部乡村地区典型的小城镇之一，位于南卡罗来纳州（South Carolina）皮肯斯县（Pickens County）。现有人口约 1.4 万人，面积约 20km²，其中居民点用地 12.5km²，规模与我国乡村地区相似。克莱姆森人口增长率是县域平均水平的 2 倍，通过区域协同的农业体系，区域共享的配套设施，多方共营的生态环境等发展措施使其成为具有较强吸引力的城镇（图 2-1）。

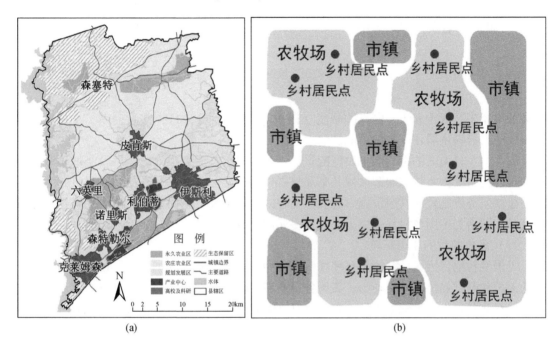

图 2-1　美国皮肯斯县域乡村体系（a）和美国镇村空间模式（b）

资料来源：郭志刚和刘伟（2020）

（1）区域协同的农业体系

美国城乡融合发展首先通过农业机械化生产，构建起以生产效率为目标的规模化县域农业体系。在政府层面出台系列专项补贴，为农业机械化和规模化生产提供资金动力。美国乡村农用地管理在县域尺度兼具管制性和弹性。其中管制性层面，在县域尺度划定永久农业区，由政府制定永久农业区内的农产品类型，并作为强制性要求实施。弹性层面，农用地允许在县域层面协调流转（郭志刚和刘伟，2020）。

在农业规模化生产的基础上，美国乡村地区鼓励当地居民自发发展高附加值产业和新兴产业、引导生活配套服务业的发展，并通过道路网的建设促进乡村融入区域性就业体系。美国农村地区并不限制产业类型的拓展，并注重为居民提供更多非农就业机会。同时通过区域产业分工，提供给农民本地就业的机会，并通过良好的自然环境吸引更多年轻人到乡村定居，以保障乡村发展活力。最终构建起"县域—邻近都市圈—巨型都市区域"的垂直就业体系，使得不同层级的就业岗位形成差异互补之势，最终为居民提供多元的就业机会（图 2-2）。

（2）区域共享的配套设施

与中国城乡二元结构不同，美国采取城乡同构的经济社会发展底层框架，最突出的是城市和乡村具有同等的土地政策，以保证城乡拥有相同的发展机会。高品质的自然环境、

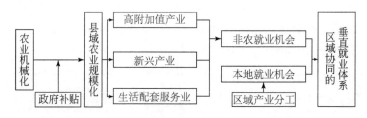

图 2-2　美国区域协同的产业体系

低廉的房屋生产成本和租售同权的制度（茅锐和林显一，2022），共同提高了乡村为各年龄阶层的人群提供居住服务的可能性。

就美国乡村地区的配套服务设施配置而言，乡村不具有规模效应，以及小城镇政府财政问题，使得美国乡村构建起区域共享和复合使用的配套设施体系。除了乡村日常生活所需的公共服务设施外，其余设施通过混合集中的方式提高设施使用的效率。同时通过区域配套设施网络为美国乡村提供更高层级和多元的公共服务。

（3）多方共营的生态环境

美国乡村地区因其公共安全和环境优美特性吸引着不同人群来居住，也为乡村生态环境的保护和开发提供了外部动力。美国各级政府通过与当地居民的合作进行自然环境的保护，并在此基础上通过资本市场的介入将具有开发价值的自然环境打造成区域服务的旅游景区，成为当地居民增收的新途径。乡村生态资源资产化的过程由政府、居民和资本方共同合作，而长期性的生态环境保护工作则由本地居民参与。各州县政府会利用媒体等形式对乡村的旅游资源进行宣传。因此美国乡村在生态资源资本化助力的基础上，实现了农产品生产、生态资源保护和农村产业提升有机联系。

2.1.2　德国模式：通过"土地综合整治"促进城乡等值

20 世纪 50 年代，德国采取了"核心-边缘"的发展理念发展城市和乡村，因此导致乡村开始出现人口流出、环境恶化和设施衰败等问题，乡村边缘化态势日益凸显。1955年，政府出台《农业法》以保障农产品的价格，但该政策被普遍认为是被动式地解决乡村环境衰败和农业产业落后的问题，并未从提升乡村内在发展动力和城乡融合发展角度提升乡村发展水平。20 世纪 60 年代，德国出现"逆城市化"进程，对乡村基础设施、公共服务、资源环境造成了进一步冲击。为解决上述问题，1950 年德国的汉斯·赛德尔基金会提出"城乡等值化"试验（李文荣和陈建伟，2012），强调城乡虽然有差异，但要等值，"城乡等值化"在德国全域范围开始应用。1990 年"城乡等值化"成为欧盟对农村改造的发展理念，对乡村发展和城乡关系的调整作出了积极贡献（吴碧波，2017）。

"城乡等值化"理念的核心是通过农地整理、设施更新和多功能产业发展等方式，促进城乡发展的均衡性，使得乡村和城市在就业机会、设施服务和生活水平等方面与城市相当，进而改变大量乡村人口被迫进城工作和生活的局面（李文荣和陈建伟，2012）。德国"城乡等值化"的城乡发展理念促使乡村地区获得了与城市地区平等的地位。在行政体制方面，乡村社区与邻近城市的地方政府之间是平级而非上下级关系。基于城乡等值与行政平等的关系，1965 年，德国在《空间秩序法》中，开始利用"密集型空间"和"乡村型空间"对整个国土空间进行划分（易鑫，2010）。密集型空间主要是指人口稠密的城市和其周边城镇化水平较高的地域空间。而乡村型空间是指密集型空间之外的地域空间，具体又可分为人口较密的乡村县和人口稀少的乡村县。密集型空间和乡村型空间的划分改变了传统城乡二元对立的模式。

德国拜恩州（巴伐利亚州）在 1965 年开展了城乡等值试验，主要的载体是巴伐利亚州制定的《城乡空间发展规划》，其主要内容包括片区规划、土地整合、道路和农田等基础设施建设等，要求提供给乡村居民与城市相同的生活（毕宇珠等，2012）。从巴伐利亚州试验来看，城乡等值主要包括"土地整治"和"乡村更新"两项措施，涉及农地整理、基础设施更新、自然环境保护、多功能农业发展等多项内容。

（1）开展农地整理，实现农业规模化发展

农地整理是村庄发展的前提，其目的是通过土地流转为农业规模化、机械化生产提供空间保障。1953 年德国通过的《土地整理法》中明确指出要提高机械化水平，并以农村合作社为载体提高农民生产积极性。在农业机械化和规模化生产的基础上，在外界资本的支持下，农村构建了集第一、第二、第三产业的多元产业体系和综合经营体系。为促进土地整理，德国自 20 世纪 60 年代还出台了一系列政策，包括奖励土地长期出租者、降低农场主退休年龄、将转移农业企业作为农场主领取养老金的附加条件等，有效地推动了农业规模化进程。

（2）实施基础设施更新，构建城乡同等的服务体系

德国的乡村建设是一项系统性工程，包括提升居住环境水平、完善公共服务设施和提升基础设施等方面（易鑫，2010）。通过乡村系统性的基础设施提升，实现城市和乡村具有同等的公共服务体系，在文化教育、医疗卫生、体育运动和养老服务等方面，实现城市和乡村的等值化发展。除同等的公共服务设施体系外，德国也根据等值化理念构建了就业保障体系，为城市和乡村营造了相等的就业环境和就业岗位，同时，构建了以风险预防为核心理念的社会保障体系。不同于大多数国家采取保险的办法，德国的社会保障体系强调风险预防。1963 年，德国建立了强制性的农业事故保险基金，对农场的安全情况进行检查，提供安全培训。

（3）发展多功能农业，形成城乡互动的产业结构

德国乡村选择了多功能农业的发展方向，1984 年，巴伐利亚州在《土地整理法》关于村庄更新内容的基础上，制定了《村庄改造条例》，提出将实现居住、就业、休闲、教育和生活五项功能作为村庄发展的最终目标。根据农业功能发展方向的不同，德国乡村形成了三种"等值不同类"的发展模式：其一，推动农业机械化生产与乡村环境保护相结合；其二，保护和传承乡村地区的在地文化；其三，在农业规模化生产的基础上，提出"半农业"模式，即注重农业与乡村旅游等第三产业相结合。上述不同模式的农业发展，为乡村发展注入内在动力，为农村居民提供本地化就业保障。在多功能农业发展方向的驱动下，德国乡村从单一的农产品生产逐步提升为具有农业生产、文化展示和休闲娱乐等多功能的复合产业结构。

2.1.3 韩国模式：依托"新村运动""小城镇培育"缩小城乡差距

20世纪60年代，韩国农村人口占总人口的50%。受近代战争的袭扰和优先发展工业的政策影响，韩国农工业严重失调，农村与农业结构性矛盾突出，出现城乡收入水平差距拉大、老龄化程度加深、农业机械化发展落后等现实问题。1971年，韩国约有80%的农户住在茅草屋，只有20%的农户实现通电（李晴，2012），农业衰落、乡村衰败的态势明显。

为了扭转这一局面，1970年前后，韩国开展勤奋、协调、自主的新村运动，逐步统筹城乡发展，扭转农村落后面貌。早期的新村运动以改善农村基础环境、重振乡村精神、增加乡村收入为主。随着成效的显现，该项运动打破农村的地理空间限制，逐渐引入到小城镇领域（金钟范，2004），从更广泛的区域层面探索城乡的一体化发展。至20世纪90年代末期，韩国基本实现了农业现代化和城镇化相协调、城乡居民收入相差不大、城乡生活和发展相差无几。总体来看，韩国推行新村运动，促进城乡融合发展的经验非常值得借鉴。

（1）以新村运动为基础，逐步实现农业农村现代化转型

韩国的乡村建设可划分为基础、深化、转型三个阶段（表2-2），每个阶段的主题是随着时代背景的变化而不断调整的。在20世纪70年代，为了扭转乡村的衰败态势，韩国开展新村运动以改善农村生活条件、增加农村家庭收入、形成勤勉自立的精神面貌。随着韩国工业化和出口贸易战略的成功，农村人口大幅度下降，为了解决农业人口严重不足的问题，韩国在新村运动的基础上，开展农村机械革命，并在20世纪末基本实现了农业农村的现代化。至2004年，为了解决农村空心化、边缘化、高龄化等问题，改善农村劳动力结构，韩国开展了"归农·归村计划"，以人才储备支持乡村建设，推动乡村可持续发展。

表 2-2 韩国城乡融合发展历程与主要内容

项目	基础阶段	深化阶段	转型阶段
时间	1970～1980年	1980～2004年	2004年至今
主题	扭转乡村衰败态势	农村机械革命	"归农·归村计划"
目标	改善农村生活条件、增加农村家庭收入、形成勤勉自立的精神面貌	解决农业人口严重不足的问题；逐步实现农业现代化	改善农村劳动力结构；吸引年轻人归农归村；提升乡村综合竞争力
措施	①由政府提供水泥、钢筋等基础物资，让乡村自主改善生活环境，此时乡村建设以基础服务设施的补足为重点；②加速农村电气化改革，发展农产品加工业、畜牧业、特产农业以增加农村家庭收入；③在乡村培育领导人，宣传、培训，引导精神面貌转变	①制定有效的农业机械计划，制定《农业机械化促进法》《税收减少法律条例》等保障农业机械革命的顺利进行；②以村为单位成立"农业机械化经营团体"，统一购置适用于播种、收割的农业机械，村民轮流使用	①立法保障归农归村的有序进行，如制定《归农·归村综合方案》《2012归农归村推进细则》《归农渔·归村法》等；②科学规划，如制定《农业、农村综合对策》《2017—2021年归农归村五年规划》等；③提升乡村环境，增强乡村吸引力

资料来源：根据参考文献（石磊，2004；李莉和张宗毅，2017）整理。

（2）以小城镇培育为纽带，逐步缩小城乡差距

除了乡村本身的建设外，韩国以小城镇作为乡村地域的中心（张立等，2022），开展4期小城镇培育阶段和一个综合提升阶段，连接乡村与城市，不断缩小城乡差距（表2-3）。总体来看，韩国小城镇培育经历了农村中心培育、准城市培育、缓解城乡差异、均衡区域发展、综合能力提升五个阶段。其中，前三个阶段侧重于小城镇基础环境品质和基础服务的提升，培育方法近似。第四阶段在培育方法上进行了革新，采取先保"质"再求"量"的策略，优先支援前三个阶段发展较好的小城镇，后支援其他一般城镇。小城镇的综合提升通过设施更新、功能扩充、多方参与，促进了地区活力，提升了居民生活质量，逐步缩小了城乡差距。

表 2-3　韩国小城镇培育的阶段整理

项目	小城镇培育（初期）	小城镇培育（深化）	小城镇培育（开发）	小城镇培育（均衡）	小城镇综合提升
时间	1972～1976 年	1977～1989 年	1990～2001 年	2002～2012 年	2012 年至今
主题	农村中心培育	准城市培育	缓解城乡差异	均衡区域发展	综合能力提升
目标	将小城镇（对应国内的镇）作为周边农村经济、文化的中心地区进行培育	进一步培育小城镇（对应国内的镇），使其承担准城市的职能，实现缩小城乡差距的目标	培育镇、乡所在地成为区域的政治、经济、文化、生活的综合中心，城乡联合发展，缩小城乡差距	在区域综合中心的基础上，以小城镇发展为中心，带动周边农村地区开发，逐步实现城乡区域均衡发展	为了解决人口向城市地区过度的单向转移问题，增强小城镇的综合服务能力，引导人口有序转移
措施	对基础环境进行集中改善，包括道路整治、河川生态修复、违规建筑及广告牌规范等	该阶段着重进行街道环境和市场环境整治，涉及整治规模、整治范围较前一阶段扩大	完善给排水、电力电信等基础设施配套，对居住环境进行更新，完善市场流通机制和相应设施	在进一步完备基础设施的基础上，着重关注地区特色产业、特有资源、专业化的市场建设	以小城镇原本的特色为依托，培育涉及生活、产业、文化、教育等多元化中心，提高城镇生活水平和吸引力

资料来源：根据参考文献（金钟范，2004；白郁欣等，2020）整理。

（3）以"定住生活圈"为载体，统筹城乡资源配置

早在 20 世纪 90 年代，韩国在《农渔村发展特别促进法》中提出了乡村"定住生活圈"的概念（申东润，2010）。韩国将定住生活圈划分为"中心城市—中心邑面（乡镇）—中心村落"三个层级，中心城市是最高层级的服务中心，直接对接其他城市和中心邑面，中心邑面是下级邑面的中心地，中心村落是其他村落共享服务的中心地。此外，受日本生活圈理论的影响，在城乡公共资源的配置上，韩国以生活圈作为城乡统筹单元，划分大都市生活圈、地方都市圈与乡村城市生活圈三类，逐步实现居民需求与公共服务之间的均衡配置（图2-3）。

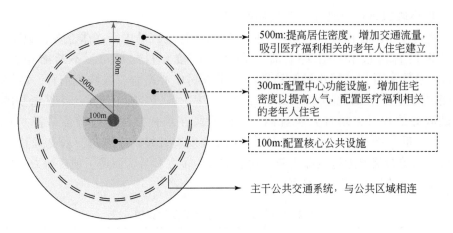

图 2-3 韩国"定住生活圈"公共服务设施配套

资料来源：张立等（2022）

2.1.4 日本模式：通过"町村整合"实现就地城镇化

日本的城乡发展演进经历了农业化向工业化转变阶段；工业化带动城市化发展阶段；工业化和城市化恢复、发展及主导期；城乡差距扩大、矛盾凸显期，农业、农村复兴，农工一体化时期以及郊区化和新的过疏化现象出现六个阶段。同时，城乡关系或工农关系也呈现了从"以农补工""工农平等""工农协调""以工补农""以工促农"到"以城养乡"的变化（表2-4）（徐素，2018）。在这个变化过程中，日本针对不同时期的城乡融合发展特征采取了不同的乡村发展措施（卢尚书，2020）。

表 2-4 日本不同阶段的城乡融合发展特征整理

时间	阶段	期末城镇化率	城乡融合发展特征	乡村发展的关键举措
1920 年以前	农业化向工业化转变阶段	18.00%	以农补工	第一次町村大合并
1920～1940 年	工业化带动城市化发展阶段	37.90%	工农平等	农地改革，开启日本农业小农经营
1940～1960 年	工业化和城市化恢复、发展及主导期	63.30%	工农协调	第二次町村大合并，进一步缩小城乡基本公共服务差距
1960～1970 年	城乡差距扩大、矛盾凸显期	71.90%	以工补农	以缩小城乡差距、实现城乡统筹发展等目标的综合措施
1970～1990 年	农业、农村复兴，农工一体化时期	77.30%	以工促农	促进工业向农村转移，缩小城乡差距
1990 年至今	郊区化和新的过疏化现象出现	93.50%	以城养乡	第三次町村大合并

日本城乡融合发展主要体现了以下几个特点：渐进式演化与阶段式跨越相结合，自上

而下的政府诱导与自下而上的自主选择相结合，以及就地城镇化与去乡村化（焦必方，2017）。渐进式演化是指在单个村的基础上，随社会经济增长，在条件成熟时将"村制"转向"町制"继而向"市制"发展。阶段式跨越是日本乡村城镇化过程中的一个重要特点，其主要形式是阶段性较为集中的"市町村合并"，体现了自上而下的政府诱导与自下而上的自主选择相结合的特点。

（1）以采取城乡有别的措施为前提，发挥城市带动作用

日本城乡融合发展路径及合理的政策干预"切入"时间，有效兼顾了自上而下的政府诱导与自下而上的村民诉求。第二次世界大战后，日本不仅创造了工业化与城市化的奇迹，也有效推进了农业农村的现代化。政府通过工业积累的大量资金，以价格补贴的形式提升农民收入水平，也大幅提高乡村地区公共服务设施和基础设施的建设质量，以此缩小城乡基本公共服务差距。因此，城乡融合发展需要厚植于工业化与城市化的发展成果，从而提升农村地区的基本公共服务水平，采取城乡有别的政策措施，才能够真正用"以城带乡"战略实现城乡融合发展。

同时，基于町村整合制定的用地管控条例，为兼顾自上而下的传导与自下而上的诉求奠定了制度基础（李亮和谈明洪，2020）。日本的町村国土利用规划，则同时兼顾了各类规划与条例中对于保护和发展的双重需求。以安昙野市为例，《安昙野市土地合理利用条例》在落实《安昙野市规划》《安昙野市总规》中用地主导功能的基础上，提出了六类主导功能区域的土地利用方针及目标，落实统筹原各旧町村地域的城市规划区域边界（图2-4），形成兼顾城乡需求、联动相关规划的统一体系，成为町村整合用途管制的典范（徐素，2018）。

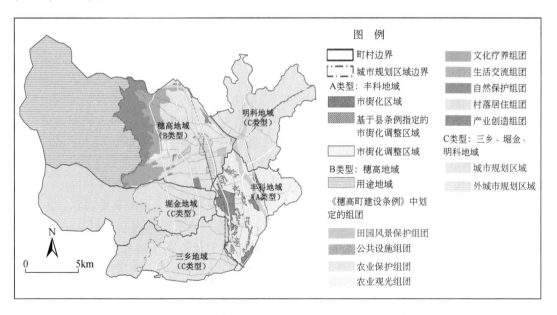

图 2-4　旧町村合并后的各区域土地利用制度类型示意

资料来源：卢尚书（2020）

（2）以工业化为依托推进乡村基建，完善物质空间环境

1955 年，日本农林水产省提出"新农村建设"的设想，是振兴乡村地区的一个重要政策。中央政府使用强力金融政策工具，为农村的基础设施建设提供低息贷款、补贴，甚至是直接投资，集中在道路、电力等基础领域。通过 5 年左右的发展，日本乡村地区逐渐摆脱了第二次世界大战后衰败的现状，但这种修整程度只能说是"简妆"，尤其与城市差距甚大。

日本的工业化建设极大地推动了乡村物质空间环境和基础设施条件的改善。20 世纪 50～60 年代是日本工业发展最快的时代，大量劳动力流入大城市务工，造成乡村劳动力紧缺、农民收入低等城乡差距矛盾持续扩大。为了改善城乡差距，新一轮的"新农村建设"蓬勃兴起。在基础设施方面全面提高给排水网络建设、推进高速公路连接农村与山区、建立专门机构修建防灾与水利设施，甚至推广、翻新与改建乡村民居。在环境方面也大力推进资源循环理念、改善乡村生态环境，这种"美丽乡村"运动在 20 世纪 60 年代席卷全国。此外，深入各地的铁路系统，更是乡村振兴的助推器。日本全国铁路总长度约 4.7 万 km，构建起庞大且交织严密的铁路网络。由于工业化起步较早，日本的铁路系统不仅密布于大城市，更是深入山区乡野之中，联通了全国的每个角落。第二次世界大战后，随着城市化的发展，铁路系统大多改为通勤性质，成为游客深入乡村最便捷的交通工具。因此，日本在全国范围的乡村基础设施建设与美化，让乡村生活条件、服务、交通和面貌等实现了真正的城乡等值，这为日后城市居民反哺乡村经济奠定了先决条件（孙正林，2008）。

（3）以"市民下乡"为推手撬动产业资源，实现城乡互动

乡村物质空间环境的改善引发了延续至今的"市民下乡"潮，带来的是乡村摆脱单一农业收入，最大化兑现生态资源、基础设施投资的价值，实现一二三产业融合。这是城市化和工业化有效反哺农村的必经之路（刘震和徐国亮，2017）。20 世纪 60 年代以来，通过一系列的农村土地流转相关制度的出台，逐渐放开了专业农户以及规模经营者对农地的经营权。这一方面带来了农业生产的专业化与规模化，另一方面引入了大量城市资金反哺乡村，同时，大量小农户出租了土地经营权后可以有余力开展副业，这种农民兼业的可能性逐渐为进一步的城乡联动提供了人力基础。在此背景下，观光农业应运而生，既满足了工业化后期城市居民对自然的向往，也能让有余力兼业的农民大量投身于"为下乡市民提供服务"的相关工作中，成为农民提高收入的利器。

在"市民下乡"的撬动下，"一村一品"成为日本城乡融合发展的重要理念。20 世纪 70 年代，日本在国家层面的倡导下开始探索乡村的提振方式，泛称为"造村运动"，旨在通过乡村改造提升来挖掘经济潜力，从而提振乡村经济。1979 年，时任大分县知事的平松守彦首次提出了"一村一品"的理念，并于 80 年代初一炮打响了县内的大山町（梅子与栗子农特产）和汤布院温泉这两大明星品牌，在全国引起轰动，从此"一村一品"运动在日本全面铺开。经历 40 余年的发展，"一村一品"也趋于多元化、特色化，其中关键途径包括：一是通过六次产业化加强城乡产业要素互动。例如，通过农特产加工来培养本地的优势农产品，一方面将其品牌化、高端化；另一方面通过工业深加工方式实现六次产业化，创造更多产业附加值。二是通过营造特色田园景观，激发乡村吸引力与活力。例如，通过大型艺术节的策展活动，将众多艺术品装置因地制宜地布设在乡村的任意地点，用艺术的形式表达本土的传统人文（刘平，2009）。

2.2 国内城乡融合发展的典型模式

当前我国正处在城乡融合发展的转型阶段，在我国东南沿海地区和中西部大都市区，城乡关系逐步进入融合发展的加速期，形成了4种典型的城乡融合模式：以珠三角地区为代表的快速城镇化推动的城乡一体模式（郑书剑，2014）；以浙江地区为代表的市场化引领的区域统筹模式（岳文泽等，2021）；以苏南地区为代表的乡镇企业带动的城乡联动模式；以成都地区为代表的功能差异引导的区域协调模式（表2-5）。

表 2-5　国内城乡融合发展的典型模式

典型代表	城乡融合特点	城乡融合发展策略
珠三角模式	快速城镇化推动的城乡一体	以"工业化"驱动乡村要素"就地转移"城镇化；以"城市化"发展推进城乡"混杂型"高度融合；以"都市化"发展推进城乡网络一体化发展
浙江模式	市场化引领的区域统筹	以多尺度协同为框架，分区分类推进城乡融合发展；以特色村镇规划实践为依托，实现人居环境综合提升；以"点-轴-网"带动为导向，加强城乡要素互动；以"人-地-业-权"联动为突破，激活城乡发展动力
苏南模式	乡镇企业带动的城乡联动	以发展乡镇企业为主导，推动就地城镇化连接城乡；以推动集中发展为抓手，促进城乡一体发展；以培育特色村镇为重点，促进城乡融合发展
成都模式	功能差异引导的区域协调	构建功能差异化区域发展战略，指引城乡发展路径；构建市域城乡融合总体空间格局，塑造新型城乡形态；推进因地制宜的村庄规划编制和建设实施，实现协同振兴发展

2.2.1 珠三角模式：快速城镇化推动的城乡一体

珠三角地区是我国城市化水平和城乡一体化程度最高的地区之一（黄薇等，2012），主要通过广州、深圳、珠海等大城市的辐射带动来推进城乡一体化发展。基于产业转移促进区域工业化和商品农业发展，再依托交通、信息、能源等基础设施建设推动区域一体化（师博，2021），进而实现乡村城镇化，最后形成城乡一体的空间格局（杜志威和李郇，2017）。改革开放以来，在外向型经济、乡村工业化和城镇化的多重驱动下，珠三角地区城乡关系经历了快速发展与转型历程（杨忍等，2019），形成了三个典型发展阶段（表2-6）。

(1) 以"工业化"驱动乡村要素"就地转移"城镇化

改革开放以来，在城镇化和自下而上的乡村工业化推动下，珠三角地区人口、产业和用地等要素产生"就地转移"，"小集聚、大分散"的空间格局显现。一是在对外开放的政策环境与区位背景下，依托廉价的土地和劳动力优势，以及适度行政放权及农村政策改

表 2-6　珠三角城乡关系发展的阶段特征

时间	阶段	动力	空间特征	产业特征
1978~2000 年	工业化驱动发展阶段	农村改革、乡镇企业发展、外商直接投资	产业空间介入，"非正规"土地开发，建制镇建设用地分散蔓延，土地资本化	贸工农型、劳动密集型
2000~2008 年	城市化与都市化双轨并行发展阶段	政府主导的土地开发和基础设施建设	城乡对立；城市空间快速扩张，乡村空间不断萎缩	资金、技术密集型
2009 年至今	都市化下乡村急剧转型阶段	都市圈建设、产业升级转型	城乡空间转型；大城市群下马赛克式的空间格局	多元产业

革等机遇，逐步形成以乡镇企业为支柱的贸工农型产业结构；二是随着外资企业的入驻和本地企业的培育，大量农村剩余劳动力转移和集聚，"房东经济"蓬勃发展，呈现工农业混合的产业结构；三是随着第二次全球产业转移浪潮的兴起，大量生产性企业入驻，政府兴办开发区、工业园以招商引资，急速增长的建设用地逐渐占用村集体用地；四是在区域性交通基础设施的快速建设推动下，以经营土地、房屋出租为主的农村合作社与经济组织兴起，"土地资本化"模式逐渐推进乡村工业化进程（冯雷，2010）。

（2）以"城市化"发展推进城乡"混杂型"高度融合

21 世纪以来，珠三角地区快速的城市化发展引发乡村地区内外部环境的显著变化，乡村空间不断退缩，大量乡村居民点被城市建设用地包围，"大集聚、小分散"的空间格局成为主要特征。例如，广州市 2000 年编制的《广州城市建设总体战略概念规划纲要》提出了"东进、西联、南拓、北优"的空间发展战略方针，旨在开辟新区建设，实现城市跨越式发展。这日趋引发了城乡对于土地资源的白热化争夺，大量村庄被纳入城市建设用地的范畴。农业空间与非农建设用地逐步交织，呈现混杂、异质的城乡用地格局与形态（图2-5）；外来人口的大量集聚带来第三产业服务机会，乡村产业转向非农化、兼业化发展；传统乡土文明和现代都市文明交融并存，乡村原有的传统邻里网络趋于瓦解，促成多元混杂的城乡社会形态。

（3）以"都市化"发展推进城乡网络一体化发展

随着全球化和信息化不断深入，珠三角地区开始向都市化发展，城乡之间要素交互流动的强度和速度逐渐加大，城市产业逐步向知识技术密集型转型，制造业、服务业后台环节等产业空间逐步外溢至城市周边郊区，并由于区位差异，乡村空间在物质景观、产业经济、社会形态等方面异化。同时，伴随着高度信息化发展，空间区位作为产业发展的绝对性优势逐步瓦解，乡村则借此机会主动成为城乡产业体系的一环，推动珠三角地区趋向城乡网络一体化发展（周春山等，2019）。以广州市增城乡村地区为例，通过考虑不同村庄在区域中的职能分工、所在地域的城镇化水平以及自身的生产生活方式等各种因素，形成农业、工业、旅游业三类产业区划，以城中村、城边村和远郊村为分类，进而提出因地制宜的导控措施，支撑城乡网络一体化发展。

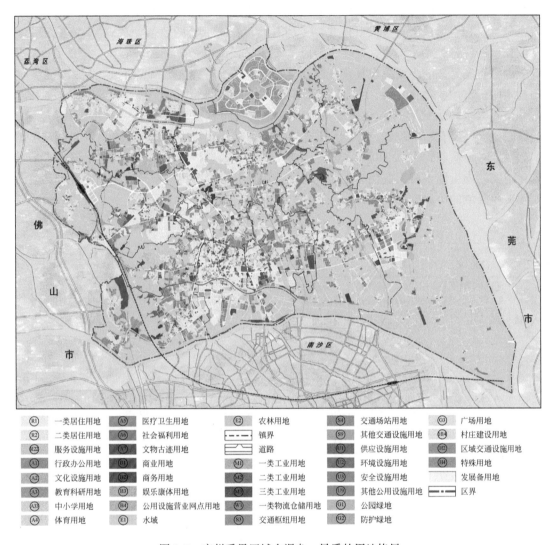

ⓡ R1	一类居住用地	Ⓐ A5	医疗卫生用地	Ⓔ E2	农林用地	Ⓢ S4	交通场站用地	Ⓖ G3	广场用地
ⓡ R2	二类居住用地	Ⓐ A6	社会福利用地		镇界	Ⓢ S9	其他交通设施用地	Ⓗ H14	村庄建设用地
ⓡ R22	服务设施用地	Ⓐ A7	文物古迹用地		道路	Ⓤ U1	供应设施用地	Ⓗ H2	区域交通设施用地
Ⓐ A1	行政办公用地	Ⓑ B1	商业用地	Ⓜ M1	一类工业用地	Ⓤ U2	环境设施用地	Ⓗ H4	特殊用地
Ⓐ A2	文化设施用地	Ⓑ B2	商务用地	Ⓜ M2	二类工业用地	Ⓤ U3	安全设施用地		发展备用地
Ⓐ A3	教育科研用地	Ⓑ B3	娱乐康体用地	Ⓜ M3	三类工业用地	Ⓤ U9	其他公用设施用地		区界
Ⓐ A33	中小学用地	Ⓑ B4	公用设施营业网点用地	Ⓦ W1	一类物流仓储用地	Ⓖ G1	公园绿地		
Ⓐ A4	体育用地	Ⓔ E1	水域	Ⓢ S3	交通枢纽用地	Ⓖ G2	防护绿地		

图 2-5 广州番禺区城乡混杂、异质的用地格局

资料来源:《广州市番禺区城乡发展规划(2014—2030)》,中国城市规划设计研究院,广州市番禺城市规划设计院

2.2.2 浙江模式:市场化引领的区域统筹

从最初的自发性变迁,到实现统筹城乡自觉性发展,浙江的城乡关系经历了在市场化改革引领下的城乡融合转变,形成了"浙江模式"。其发展分为三个阶段(图 2-6):①1978~1991 年为基层内生驱动的城乡关系变革阶段,市场机制的引入、自下而上的乡村工业化构成了对城乡分割的二元格局的一次尝试性冲击;②1992~2002 年为政府与市场合力驱动的城乡联动探索,依托小城镇建设,形成新的区域发展动力,城乡关系演进取得新的进展;③2003 年至今为政府战略统筹推进的城乡一体化尝试,联动新型城镇化和乡村振

兴战略,民营经济成为重要的经济发展动力,为社会资源向农村倾斜提供了更为成熟的财政基础。过程中形成了三个典型模式,一是由民营经济带动的"温州模式",家庭工业和专业化市场代替了原始农业,并逐步形成"小商品、大市场"的经济形态;二是乡村自下而上内生驱动带来的小商品市场化,以农村经济体制改革为突破口,推动乡村由单一产业结构走向三次产业融合发展、乡土经济走向城乡产业协同等转变,以义乌小商品城、龙港镇和诸多淘宝村为代表,乡村呈现就业非农化、空间城镇化等特征(罗震东和何鹤鸣,2017);三是政府统筹发展、引导建设下的"安吉村模式"、小微金融的"台州模式"和"嘉善范本"等(李玲,2020)。综上,"浙江模式"具有根植性、内生性等特征,是以市场化引领的内生性乡村工业化为先导、将政策调控与市场有机有效耦合的特色化路径,以实现城乡区域的协调发展。

项目	起步期		发展期		成熟期	
	千万工程(2003年)	美丽乡村(2008年)	小城镇培育试点(2010年)	特色小镇(2014年)	小城镇综合环境整治(2016年)	美丽城镇(2019年)
申请准入	通过5年时间对全省1万个左右的行政村进行全面整治	2016年公布首批浙江省美丽乡村6个示范县、100个美丽乡村示范乡镇	分阶段培育200个特色明显、经济发达和辐射能力强的现代化小城市	力争通过3年重点培育和规划建设100个左右特色小镇	通过3年时间整治全省1191个乡镇和独立街道	力争3年时间300个左右小城镇达到美丽城镇要求
	有限遴选的强准入		自主申报的强准入		考核创建的强准入	
	基本覆盖的弱准入		上级指定的弱准入		全面整治的弱准入	
分类指引指标体系	分类指引:分为2类,示范村与环境整治村	分类指引:分为3类,整乡整镇整治项目、重点培育示范中心村、历史文化重点村	分类指引:总结为3类,都市型、县域农业型小城镇、县域块状经济中心镇;或7类	分类指引:分为7类,信息经济、环保、健康、时尚旅游、金融、高端装备制造和历史经典指标体系:所有特色小镇均要求考核共性指标3大类17小类,8类特色小镇分设特色指标	分类指引:分为3类,中心镇、一般镇、乡集镇指标体系:细分4大类18小类,不同城镇整治深度不同	分类指引:分为6类,都市节点型、县域副中心型、文旅特色型、商贸特色型、工业特色型、农业特色型指标体系:共性指标5大类38小类,6类美丽城镇分设特色指标
	面向有限乡建内容的简单分类		面向特色产业集群的多元分类	细化多元分类的指标体系,衔接上级创建目标与规划编制内容		
治理模式	浙江省委省政府下设"千村示范、万村整治"工作协调小组办公室,由农业农村厅(农办)牵头	由浙江省"千村示范、万村整治"工作协调小组办公室负责	浙江省发展和改革委员会下设中心镇发展改革协调小组办公室	浙江省发展和改革委员会设立特色小镇规划建设工作联席会议办公室,13家省级部门负责人为成员	成立浙江省小城镇环境综合整治行动领导小组,成立3个小组和7个专项组,统一地点,集中办公	浙江省小城镇环境综合整治行动领导小组,成立5个小组,抽调人员范围从城市建设口扩展至政府各个部门
	治理架构:		治理架构:		治理架构:	

图 2-6 浙江特色村庄规划实践历程

资料来源:施德浩等(2021)

（1）以多尺度协同为框架，分区分类推动城乡融合发展

多尺度协同是从区域、县域和村镇三个尺度，通过适应性策略夯实城乡融合发展的基础，最终落实在特色村镇的规划实践之上。首先在区域层面对经济发展进行分区，发挥发达地区的辐射带动作用，对经济相对贫困的区域进行帮扶；其次在县域层面积极发挥其主阵地作用，1992 年以来的四轮"强县扩权"改革加速了浙江成为全国县域最发达省份之一；最后在村镇层面进行分类化引导，以特色村镇规划实践为依托，发挥其带动城乡融合发展的关键节点作用。

（2）以特色村镇规划实践为依托，实现人居环境综合提升

在村镇层面，通过一系列政策行动推动乡村差异性发展，经由 20 余年探索，形成了以"美丽乡村""特色小镇""美丽城镇"创建为代表的特色村镇规划实践经验。2003 年"千村示范、万村整治"工程（即千万工程），以农村新社区建设为核心，建成了 1000 个左右的全面小康示范村；从 2008 年的美丽乡村建设行动，针对整治村、中心村、历史文化村等，开展人居环境的分类化整治；2010 年的小城镇培育试点、2014 年特色小镇再到 2019 年的美丽城镇建设，则不再囿于单一的环境整治，而是涵盖生活、产业、人文等综合性要素的提升，以带动城乡区域协调发展（施德浩等，2021）。

（3）以"点-轴-网"带动为导向，加强城乡要素互动

首先以乡镇为纽带，发挥其在城乡地域中的重要节点和中心地位，发挥中心城区—集镇—村庄的联动效应，重视小城镇、特色小镇的培育，推动城乡经济、生态、社会和文化效益的融合，新产业、新业态与农业发展的融合，缩小城乡差距；其次构建城乡融合轴线，以都市圈作为城乡融合发展的重要单位，发挥新型城镇化的带动作用；最后推动互联网基础设施网络建设，重视农村电商服务站、电商专业村的建设，依托电子商务带动乡村发展，推进城市优质资源、要素的带动辐射。

（4）以"人-地-业-权"联动为突破，激活城乡发展动力

首先以人的城镇化为目标，通过取消落户限制、改进居住证制度等措施，完善城乡流动的人口制度，提升人口城镇化水平；其次在市场化引领下，以集体经营性建设用地入市改革为抓手，将农村土地要素盘活，以此来提供产业发展空间，如嘉兴形成了"特色小镇-小城镇-现代农业区-典型示范区"四类产业协同发展平台（图2-7），形成了宜业宜居宜游的特色小镇、小城镇，以及各具特色的现代农业区、典型示范区等；最后以保障权利为纽带，从根源上激发乡村发展动力，创造发展机遇（岳文泽等，2021）。

2.2.3 苏南模式：乡镇企业带动的城乡联动

改革开放以来，苏南作为先发地区，在城乡融合发展方面率先走出了一条以工促农、以城带乡，最终实现城乡联动发展的示范路径，并在不同时空阶段呈现出不同的发展特征和空间表征（图2-8）（周明生和李宗尧，2011）。20 世纪 80 年代起，在城乡经济体制市场化改革背景下，苏南地区开始出现大量乡镇企业，集体所有制经济应运而生，小城镇建设如雨后春笋般涌现，开辟了中国乡村工业化、就地城镇化的道路，各类资源与要素逐步突破城乡二元结构束缚，形成传统的"苏南模式"（程俊杰和刘志彪，2012）；90 年代后，

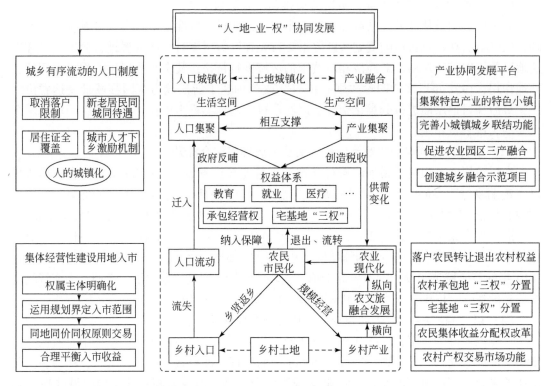

图 2-7　嘉兴 "人-地-业-权" 联动的城乡融合发展模式

资料来源：岳文泽等（2021）

由于经济体制改革的进一步深化，苏南地区乡村经济增长方式由 "内生型" 向 "外向型" 转变，促进了大规模的招商引资与开发区建设，"苏南模式" 逐步向 "新苏南模式" 演变，在更大区域内促进城乡资源要素流动（刘彬等，2020）；21 世纪后，在城乡一体化等政策推动下，开始了城乡一体化发展的诸多创新实践。

（1）以发展乡镇企业为主导，推动就地城镇化连接城乡

采用以工补农、以工建农的措施，以乡镇企业为主导的内生型经济增长，促进了农村大量剩余劳动力涌入小城镇、工厂中，推动乡镇产业结构转型及小城镇发展，由此诞生了一些具有影响力的小城镇，成为城乡之间联结的枢纽，显著带动了城镇化和乡村工业化进程（黄水木，2007）。例如，常州全市乡镇企业平均每年新增 3 万～4 万个就业岗位，为大量农村剩余劳动力提供就业机会，大大提高了农民收入水平。

（2）以推动集中发展为抓手，促进城乡一体发展

"三集中战略" 是苏南地区为统筹城乡发展，促进城乡一体化发展提出的关键性措施，即工业向开发区集中、人口向城镇集中、住宅向社区集中，以集中带来的规模效应促进集约化发展，同时优化了城镇、工业、农业、居住、生态等规划布局，促进了城乡空间融合和资源优化配置。例如，苏州市在被列为 "城乡一体化国家级试点城市" 以后，设置了 23 个先导区作为城乡一体化发展综合配套改革试点，并制定了三年实施计划，出台了包

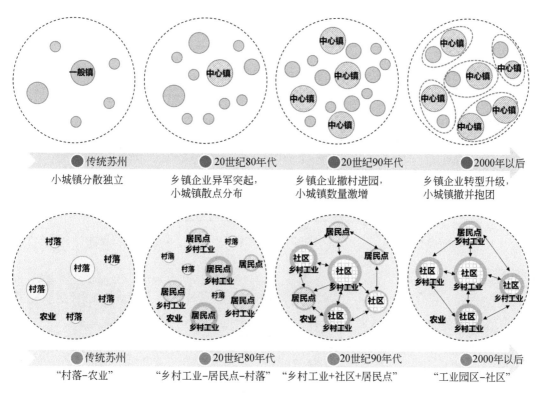

图 2-8 历年苏南地区小城镇、乡村空间图景

资料来源：陈雪等（2018）

括"三形态""三集中""三置换""三大合作"等政策文件，基本建成了城乡一体的政策制度框架体系，有力推动了苏州城乡融合发展（范凌云，2015）。

（3）以培育特色村镇为重点，促进城乡融合发展

从新农村建设到美丽乡村再到乡村振兴战略，乡村地位在国家战略层面不断升级，随着我国城乡融合和乡村振兴战略的持续推进，特色村镇建设逐渐成为乡村地区的核心关注焦点。苏南地区通过培育特色村镇，强化特色产业集聚，增强人才、技术以及资本的吸引力，提升区域辐射带动力，从而不断激活城乡要素流动的速度和自由度，高质量、关联性的服务逐渐向乡村地区聚集，以促进城乡融合（张伟等，2021）。例如，溧阳市以"三山一水六分田"的山水资源优势走出了一条山水田园交相辉映、乡村组团联动发展的城乡融合模式。在规划体系上，溧阳市构建了宏观层次县域全覆盖、中观层次乡村连片、微观层次典型示范引领的多尺度村镇规划体系（图 2-9），在乡村建设中，以特色田园乡村试点建设为引领，按照地域相邻、地貌相似、资源集中的原则，打破行政边界，将具有发展潜力的几个村庄共同划分为"特色田园乡村联动组团"，最终形成以联动组团空间统筹的以点带群、以群及面的全域乡村群发展格局（赵毅等，2020）。

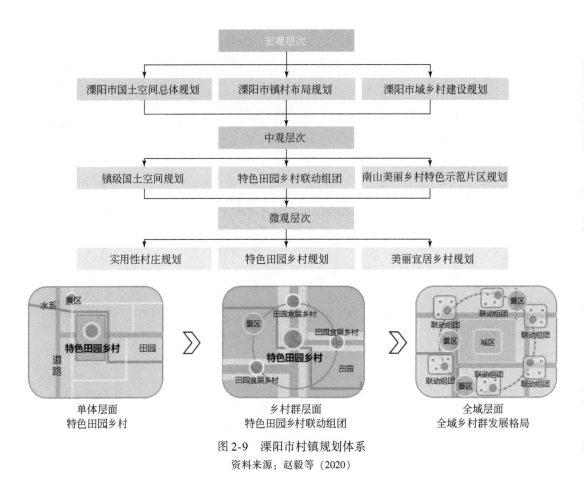

图 2-9　溧阳市村镇规划体系

资料来源：赵毅等（2020）

2.2.4　成都模式：功能差异引导的区域协调

西南地区受自然地理条件和资源禀赋差异的影响，在城乡融合发展的引导下，镇村发展呈现出新的阶段特征，逐渐形成以功能差异为引导的区域协调城乡融合格局，孕育出协同融合为特征的新兴业态，也不断涌现出新的农业发展模式（陈建滨等，2020）。因此成都城乡融合体现出以功能差异为引导的区域协调。

"成都模式"是典型的以"全域"理念为引导，通过差异化路径构建全域城乡融合总体格局，从而优化城乡空间布局，实现城乡融合发展。从 2007 年获批全国统筹城乡综合配套改革试验区到 2021 年获批国家城乡融合发展试验区，成都在城乡统筹与城乡融合进程中逐步探索出了乡村发展的"成都模式"，以重塑城乡空间格局为导向，在发展战略、空间格局、区划调整、规划编制等方面探索城乡融合发展新路径和村规划编制新方法。

（1）构建功能差异化区域发展战略，指引城乡发展路径

立足成都市资源禀赋本底，以发展"不平衡不充分"的现实问题为导向，以空间结构调整为发展契机，明晰差异化发展目标和理清其发展优势，构建"东进、南拓、西控、北改、中优"差异化区域发展战略，并与国家战略、城市目标保持一致；与资源禀赋、环境条件、人口布局、产业形态相契合。同时强调乡村地区差异化、错位发展，形成新发展战略指引下、适应新发展格局的城乡空间框架。

（2）构建市域城乡融合总体空间格局，塑造新型城乡形态

以"全域成都"的理念实施城乡建设，以功能布局为引导，统一规划区域功能和产业布局，将城市和农村视为一个整体，以区域视角合理谋划承载功能，构建现代城市和现代农村和谐相融的新型城乡形态，推动城乡整体的协调共荣（段然，2019）。以"五大区域+五条乡村振兴走廊+九十七个城乡融合发展单元"为全域乡村振兴总体空间格局（图2-10），并指导乡村振兴走廊、区县乡村振兴规划等下一层级规划编制；引导多乡镇联合编制"城乡融合发展单元"规划；推动"一规定+一导则+一办法"的镇村技术标准体系升级。

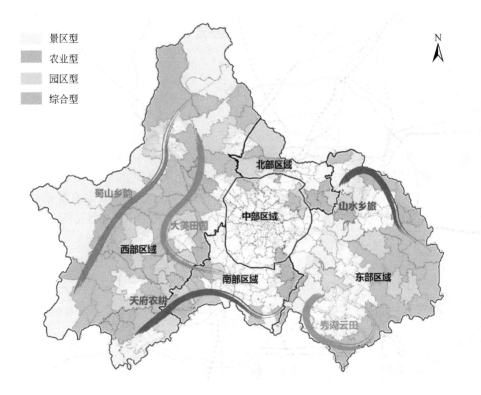

图 2-10　全域乡村振兴总体空间格局
资料来源：《成都市乡村振兴战略空间发展规划》，成都市规划设计研究院

同时，将城乡融合总体空间格局内容纳入《成都市实施乡村振兴战略若干政策措施（试行）》等若干项市级政策制定及乡镇区划调整之中。2019年，成都全域撤销165个乡镇，乡镇（街道）建制调减约30%。未来成都将结合乡镇建制调整，实现权力下放、资源下沉、重心下移，全方位重塑经济地理。

（3）推进因地制宜的村庄规划编制和建设实施，实现协同振兴发展

成都市郫都区通过研究提出了城市带动、特色镇带动、产业功能区带动多村连片和多村连片组团发展四种典型多村连片发展模式，并从城镇化与聚居引导、产业与功能、公共服务配置等五个方面分类提出建设指引。这是以激发乡村内生动力为导向，注重城乡整体互动，推动乡村联动、组团式发展的创新性实践。例如，郫都区战旗村和周边4个村整体为试点的五村连片村庄规划，体现了国土空间规划体系下的实用性村庄规划编制思路和方法。规划兼顾战略引领和空间落实，系统谋划生态、产业、文化、人才、组织五大协同振兴路径，统筹水林田湖村全域全要素，形成集土地利用布局、土地综合整治形态设计和景观风貌提升、支撑系统规划等于一体的新时期村庄规划成果。村民人均可支配收入增长20%，接待游客量持续增长，建成了乡村振兴学院、农耕文化博物馆、绿色有机蔬菜种植基地、乡村十八坊等一批产业项目，实现协同振兴发展。

2.3 城乡融合发展的基础理论

2.3.1 城乡融合发展的相关理论

（1）乡村地域系统理论

乡村是指城镇以外的广阔地域，是居民以农业经济活动为主的聚落的总称。从地理学人地关系的视角出发，乡村地域系统是在特定乡村范围内，由自然、资源、经济、人文等相互联系且相互作用的要素构成、具有一定结构和功能的复杂、开放人居环境巨系统，是城市建设区之外的广大乡土地域，是相对于城市的概念（图2-11）。乡村地域系统具有综合性、复杂性、动态性、开放性等特点（刘彦随，2020）。

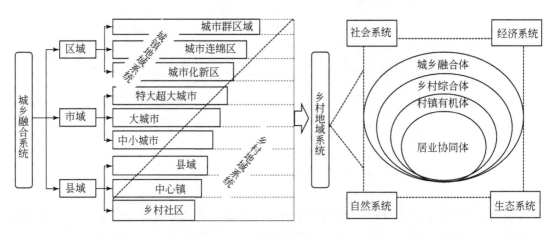

图2-11 乡村地域系统内涵示意

资料来源：刘彦随（2018）

伴随着经济全球化、区域一体化，城乡要素流动及其空间集聚效应不断增强，区域经济社会发展方式不断转型，为乡村人地系统的融合与互动提供了不竭动力。由于地理环境的差异，乡村地域系统存在明显的空间分异特征。随着人口、土地、资本要素流动的日益深刻，乡村演化的空间格局逐步发生巨变，进而衍生出乡村转型、乡村重构、乡村多功能发展等重要理论。

从城乡空间尺度而言，乡村地域系统具有层次性、地域性和动态性，由城乡融合体、乡村综合体、村镇有机体和居业协同体构成。根据聚落体系来划分，乡村地域系统呈现出县域—镇域—村域的层级形态（刘彦随，2018）。根据作用方式来划分，乡村地域系统又分为内核系统和外缘系统，前者包括人口、土地、产业、文化等核心要素，后者则由区域发展政策、工业化、城镇化等多元化的外缘动力构成。通过内外系统的要素交互，促使乡村地域生产、生活、生态、文化功能不断演化，推动乡村产业经济、社会形态、空间结构等转型与重构（龙花楼和屠爽爽，2018）。

（2）城乡关系理论

城乡关系作为贯穿人类社会经济发展进程中的基本关系形态，是指一定社会条件下政治关系、经济关系、阶级关系等因素在城市和乡村之间关系的集中反映，是广泛存在于城乡之间的相互作用、影响的普遍联系与互动关系。

在传统城乡关系理论中，主要呈现"城市偏向""乡村偏向""城乡互动"三种倾向。城乡关系理论的发展主要分为三个阶段（张英男等，2019）：首先最早可以追溯至以空想社会主义和马克思主义"城乡融合"思想的城乡联动理论，其次为以"刘易斯二元结构模型"为代表的城乡二元结构理论，最后为以麦基（McGee）城乡空间融合模型（Desakota）模型与区域网络模型为代表的城乡互动协同发展理论（图2-12）。

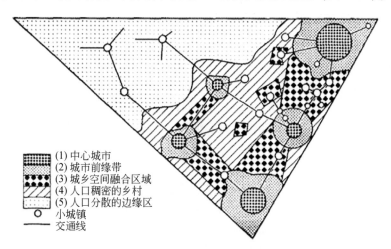

图 2-12 亚洲国家城乡空间融合模型示意
资料来源：Webster 和 Muller（2002）

从我国城乡关系演化进程来看，1949年以来至党的十九大，我国城乡关系已经由"城乡分离"阶段逐步过渡到"城乡融合"阶段。未来的村镇聚落发展将以城乡融合发展为目标，将城乡视作互动耦合的有机整体，通过农业农村优先发展，推动城乡社会、经济、生态环境全面融合，迈向尊重城乡差异性的"有机融合式"发展、突出要素双向流动的"共生可持续"发展、强调城乡统筹管控的"包容一体化"发展（陈建滨等，2020）。

2.3.2 区域空间组织的相关理论

区域空间组织的相关理论有中心地理论、增长极理论、核心-边缘理论和点-轴开发理论等（表2-7）。

表2-7 区域空间结构演化理论

项目	中心地理论	增长极理论	核心-边缘理论	点-轴开发理论
代表人物	德国城市地理学家克里斯塔勒（Christaller）	法国经济学家佩鲁（Perroux）	美国学者弗里德曼（Friedmann）	中国陆大道
提出时间	20世纪30年代	20世纪50年代	20世纪60年代	20世纪80年代
内涵	一定区域内城镇等级、规模、数量、职能关系及其空间结构的规律性	"增长极"通过"极化效应"和"扩散效应"两个方面作用于周围地区	任何区域都是由一个或若干个核心区域和边缘区域组成	在不同的地区、经济条件下会形成不同的等级和规模，并一定会形成某种空间格局
主要模式示意				

（1）中心地理论

中心地理论是阐述一个区域中各中心地的分布及其相对规模的理论，自创立以来一直被广泛应用于城镇体系、区域研究与实践中，是城镇体系研究的基础理论。德国城市地理学家克里斯塔勒（Christaller）在20世纪30年代通过对乡村聚落的经济中心和服务半径进行研究，基于经济学中的理性人和理想地表假设，构建正六边形相互嵌套的市场区位标准化理论——在一定假设条件下，经济中心在地域上呈三角形分布，其吸引范围为六边形，并呈现等级序列的差异。

这一理论将演绎法和数学计算引入地理研究，很好地描绘了人类活动在地理空间上的投影。中心地理论的另一大贡献是将演绎法和数学计算共同引入地理研究之中，使得传统地理学以描述、解释、归纳分类为主导的研究方法，过渡至由理论推演、实证研究和模式化的创新方法，推动了"计量革命"的开始。

在当前全球化与信息技术革命的发展背景下，中心地理论开始由静态封闭转为动态开放、严格假设转为模型化表达、人地割裂转为人地耦合，在以下领域实现广泛应用：①指导城镇空间体系发展；②引导城市群与城市聚集区建设；③指导地区产业空间布局；④指导主体功能区建设与国土空间管控；⑤推动乡村地域空间重构与可持续发展（王士君等，2012）。

（2）增长极理论

"增长极"概念最早由法国经济学家佩鲁（Perroux）在20世纪50年代提出，是区域经济学中经济区域观念的基石。其强调一个地区的经济"增长"并非同时出现在所有地方，而是首先出现和集中在具有创新能力的行业，并以不同的强度首先集聚在一些"增长极"上，进而通过不同的渠道向外扩散，对整个地区经济产生不同程度的影响。

佩鲁的增长极概念并非地理区间，而是将抽象的经济结构定义为经济空间，它由产生离心力或向心力的中心及传输各类动力的场所构成。离心力和向心力指代的就是"极化效应"与"扩散效应"。技术进步和创新往往倾向于集中在某些特殊企业，成为主要的创新源。当这类企业发展时，会通过"极化效应"和"扩散效应"带动其他产业的增长，构成国民经济的增长极。增长极首先凭借自身雄厚的技术创新实力与优越条件，吸引周边区域资源集聚化发展，这一过程称为"极化效应"；进而对周围地区通过投资等方式形成附属产业或子公司，提供市场和就业岗位，带动周围地区经济发展，这一过程称为"扩散效应"。在增长极培育与演化的中后期，"扩散效应"会逐渐成为主导，区域经济发展趋于平衡（陆大道，2002）。

（3）核心-边缘理论

核心-边缘理论也称为中心-外围理论（center-periphery theory），是阐释区域空间演变模式的基础理论。该理论最早于 20 世纪 60 年代由美国学者弗里德曼（Friedmann）在《区域发展政策》（*Regional Development Policy：A Case Study of Uenezuela*）一书中系统阐释。核心-边缘理论认为任何一个国家都由核心区域和边缘区域组成。核心区域由一个城市或城市集群及其周边地域组成，如大都市带、城市群、地区中心城市等。在区域经济增长进程之中，核心与边缘之间存在着不平等的发展关系。总体上，核心居于统治地位，而边缘在发展上则依赖于核心（汪宇明，2002）。

核心-边缘理论试图解释区域发展中各地域的关联性、平衡性的动态演化模式与过程机理。由于核心与边缘的贸易不平等，经济权利、技术创新等要素集聚于核心区，并以此从边缘区获取剩余价值，促成核心-边缘的不平等发展格局。但在核心区与边缘区边界的逐步变化下，区域空间关系不断调整演化，最终形成区域空间一体化的格局。

（4）点-轴开发理论

点-轴开发理论最早由我国陆大道院士根据区位论和"空间结构理论"的基本原理提出。该理论的核心观点是指经济中心总是优先集中在少数条件较好的区域，这些中心被称为区域增长极，即点-轴开发理论中的"点"。随着社会经济的发展，这些"点"之间由于吸引力等作用逐渐连线，这些线具体到空间上则是由交通、通信、能源、水源等通道联系的"轴"。轴线凭借自身的强吸引力和凝聚力，吸引周边人口、产业等要素集聚，并形成新的生产力、产生新的增长极，推动社会经济的发展。点-轴贯通，由此形成点-轴系统。

点-轴开发理论的核心是物质空间之间总是相互作用的，在不同的地区、经济条件下会形成不同的等级和规模，并一定会形成某种空间格局，点-轴系统模型则能反映出这种社会经济空间组织的客观规律。

点-轴开发理论在我国的国土开发和区域发展实践中得到广泛应用，如我国"海岸—沿江"地带的"T"形地域地理位置优越、经济基础雄厚、交通便捷，我国国土开发和经济布局的战略重点，长江沿岸城市群潜力开发、西部开发"以线串点，以点带面"的经济带建设，都渗透着点–轴开发理论的影响。

2.3.3　空间重构动力的相关理论

（1）空间相互作用理论

空间相互作用理论是经济地理学的重要基础理论，该理论是指区域之间所发生的商品、人口与劳动力、资金、技术、信息等要素的相互传输过程。它对区域之间经济关系的建立和变化有着很大的影响，不仅能使相关区域增加联系，拓展发展的空间，获得更多的发展机会，同时又可能引起区域间对于要素、资源和发展机会等的竞争。

50 年代，空间相互作用理论提出了空间相互作用产生的三个条件，即互补性、中介机会和可运输性，认为地区间的职能差异是空间相互作用形成的前提，距离因素是影响人口与货物流动的重要因素；70 年代，基于物理学中热传递的三种方式，空间相互作用被划分为对流、传导和辐射三种类型，空间相互作用被认为需要借助各类媒介，如交通、通信等基础设施。城市与乡村具有产业、文化服务、技术、生态等方面的互补性，城乡交通、通信设施则成为这种互补关系的媒介，加速了城乡空间相互作用过程（图2-13）。对空间相互作用理论的深刻理解有助于城乡融合视角下村镇聚落体系重构内涵与形成机制的剖析。

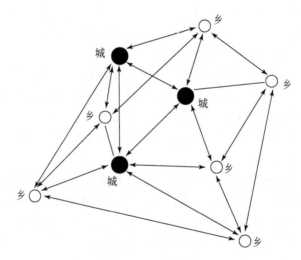

图 2-13　城乡之间相互作用关系示意

资料来源：戴柳燕等（2019）

（2）推拉理论

推拉理论是解释影响人口迁移因素的理论。该理论强调，人口迁移的动力由迁出地的"推力"与迁入地的"拉力"共同构成，前者作为消极因素促使移民离开原住地；后者则作为积极因素吸引移民迁入新的居住地。

从我国本土语境而言，推拉理论是解释我国城乡劳动力流动的重要基础理论。我国学者祁新华构建了就地城镇化的"乡村拉力–城市拉力"模型，即"双拉力"模型，解释了东南沿海部分地区人口未出现大规模转移而是就地转型的现象（祁新华等，2012）。该模型认为乡村拉力主要表现为就业机会、收入水平、社会保障和乡土情结；而城市拉力则还包括居住环境、子女教育机会、市场环境、个人价值实现等。乡村拉力的作用强度远大于城市拉力，当地居民由于利益驱动更倾向就地转型，由此导致了具有中国特色的就地城镇化现象。村镇聚落体系重构是城乡地域系统间拉力与推力共同作用的结果，推拉理论为村镇聚落重构形成机制的深入剖析提供了理论支撑（戴柳燕等，2019）。

（3）借用规模理论

"借用规模"的概念是以城乡互动过程中的邻接性与通达性为基础，小城市能够凭借规模与辐射效应，通过地理接近来获取相邻大城市的集聚收益和资源优势，从而享有相关服务与功能。通过借用规模效应，可以通过本地与邻域之间在地理空间上的接近而实现优势互补，实现区域增长重心向小城镇与乡村腹地转移，并最终形成城镇网络化协同发展格局（图2-14）。

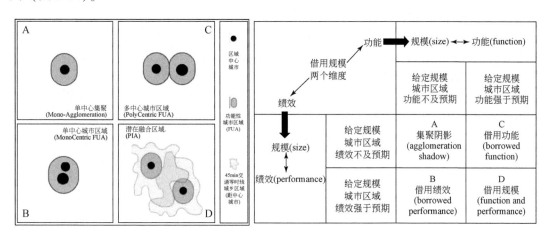

图2-14　借用规模两个维度及其对城市区域空间构型的影响
资料来源：范昊和景普秋（2018）

借用规模通过共享外部性，使得城乡地域的经济集聚突破了单体城市的行政壁垒，相邻的城乡地域能通过紧密联系共同产生集聚经济效应。Meijers 等认为，借用规模是西欧城市网络系统得以成型的重要动力（Meijers and Burger，2017），揭示了城乡功能相互作用在借用规模思想中的体现（Meijers et al.，2016）。因此，借用规模对城乡融合发展具有重要指导意义，不仅能够充分挖掘并带动村镇腹地增长，还可以实现功能互补、设施共享，最终实现城乡融合。

| 第 3 章 |　县域村镇聚落体系的重构趋势与特征

3.1　研究区域与研究案例库构建

3.1.1　研究区域差异

　　我国拥有面积广阔、数量巨大的村镇聚落，村镇聚落是我国最基础的人居环境组成部分。由于我国乡村地域面积广大，不同区域基础、不同区位条件的乡村重构进程并不平衡（刘彦随等，2018），各区域经济发展、社会发展和聚落用地发展均呈现不同的地域特色。具体来看，东部沿海地区处于我国改革开放的前沿，其村镇聚落发展最为迅猛，发达地区的村镇聚落重构特征显著（龙花楼等，2009a），而内陆地区经济社会发展相对滞后，其村镇聚落重构特征也仅初步显现（余斌等，2020）。可见，在全国范围内研究村镇聚落重构特征与趋势就需要针对我国地区发展的差异，针对不同地域选择具有代表性的典型样本进行分析。因此，本书选取东部、中部和西部三大地区的县域村镇聚落开展本章研究。

3.1.2　研究案例选择

　　研究县域村镇聚落体系重构特征，需要从全国收集典型案例对其村镇聚落体系进行相关分析。本书认为经济发展水平高或是受政策支持力度大的地区其村镇聚落体系必然经历较为明显的重构过程，因此本书从经济发展水平和政策支持力度两个方面遴选典型案例进行分析。

　　国家城乡融合发展试验区是由国家发展和改革委员会等多个部门联合公布的推进城乡融合发展的试验对象，包括东部、中部、西部和东北地区的 11 个试验区。城乡融合发展试验区内的区县市经济发展稳步向前，且展开了多种促进城乡有序融合发展的试验，因此可以作为研究村镇聚落发展规律的重要案例库。2019 年中小城市发展战略研究院、国信中小城市指数研究院发布了《中国中小城市高质量发展指数研究》，报告通过分析全国广义上 2809 个中小城市的 GDP、科技创新、新型城镇化建设等指标，评选出了中国综合实力百强县市。百强县市经济发展态势较好，城乡融合趋势突出，村镇聚落转型特征明显，是研究村镇聚落转型发展的重要参考样本。

　　本书综合选取国家城乡融合发展试验区、中国综合实力百强县市的 20 个研究样本作为本书的案例库（表3-1）。

表 3-1　重构趋势与特征研究案例一览表

地区	省份	区县市	备注
东部地区	浙江省	长兴	2020 年百强县、2019 年国家城乡融合发展试验区
		平湖	2019 年百强县、2019 年国家城乡融合发展试验区
		嘉善	2020 年百强县、2019 年国家城乡融合发展试验区
		德清	2018 年百强县、2019 年国家城乡融合发展试验区
		宁海	2020 年百强县
	江苏省	沭阳	2020 年百强县
		沛县	2020 年百强县
	广东省	四会	2018 年百强县
		增城	2019 年国家城乡融合发展试验区
		花都	2019 年国家城乡融合发展试验区
中部地区	安徽省	当涂	2018 年百强县
	湖南省	醴陵	2020 年百强县
	河南省	新郑	2020 年百强县
	江西省	樟树	2018 年百强县
	湖北省	宜都	2020 年百强县
西部地区	四川省	郫都	2019 年国家城乡融合发展试验区
	重庆市	永川	2019 年国家城乡融合发展试验区
	云南省	安宁	2020 年百强县
	陕西省	韩城	2018 年百强县
	贵州省	仁怀	2020 年百强县

资料来源：根据国家城乡融合发展试验区、中国综合实力百强县市名单整理。

3.2　不同地区县域村镇聚落空间重构趋势

3.2.1　村镇聚落空间重构评价体系建构

（1）评价指标体系构建

相对于城市聚落，村镇聚落空间重构可以看作是城市以外的乡村地区在社会经济变迁影响下的物理化过程。乡村聚落转型重构受到经济形态、社会形态和空间格局等因素的影响，而聚落空间重构是经济发展、社会变迁以及客观载体变化共同作用的结果（龙花楼和屠爽爽，2018），因此，村镇聚落空间重构应包含经济-社会-空间三个维度的重构过程。

为研究聚落空间转型重构的过程和状态，本书引入乡村聚落空间重构指数（rural settlement space reconstructing index，RSSRI）定量化测度村镇聚落空间重构的状态特征。针对乡村聚落空间重构评价指标体系的研究，有学者选取乡村人口、经济、社会、土地等

10 项指标测度乡村聚落空间重构状态（李红波等，2015）；还有基于乡村发展水平从经济、社会、空间利用三个维度提出 10 项指标测度乡村重构强度（屠爽爽等，2020）。本书在充分理解乡村聚落空间重构内涵的前提下，参考借鉴已有研究的成果，考虑到影响乡村聚落转型发展及其推动转型重构的动力因素主要来自乡村经济发展水平、乡村人口变动情况、乡村空间利用情况等，构建了基于经济–社会–空间三个维度的指标体系（表 3-2），选取了乡村人口密度、城镇化率、耕地变化速率在内的 8 个指标，并采用专家打分法确定了各项指标的权重，测度了不同地区村镇聚落空间重构状态。

表 3-2　乡村聚落空间重构评价指标

维度	指标（权重）	指标含义	计算方法
社会维度	城镇化率（0.321）	乡村聚落空间重构的主导因素	城镇人口/总人口
	乡村人口变化率（0.134）	乡村人口的变动情况	（末期乡村人口数–初期乡村人口数）/初期乡村人口数
经济维度	城镇固定资产投资/万元（0.099）	城镇发展对乡村的吸引和带动	城镇固定资产投资额
	农业劳动生产率/（万元/万人）（0.061）	农业经济的发展	农林牧渔业总产值/农林牧渔业劳动力总数
	农村常住居民人均可支配收入/元（0.059）	农村居民收入的发展	农村常住居民人均可支配收入
空间维度	耕地变化速率（0.157）	用地结构的变化	（末期耕地面积–初期耕地面积）/初期乡村人口
	乡村人均住房面积/m²（0.037）	乡村居住的空间大小	乡村人均住房面积
	乡村人口密度/（人/km²）（0.132）	人口的变动情况	乡村人口/土地面积

（2）模型构建

基于乡村聚落空间重构测度指标体系，采用线性加权和法测算乡村聚落空间重构指数（龙花楼等，2009a）。乡村聚落空间重构指数包含经济重构指数［RSSRI（e）］、社会重构指数［RSSRI（so）］和空间重构指数［RSSRI（sp）］：

$$RSSRI = RSSRI(e) + RSSRI(so) + RSSRI(sp) \qquad (3-1)$$

由于各个指标的量纲不同，采用极值法对各指标进行标准化处理：

$$S_i = \frac{x_i - x_{\min}}{x_{\max} - x_{\min}} \qquad (3-2)$$

式中，S_i 为各指标标准化值（无量纲），取值区间为 0~1；x_i 为第 i 指标数值；$x_{\min}$ 为该指标的最小值；$x_{\max}$ 为该指标的最大值，$i=1, 2, \cdots, 8$。

各区县市的乡村聚落空间重构指数为

$$RSSRI = \sum_{i=1}^{n} w_i S_i \qquad (3\text{-}3)$$

式中，w_i 为各指标的权重；S_i 为各指标标准化值；n 为指标个数。重构指数数值越高表明其聚落空间重构程度越大，重构状态特征越明显；反之，则重构变化程度越小。

3.2.2 村镇聚落重构状态趋势与差异

通过相关数据分析，加权求出得分，最后确定各区县市的总体重构指数（表 3-3）。总体来看，三个研究时段内研究样本的重构趋势变化幅度平稳，且都呈现先上升后下降的趋势，2013 年的村镇聚落重构趋势更加明显，而后 2018 年的重构趋势又有所下降，但总体而言，研究样本的重构趋势均呈现上升的态势。

表 3-3 研究样本总体重构指数

地区	区县市	2005 年	排名	2013 年	排名	2018 年	排名
东部地区	长兴	0.55	6	0.55	15	0.41	17
	平湖	0.67	2	0.67	6	0.57	9
	嘉善	0.60	4	0.68	5	0.47	12
	德清	0.57	5	0.57	13	0.31	19
	宁海	0.31	19	0.33	19	0.42	16
	沭阳	0.51	8	0.63	9	0.61	7
	沛县	0.53	7	0.77	1	0.63	5
	四会	0.45	13	0.44	17	0.40	18
	增城	0.44	15	0.76	2	0.70	1
	花都	0.47	10	0.73	4	0.69	2
中部地区	当涂	0.38	17	0.32	20	0.47	13
	醴陵	0.43	16	0.61	10	0.52	11
	新郑	0.45	12	0.64	7	0.62	6
	樟树	0.49	9	0.48	16	0.44	15
	宜都	0.45	14	0.59	12	0.45	14
西部地区	郫都	0.71	1	0.63	8	0.67	3
	永川	0.63	3	0.74	3	0.64	4
	安宁	0.45	11	0.56	14	0.53	10
	韩城	0.35	18	0.60	11	0.58	8
	仁怀	0.21	20	0.42	18	0.23	20

将各时期不同地区的研究样本重构指数值取平均以代表各地区村镇聚落重构指数。结

果显示，东部、中部、西部三大地区的村镇聚落重构指数差值较小，其中东部地区村镇聚落重构指数一直处于较高水平，均值为 0.55，三个时段内其村镇聚落的经济发展、社会结构以及聚落空间相对稳定；西部地区村镇聚落重构指数均值为 0.53，总体来看 2005 ~ 2018 年，西部地区村镇聚落重构进程加快，其经济社会以及聚落空间得到发展快速；而在研究时段内中部地区的村镇聚落重构指数均小于其他地区，均值为 0.49，与其他地区差距较大，因此可以认为中部地区的村镇聚落重构进程相对较缓（图 3-1）。

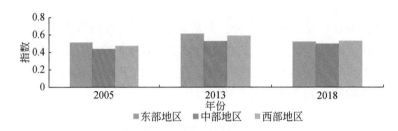

图 3-1　不同地区村镇聚落重构趋势

从研究样本排名上看，2005 年东部地区的区县市重构指数较高，说明 2005 年东部地区村镇聚落发展较好，而在研究时段末期，东部地区多数区县市重构指数降低（表 3-4），说明其村镇聚落重构呈现放缓的趋势。但值得注意的是，研究时段内广东省的增城区、花都区村镇聚落重构趋势不断增强，相对排名增长明显，说明这两个区的村镇聚落一直在发生较为强烈的重构过程。研究时段内，中部地区的区县市重构指数处于相对落后的状态，区县市相对排名下降，但醴陵市、新郑市重构指数却不断上升，且上升趋势明显。而西部地区的区县市多数处于快速重构过程，尤其是郫都区、永川区村镇聚落重构一直处于高位发展阶段，而仁怀市的重构指数排名靠后，村镇聚落发展相对滞后（图 3-2）。

表 3-4　不同地区村镇聚落重构指数均值

地区	2005 年	2013 年	2018 年	均值
东部地区	0.51	0.61	0.52	0.55
中部地区	0.44	0.53	0.50	0.49
西部地区	0.47	0.59	0.53	0.53

为了解不同地区村镇聚落重构状态的差异，本书进一步分析三大维度的重构特征与差异。

（1）社会重构趋势与差异

从社会维度重构趋势来看，2005 ~ 2018 年研究样本的社会重构指数呈现上升趋势，说明村镇聚落社会层面一直在经历重构、发展的过程。综合来看，西部地区的区县市社会维度的重构较为明显，均值为 0.319，而东部地区、中部地区的区县市重构指数较低，仅为 0.241、0.239（图 3-3）。分析研究样本的社会重构指数，3 个研究时段内东部地区的区县市社会重构指数呈现下降趋势，且数值相对较低，尤其是宁海县社会重构指数均处于较低状态；中部地区的区县市社会重构指数较低，但多数呈上升趋势，说明其社会重构水平较

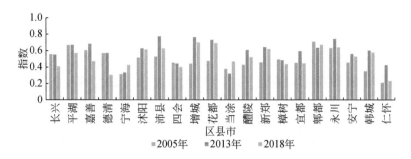

图 3-2   研究样本村镇聚落综合重构指数

低但处于平和发展状态;西部地区的区县市重构指数处于较高水平,但社会维度的重构出现放缓,甚至是下降的趋势,其中仁怀市的社会重构状态一直处于较低水平(图 3-4)。

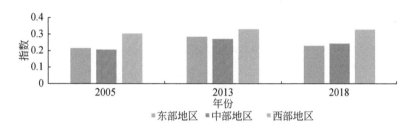

图 3-3   不同地区村镇聚落社会重构指数

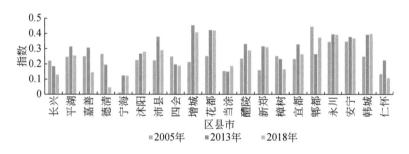

图 3-4   研究样本村镇聚落社会重构指数

从指标情况上看,社会重构主要体现在城镇化率和乡村人口变化速率两个方面。东部地区虽然城乡发展水平较高,但人口城镇化水平却相对较低,这是由于东部地区的村镇相对发展的较好,乡村人口"离土不离乡",因此城镇化率增长缓慢,但西部地区人口城镇化水平普遍较高,虽然乡村人口变化速率相比于东部地区较低,但城镇化高,因此社会重构水平整体高于东部地区。

(2)经济重构趋势与差异

从经济维度重构趋势来看,2005~2018 年三大地区的重构趋势各不相同,东部地区经济重构水平高但呈现逐渐下降的趋势,中部地区经济重构水平持续增长且增长较快,西部地区经济重构水平经历了先上升后下降的过程。综合来看，东部地区的经济重构水平最高，均值为 0.112，中部地区与西部地区经济发展相当，均值为 0.068、0.049（图 3-5）。分析研究样本的经济重构指数，东部地区的多数区县市经济重构进程逐渐放缓，2005 年各区县市的经济重构发展剧烈，而在这一时期东部地区在经历快速的经济发展，这与经济重构的特征相吻合；中部地区的多数区县市在 2005 年经济重构处于较低水平，但研究时段内经济重构进程有所上升，其中宜都市的经济重构水平得到了较大的提高；而西部地区各区县市经济重构水平始终处于较低水平，甚至出现经济重构倒退的现象，如永川区 2018 年的经济重构水平相较 2005 年下降明显（图 3-6）。

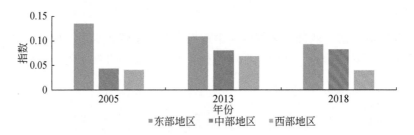

图 3-5　不同地区村镇聚落经济重构指数

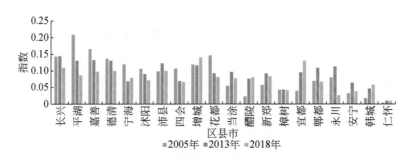

图 3-6　研究样本村镇聚落经济重构指数

从指标情况上看，经济重构主要体现在城镇固定资产投资、农业劳动生产率和农村常住居民人均可支配收入三个方面。东部地区经济发展较快，城镇固定资产投资数额高，村镇地区的经济发展结构率先展开重构，因此农业劳动生产率较高，经济发展快速带来城乡差距的缩小，因此东部地区的区县市农村常住居民人均可支配收入普遍高于中部、西部地区；而中部、西部地区由于乡村发展滞后，村镇地区的产业发展专业化程度较低，农业劳动生产率低下，也进一步导致了农村常住居民人均可支配收入低的现象。

（3）空间重构趋势与差异

从空间维度趋势来看，2005～2018 年东部地区、西部地区的空间重构呈现先上升后下降的趋势，但东部地区的空间重构指数均值为 0.193，西部地区的空间重构指数均值为 0.160，可以看到东部地区的空间重构水平略高于西部地区；而中部地区 2005 年的空间重构水平高于东部、西部地区，为 0.190，而往后却呈现下降趋势，至 2018 年中部地区的空间重构指数仅有 0.172（图 3-7）。分析研究样本的空间重构指数，东部地区的区县市空间重构进程相对稳定在一个较高的水平，但增城区、花都区的空间重构指数较低；中部地区的区县市空间重构水平略低于东部地区，研究时段内的空间重构略有下降但较为稳定，仅宜都市 2018 年的空间重构指数下降明显；而西部地区的区县市空间重构水平较低，仅郫都区和永川区空间重构指数一直处于较高水平（图 3-8）。

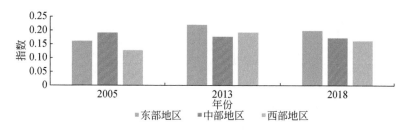

图 3-7 不同地区村镇聚落空间重构指数

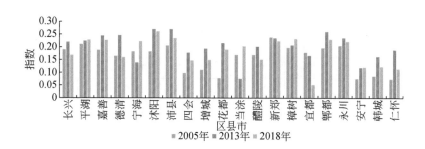

图 3-8 研究样本村镇聚落空间重构指数

从指标情况上看，空间重构主要体现在乡村人口密度、耕地变化速率和乡村人均住房面积三个方面。东部地区乡村人口基数大，因而乡村人口密度较高，但东部地区村镇聚落发展迅速，乡村地区工业化发展快，因为农村耕地面积缩减较大；而中部、西部地区乡村人口密度较小，耕地面积变化较小，因此空间重构不如东部地区剧烈。

3.3 典型县域村镇聚落体系空间重构特征

3.3.1 体系数量特征

体系数量是指县域内乡镇数量，乡镇数量的变化涉及行政区划调整，因此行政区划调整是衡量村镇体系发展的重要参考。本书对 20 个样本区县市的行政区划进行统计（表 3-5），发现 2000～2020 年，20 个样本区县市的乡镇行政区划均进行了一定程度的调整，存在明显的"撤乡并镇""撤镇设街"的趋势，县域村镇体系数量呈现逐渐简化的趋势。

表3-5　研究样本县乡镇行政区划调整统计　　　　　　　（单位：个）

地区	省份	区县市	街道数			镇数			乡数		
			2000年	2020年	变化	2000年	2020年	变化	2000年	2020年	变化
东部地区	浙江省	平湖	0	3	3	7	6	−1	0	0	0
		长兴	0	4	4	10	9	−1	6	2	−4
		嘉善	0	3	3	11	6	−5	0	0	0
		德清	0	5	5	9	8	−1	2	0	−2
		宁海	0	4	4	13	11	−2	4	3	−1
	江苏省	沭阳	0	6	6	29	25	−4	8	8	0
		沛县	0	4	4	15	13	−2	0	0	0
	广东省	增城	1	6	5	15	7	−8	0	0	0
		花都	0	4	4	10	6	−4	0	0	0
		四会	3	3	0	14	10	−4	0	0	0
中部地区	安徽省	当涂	0	0	0	14	10	−4	11	1	−10
	湖南省	醴陵	5	5	0	20	19	−1	17	0	−17
	江西省	樟树	0	5	5	11	10	−1	8	4	−4
	河南省	新郑	0	4	4	10	10	0	4	1	−3
	湖北省	宜都	0	1	1	11	8	−3	9	1	−8
西部地区	重庆市	永川	0	7	7	31	16	−15	1	0	−1
	四川省	郫都	0	9	9	14	3	−11	5	0	−5
	贵州省	仁怀	0	5	5	13	14	1	6	1	−5
	云南省	安宁	0	8	8	6	0	−6	4	0	−4
	陕西省	韩城	2	6	4	9	6	−3	10	0	−10

资料来源：根据各地统计年鉴整理绘制。

从村镇聚落体系重构过程中的个体等级与规模调整、行政区划合并或分化的过程可以看到，县域村镇聚落体系简化的表现有两点：

一是通过发展县城来实现县域增长极的发展。根据统计，2000年以前非设区的县是没有划定街道的，也就是"中心城区"概念还未形成，县城的范围小且影响力弱；为了扩大县城的影响力，各地都通过行政区划调整拓展城区的用地空间，将人口和资源集中在县城发展，其中街道级行政区划呈现"从无到有"的增长。典型案例如2007年云南省安宁市撤销连然镇，设立连然街道，至2011年，撤销8个镇，改为设立8个街道，至此乡镇全部改设为街道。

二是通过乡镇合并，集中乡镇资源。在各区县市村镇聚落体系重构过程中，乡的人口规模和集镇规模都要比镇小许多，随着各乡镇的城镇化与经济发展水平逐步提高，人口规模变大，乡会逐渐调整为镇，或者是一些人口稀疏、资源条件较差、发展水平较低的乡与周边镇进行整合，形成新的行政区划单元共同发展，强化了区域内发展较好的镇的影响力，使其成为县域内的另一个增长极（图3-9）。据统计，至2020年末，多数样本区县市撤销乡级行政单位，行政区划以街道和镇为主。典型案例如郫都区原辖 14 个镇、5 个乡，在 2004 年行政区划调整时将乡并入镇，调整后为 15 个镇，2019 年郫都区又进行了大规模的撤镇设街，同时进行了两镇合并，将村镇体系简化，加强中心城区的集聚能力。长兴县在 2012 年撤销吴山乡并入和平镇，撤销二界岭乡并入泗安镇，又在 2015 年撤销煤山镇、白岘乡、槐坎乡建制，合并设立新的煤山镇，乡镇数不同程度地减少。2000 年江西省樟树撤销义成乡设立义成镇。2011 年陕西省韩城撤销独泉乡并入桑树坪镇。

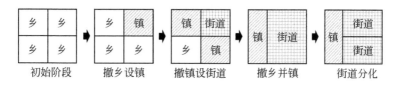

图 3-9　村镇聚落体系行政区划重构示意

3.3.2　体系用地特征

体系用地是指乡镇建设用地，本书对研究样本区县市的乡镇建设用地变化量进行空间统计，对比分析研究各区县市村镇聚落用地重构的演化规律。可以发现，各区县市村镇聚落体系重构的空间结构存在异同，但均出现了增长速度明显高于其他乡镇的增长极，根据增长极在区域内的空间分布情况，可大致分为两种情况：一是以城区为增长极集聚增长，二是以镇区为增长极集聚增长。

（1）城区集聚增长

城区聚集型村镇聚落体系重构以江西樟树和广东四会为代表，由各县市分乡镇建设用地空间统计结果可见，这些县市的村镇聚落空间增长最快的乡镇是城区街道以及和城区相邻的乡镇，主要依靠城区带动。广东四会发展最快的东城街道、城中街道，均属于县城范围，其次以城区周边的大沙镇发展较快（图 3-10）。江西樟树发展最快的是县城驻地张家

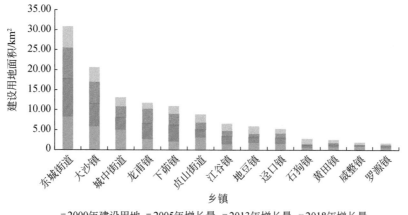

(a)统计分析

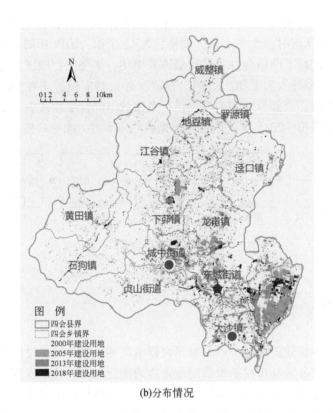

(b)分布情况

图 3-10　广东四会各乡镇历年建设用地变化情况

山街道、与城区相邻的洋湖乡和洲上乡（图 3-11）。

呈现出城区聚集型村镇聚落体系重构的现实趋势，整体发展较好，给城区带来强劲的发展动力。以城区为最大的增长极，城区人口聚集，空间扩张，产业发展集中。但是城区资源过于集中也会带来一系列问题，如人口流入速度很快但是设施建设却需要较长时限，

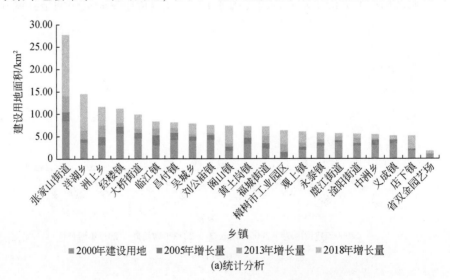

(a)统计分析

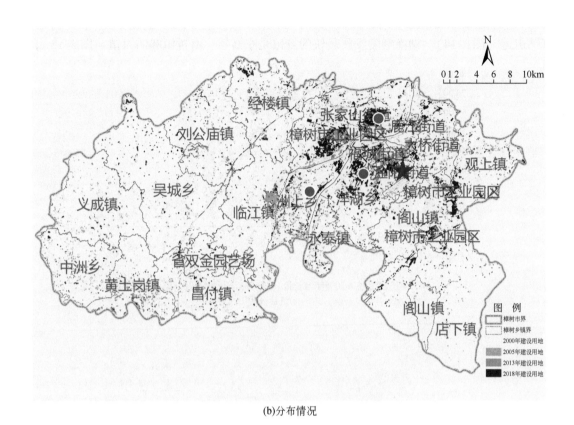

(b)分布情况

图 3-11　江西樟树各乡镇历年建设用地变化情况

人地不协同，导致城区聚落空间不足，设施配置不完善，人居环境变差，协同度较低。同时，城区的辐射带动能力无法覆盖整个县域，远离城区的乡镇受到的辐射带动作用会较弱（图3-12）。

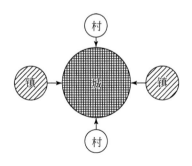

图 3-12　城区聚集增长型村镇聚落体系重构示意

（2）镇区集聚增长

镇区聚集型的典型代表有云南安宁、浙江长兴、湖南醴陵，这些县市城市聚落发展速度不及乡镇，以乡镇为主要增长极分散式发展。浙江长兴发展最快的乡镇是县域边缘的泗安镇、和平镇和太湖街道（图3-13）。云南安宁发展最快的乡镇是连然街道、金方街道和草铺街道（图3-14）。湖南醴陵发展最快的乡镇是东富镇、南桥镇和浦口镇（图3-15）。

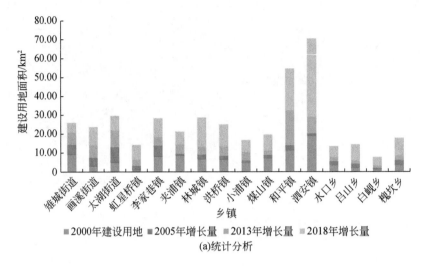

(a)统计分析

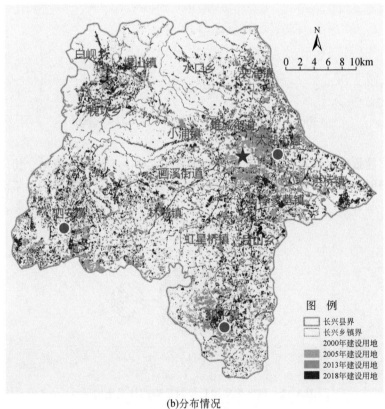

(b)分布情况

图3-13　浙江长兴各乡镇历年建设用地变化情况

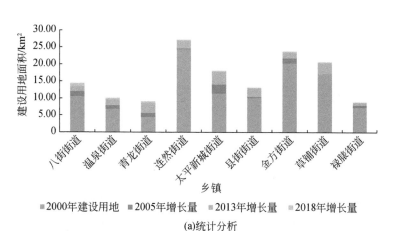

(a)统计分析

(b)分布情况

图3-14　云南安宁各乡镇历年建设用地变化情况

产生镇区聚集型村镇聚落体系重构的县市，城区自身发展动力不足以带动全县，且各乡镇自身发展势头强劲，故各乡镇发展速度超过了城区。例如，浙江长兴最西部的泗安镇，虽远离城区，但以水田生产为主导，服务业为支柱，发展成为浙江首批省级中心镇；

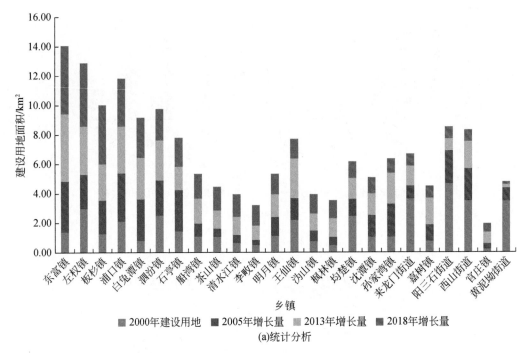

(a)统计分析

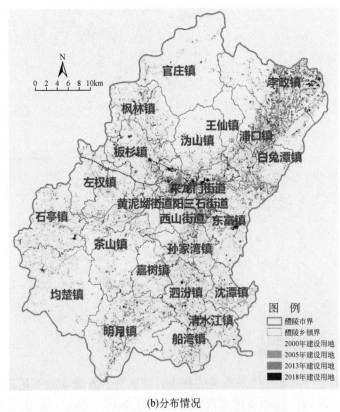

(b)分布情况

图 3-15　湖南醴陵各乡镇历年建设用地变化情况

同样远离城区的长兴和平镇，以现代农业综合区建设为抓手，促进农业循环发展，入选"2019年度全国综合实力千强镇"。在这种村镇聚落体系结构中，城区相对独立且发展动力不强，对乡镇的带动作用不够明显，具有发展优势的乡镇分散于整个县域，以各自资源为依托，与城区联系与否关系不大，甚至可以远离城区。这类重构还有一个特点是常常发生于地形限制较大的地区，自然环境造成了村镇聚落个体之间的隔断，以至于体系空间结构较为分散（图3-16）。

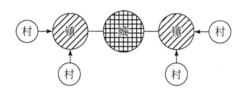

图3-16　镇区聚集型村镇聚落体系重构示意

（3）城镇聚集增长

城镇聚集型的典型代表陕西韩城、安徽当涂。这些县市的村镇聚落增长最快的三个乡镇，有县城所在地的街道，也有远城区的乡镇。陕西韩城发展最快的乡镇是远离城区的龙门镇，其次是与龙门镇相邻的桑树坪镇，第三是城区新城街道（图3-17）；安徽当涂发展最快的乡镇是城区驻地姑孰镇和近城区的太白镇，以及远城区大陇镇（图3-18）。

城镇聚集型村镇聚落体系重构中，城区和镇区发展较好，乡村资源向城区和镇区收缩聚集，主要表现为城区镇区空间扩张、人口流入、产业均衡发展，县域整体发展潜力高，且发展较为均衡。这类村镇聚落体系重构的优点是等级层次较为完整，城镇各司其职，乡镇职能弱化但并不严重，是全国大部分村镇聚落体系存在的一种普遍状态，缺点是在不加以干预的体系演化情况下也存在增长极分布不合理的情况（图3-19）。

为进一步分析空间格局特征，本书运用空间聚类分析方法分析研究样本的体系规模特征。利用ArcGIS聚类分析工具计算聚落规模的Getis-Ord Gi*统计值，用以识别聚落规模的热点区和冷点区（李智等，2018）。冷点区、热点区可以反映聚落规模发展的集聚区域。以长兴县、花都区为例，计算四个年份的Getis-Ord Gi*统计值，并将结果以自然断裂点法划分为4类区域，包括冷点区、次冷区、次热区、热点区。

由结果可知，长兴县和花都区的村镇聚落规模的空间聚类特征日益显著，热点区的面积快速增长。长兴县的空间聚类特征较为显著，形成了中心城区（画溪街道、龙山街道、太湖街道、雉城街道）、和平镇、泗安镇和煤山镇等热点中心集聚区；花都区的空间聚类特征更为显著，中心城区周边的狮岭镇、花山镇、花东镇、炭步镇成为新的热点区，热点面积增长明显，且冷点区存在连片融合发展的趋势（图3-20）。

3.3.3　体系功能特征

体系功能是指县域内各乡镇的职能发展、功能定位等能体现村镇聚落功能的特征。本书通过分析村镇聚落用地增长趋势与功能发展特点，发现聚落体系由分散点式

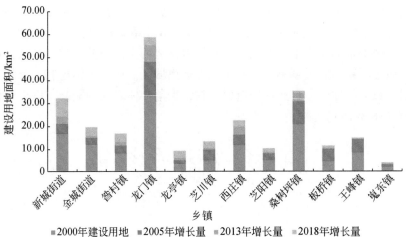

(a)统计分析

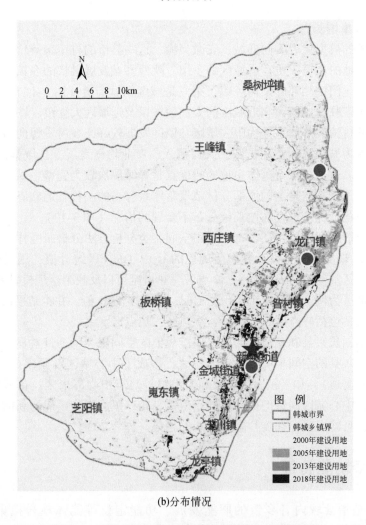

(b)分布情况

图 3-17　陕西韩城各乡镇历年建设用地变化情况

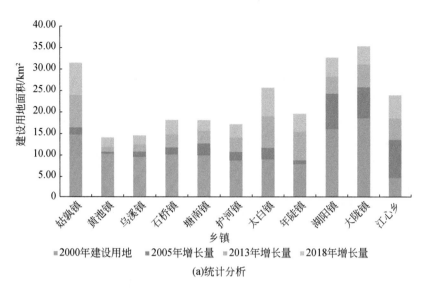

(a)统计分析

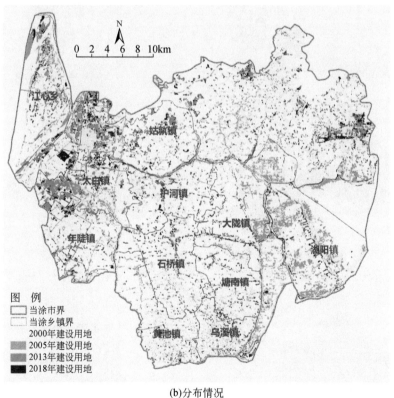

(b)分布情况

图 3-18 安徽当涂各乡镇历年建设用地变化情况

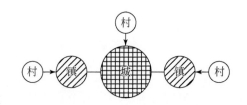

图 3-19　城镇聚集型村镇聚落体系重构示意

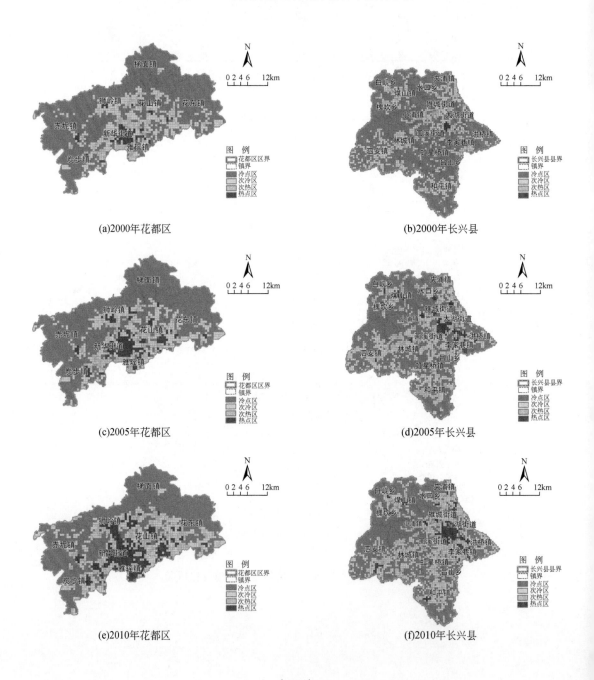

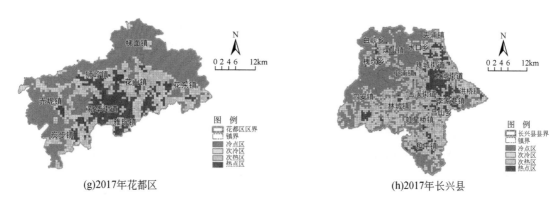

(g)2017年花都区   (h)2017年长兴县

图 3-20   长兴县、花都区村镇聚落空间聚类变化情况

发展向连片多极发展方式转变，在空间上呈现连片发展的态势，聚落用地由中心城区或是重点城镇为中心向外拓展，聚落用地围绕城区、镇区、产业园区、农业园区等功能区增长，形成多处增长极，而后增长极之间的聚落用地继续增长，最终实现区域连片发展（图 3-21）。

通过分析典型样本区县市的规划文本、统计年鉴、政府工作报告等资料可以发现，2000～2018 年县域村镇聚落空间逐渐向片区内的优势资源演变、聚集，逐渐形成专业化的功能片区。功能专业化发展类型表现为三种类型：城镇功能组团、农业功能组团、生态保育功能组团。

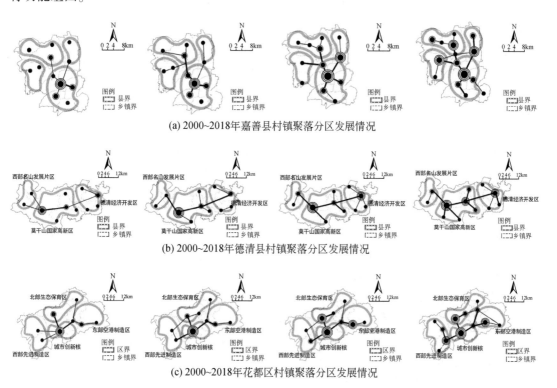

(a) 2000~2018年嘉善县村镇聚落分区发展情况

(b) 2000~2018年德清县村镇聚落分区发展情况

(c) 2000~2018年花都区村镇聚落分区发展情况

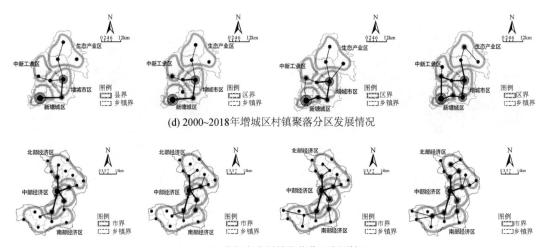

(d) 2000~2018年增城区村镇聚落分区发展情况

(e) 2000~2018年怀仁市村镇聚落分区发展情况

图 3-21　村镇聚落分区发展情况

　　例如，长兴县在《长兴县国土空间总体规划（2020—2035 年)》中明确了以三大圈层为核心的城镇空间格局，包括中心城市圈层、城郊农旅圈层、外围重点镇圈层。其中，中心城市圈层是由雉城街道、太湖街道、画溪街道、洪桥镇和李家港镇组成的城镇群，外围重点镇圈层是由长兴经济技术开发区（分别位于和平镇、煤山镇）、长三角产业合作区湖州片区泗安区块（位于泗安镇）等产业平台组成的城镇圈，城郊农旅圈层则是由围绕在中心城区外围的水口乡、吕山乡等乡镇组成。花都区在其"十四五"规划纲要中确定了"一核、三带、六大产业功能区"的城乡新格局，"三带"的空间布局体现了花都区城乡发展的不同类型，包含了东部空港经济创新产业带、西部先进制造产业带、北部森林生态保护发展带。其中，东部空港经济创新产业带包含了由中心城区组成的空铁发展核心区及依托广州白云国际机场形成的空港经济城镇群；西部先进制造产业带为依托制造业产业园区形成的西部城镇群；北部森林生态保护发展带由北部主导生态文旅功能的城镇群组成。

　　增城区在城乡发展战略中明确了三大主体功能区。南部为重点开发的新型工业化区，大力发展先进制造业和现代服务业，以增城工业园区等基地为载体，以广本汽车增城工厂为依托，以大项目促进大发展，为反哺农业、转移农民就业创造了财力和就业岗位。中部优化开发文化产业城，重点发展居住产业、文化产业以及会议休闲产业，大力推进新城市中心建设和市政基础设施建设，为吸引农民进城就业、安居，加快城市化进程创造有利条件。北部以限制开发的都市农业与生态旅游区为主，山区加大财政投入和基础设施建设，充分发挥地处都市圈的区位优势和依托丰富的农业资源和生态资源优势，大力发展都市农业和度假式乡村休闲旅游，推动农村居民生产、生活和收入方式的转变。嘉善县在《嘉善县推进长三角生态绿色一体化发展示范区建设方案》中确定了以五大功能板块带动区域发展的实施路径。五大板块包括嘉善未来新城、临沪高能级智慧产业新区、长三角生态休闲旅游度假区、祥符荡科创绿谷和长三角农业科技园区。

　　通过对典型样本的城乡功能布局分析，可以知道村镇聚落体系重构过程中形成了三种功能类型的乡镇连片发展组团：一是围绕城镇镇区而形成的城镇功能组团，这种类型的乡镇镇区发展水平较高且第二、第三产业发展较好，镇区相隔较近，在空间上呈现镇区连片发展的态势；二是围绕农业产业而形成的农业功能组团，这种类型的乡镇大多发展农业现代化，发展规模农业经营；三是依托生态资源而形成的生态保育功能组团，这种类型的乡镇在区域内承担环境保护的功能，大多发展生态文旅产业。

第4章 | 城乡融合背景下县域村镇聚落体系规划研究框架

4.1 共生理论指导下的城乡融合发展

4.1.1 共生理论对城乡融合发展的指导意义

面对国家层面城乡关系转型的政策推进和现行镇村体系规划存在"就城镇论城镇，就乡村论乡村"等问题，有学者引入或提出"超系统理论"（许洁和秦海田，2010）、"协同理论"（罗彦等，2013）、"共生理论"（段德罡和张志敏，2012）等统筹城乡区域发展的相关理论，将城乡作为有机统一的整体，走共生发展、协同发展的路径，探索城乡空间的协同发展。其中，共生理论在共生模式、共生单元和共生环境等方面与城乡发展的融合模式、镇村单元及发展条件等方面具有一致性，为城乡融合发展提供了很好的切入视角。因此，本章基于共生理论的视角，从共生模式、共生单元和共生环境三个方面剖析城乡融合发展的共生机制。

（1）共生理论：从个体发展到共生发展

"共生"一词由德国真菌学家德贝里于1879年首次提出，起源于生物学的群落共生概念，意指不同种属的生物体在一定的共生环境中按照某种形式共同生活形成的共生关系（Quispel，1951）。表现为生物在长期进化过程中，逐渐与其他生物走向联合，共同适应复杂多变的环境，互相依赖，各自获取一定利益的生物与生物间的相互关系（Douglas，1994）。从社会大系统角度讲，共生普遍存在于社会大系统中，是区域系统功能最优化、成本最小化、效益最大化的动态与持续的共赢、共振状态（朱俊成，2010）。

20世纪中期以后，共生理论逐渐应用于生态学、社会学、经济学等领域，研究复杂系统内各个子系统之间的竞合关系，在共生理论的基础上提出"城市共生论"（张旭，2004）、"社会共生论"（胡守钧，2012）等概念。共生单元（U）、共生模式（M）、共生环境（E）是共生理论的三大要素（图4-1），共生单元由多个生物种群组成，是指构成共生体或共生关系的基本能量生产和交换单位，是形成生物共生的基本物质条件，其特征在于种群的复杂属性。共生模式也可以称为共生关系，是在一定的环境中产生和发展的，是指共生单元相互作用的方式或相互结合的形式。共生环境是共生单元以外的所有因素的总和，环境对共生体的影响是通过物质、信息和能量的交流来实现的，根据环境对共生体起激励或抑制作用，共生环境可分为正向环境、中性环境和反向环境。在共生理论的三大要素中，共生模式是关键，共生单元是基础，共生环境是重要外部条件，另外共生三大要素相互作用的媒介称为共生界面，它是共生单元之间物质、信息和能量传导的媒介、通道。

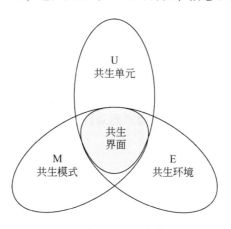

图 4-1　共生理论的构成要素

（2）共生理论在城乡融合发展中的适用性

城市与乡村是一个紧密联系的有机体，有学者认为城乡融合发展的过程与共生理论具有极强的一致性（李铁生，2005）。镇村之间互为资源、互为市场、互相服务的产业联系正是共生理论中共生单元的形成逻辑（曲亮和郝云宏，2004）；城乡之间以城带乡、以乡促城的城乡关系正是共生理论中共生模式的运行过程；县域范围内人口、土地、产业等有效统一、全域整合、协同发展的资源环境、制度环境正好与共生理论中共生环境的特点相似（图4-2）。日本建筑大师黑川纪章在《新共生思想》一书中明确指出："共生概念还涉及人与自然的共生……城市与乡村的共生……等不同层次内容的共生"（黑川纪章，2009）。这表明"城市与乡村的共生发展"本身就是共生理论研究的重要内容。基于上述认识，有学者将共生理论应用到区域协调（朱俊成，2010）、城乡统筹（赵英丽，2006；刘荣增等，2012）的研究之中，提出城乡"对称互惠共生"发展路径（武小龙，2015）。因此，本书认为共生理论在城乡融合发展中具有很强的适用性。

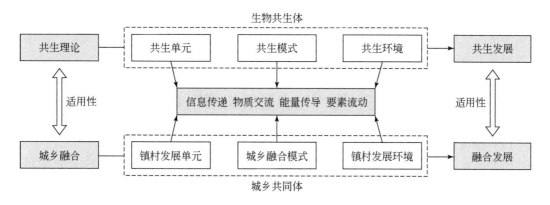

图 4-2　共生理论与城乡融合发展的关系

(3) 共生理论对城乡融合发展的启示

基于上述研究可知,在共生理论的指导下,城乡融合发展将以单元的形式为基础,从不同尺度推进城乡空间有机重构、乡村要素有效配置、乡村振兴有序推进。县域尺度,城市与乡村作为城乡地域密不可分的 2 个子系统,城乡发展按照城乡融合的要求,形成城乡联系、共生共荣的命运共同体。在单元尺度,县城、乡镇和乡村就好比一个个"生物种群",功能相似、产业相关、空间相邻的村镇聚落集聚在一起,形成单元发展的态势。在镇村尺度,不同类型的村镇聚落结合自身资源条件,在要素组成、功能结构、发展模式上与其他村镇形成联动发展的趋势(图4-3)。

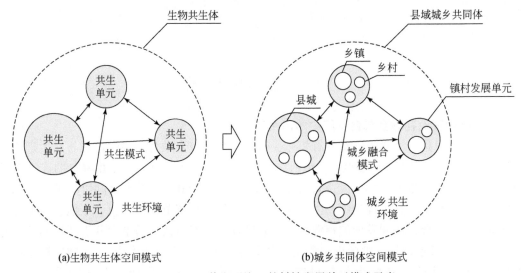

(a)生物共生体空间模式　　　　(b)城乡共同体空间模式

图4-3　基于"共生理论"的村镇发展单元模式示意

具体而言,在城乡融合发展的背景下,共生理论对我国镇村发展具有以下三个方面的启示:县域层面注重共生模式的营造,加强城乡之间的功能、产业联动,便于镇村之间形成抱团发展的镇村单元;镇村单元层面注重共生单元的形成,提升城乡融合发展动力,兼顾以城带乡和以乡促城的双向作用,形成城乡良性互动发展模式;镇村单元内部,即镇村层面注重共生环境的营造,充分挖掘乡村生态、人文资源优势,促进土地、人口、产业要素双向自由流动,改善城乡共生发展环境(图4-4)。

4.1.2　"单元式规划"与"城乡融合发展"的关系

(1) 破除低效发展,推动区域资源整合

长期以来,我国乡村规划理论基础匮乏,村镇规划编制工作几乎无一例外地针对单个乡镇编制乡镇总体规划,针对单个乡村编制村庄规划。虽然每个规划都提出了自己的发展目标、功能定位、产业布局和基础设施建设等要求,编制内容涉及经济、文化、社会、生态、产业等方方面面,对乡村发展起到了一定的积极作用,但也存在编制内容求全、发展定位雷同、风貌千篇一律,镇村之间衔接不畅等问题。同时,县域内部相邻的村镇往往自

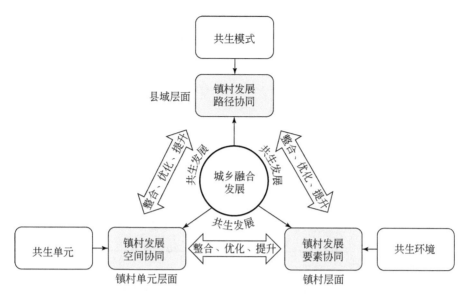

图 4-4 共生理论对城乡融合发展的指导框架

然地理条件一样，社会经济发展水平一致，经济文化特征相同，村镇之间的区别并不大，没有必要针对每个村镇单独编制规划。另外，受规模效应影响，区域产业呈现集聚发展趋势，改革开放后形成的"村村冒烟、镇镇点火"的乡镇企业模式不可持续，单个乡镇的辐射带动能力下降，孤立的乡镇、乡村无法满足未来城乡人口的多样化需求。

因此，打破行政区划，以单元的形式编制镇村规划并指导镇村建设发展，可以更经济、系统和高效地引领资源要素集约节约配置，实现经济区与行政区的适度分离（图4-5），促进乡村振兴与新型城镇化在一个更大的地理范围内整合与统筹镇村规模、建设用地、资金投入和公共设施等资源（罗彦等，2013）。通过单元内部资源的统筹，发挥村镇抱团优势，建立"资源—产业—项目—土地"的发展路径，以资源定产业，以产业育项目，以土地落项目（李晓军等，2020）。通过"产业共荣""设施共享""项目共建"等方式，促进第一、第二、第三产业高效集约发展，在县域范围内形成不同主导产业的发展单元。

（2）打破均衡发力，实现精准分类发展

"以工促农""以城带乡"是城乡融合发展的主要途径之一，2005年新农村建设以来，我国不断增加对乡村的投入，在很大程度上改善了乡村基础设施不足的问题，但我国乡村分布广、基数大，乡村投入的平均经费仍然有限，若按每一个村镇进行建设，一方面容易造成大量的基础设施与公共服务设施重复建设、资源浪费；另一方面对每个村镇平均发力，会导致高标准设施缺乏，重点村镇与特色村镇的发展不突出。

因此，通过单元的形式将功能相近、产业相似的村镇整合起来，在县域范围内形成不同主导功能的片区单元，如旅游型、农业型、生态型等（图4-6）。根据不同主导功能有侧重地开展分类引导，实现多元差异化发展。不同类型的镇村单元可依托自身定位，因地制宜地与城区之间形成"生活–娱乐""加工–种植""居住–康养"的互补功能。改变以

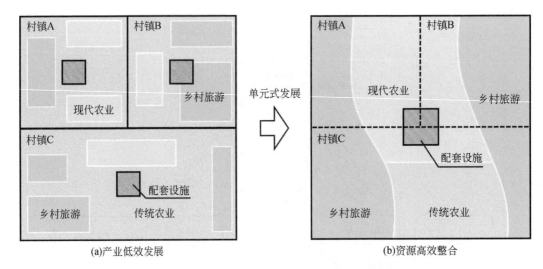

图 4-5　从"低效发展"转向"高效整合"的模式示意

往镇村均衡发力的模式，通过精准化的政策引导、要素投入、产业布局等措施实现县域协调发展。有利于统筹公共服务的普惠性与优质性，引导公共资源精准投放，构建与人口和产业分布更加适应、更加精准的公共服务体系。

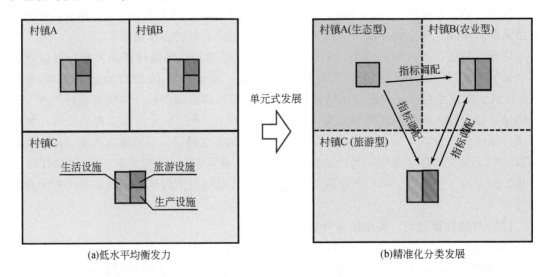

图 4-6　从"均衡发力"转向"精准分类"的模式示意

（3）突破城乡界线，促进要素双向流动

在区域发展的理论研究中，传统（狭义）梯度理论、增长极理论、点轴扩散理论等通常认为，城市的辐射对乡村的发展有重要作用。而根据广义梯度理论（修正了传统梯度理论并综合了增长极理论、点轴扩散理论等的核心观点），任何意义上的梯度既是梯度推移方，又是接受梯度推移的一方，即梯度推移是多维双向的（李国平和赵永超，2008）。以往的乡村发展"各自为政、孤军奋战",乡村在城乡关系中处于不利地位,城乡要素因为"城市虹吸效应"的影响处于乡村流向城市的状态。

而以单元为基础编制城乡规划,可以打破城乡圈层结构,通过乡村抱团发展形成与城市相当的"质量",在城乡之间建立"城市-镇村单元"的等量关系(华晨等,2012),改变城乡推拉关系。改变以往"重城轻乡"的模式,有利于简化"城-镇-村"等级体系(图4-7)。以单元为主体承载城区功能的外溢,将有利于引导公共资源精准投放和市场要素充分流动、合理集聚、优化配置,在县域内培育更多具有较强支撑力和带动力的新引擎,为乡村振兴和新型城镇化建设提供更大承载空间,为县域经济高质量发展夯实底部支撑。对于单元内部的村镇来说,有利于其生产资源要素的合理流动和有效沟通。可以说单元式规划解决了目前城乡分割、资源要素不流通的实际问题。因此,通过单元的形式整合资源,促进城乡要素双向流动,使乡村为城镇提供生态服务的同时也能承接城镇功能的外溢,从而形成城乡共生可持续的状态(陈建滨等,2020)。

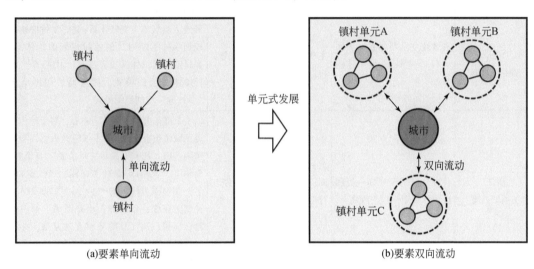

图4-7 从"单向流动"转向"双向流动"的模式示意

4.2 "单元式规划"理念的提出与方法探索

4.2.1 先发地区"单元式规划"实践探索

近年来,我国不断出现以镇村集聚发展为基础的"单元式规划"研究,相关实践探索主要集中在我国东南沿海的先发地区,典型代表包括上海"郊野单元"、广州"美丽乡村群"、浙江"美丽城镇圈"等。上海郊野单元规划以自然环境要素及聚落演变肌理为基础,针对城镇开发边界外的乡村地区提出"E+X+Y"(城镇集中安置区+农村集中归并点+农村保留居住点)的单元式规划编制模式(杨秋惠,2019);广州美丽乡村群规划借鉴生物群里的理念，采用网络型"乡村群"的空间组织模式推进乡村连线成片和组群发展，根据乡村之间的社会、经济联系提出主从式、并列式、互补式 3 种乡村群类型；浙江从县域统筹发展的角度出发，通过"镇镇联手""组团共建"的形式探索了城镇集群化发展路径（表 4-1）。

表 4-1 我国先发地区的典型"单元式规划"模型

典型代表	镇村规划体系	单元模式	主要内容与方法
上海"郊野单元"	村庄布局规划—郊野单元村庄规划—村庄设计	"E+X+Y"模式：城镇集中安置区+农村集中归并点+农村保留居民点	郊野单元规划模式主要为三类：城乡统筹发展型、农业规模经营型、生态文明建设型。郊野单元规划作为法定规划被纳入控规管控体系，涵盖生态保护、存量整治、设施配置、农村居民点布局以及产业特色发展引导。编制郊野单元规划的地区可不编制村庄规划
广州"美丽乡村群"	县域城乡发展体系—美丽乡村群建设规划—村庄规划	主从式乡村群；并列式乡村群；互补式乡村群	形成"县域城乡发展体系+美丽乡村群建设规划—村庄规划"的镇村规划编制体系，乡村空间组织体系突破线性"中心地"的村镇体系组织模式，创新地采用网络型"乡村群"空间组织模式
浙江"美丽城镇圈"	县域乡村建设规划—美丽城镇圈规划—村庄规划	"1+X"龙头引领型美镇圈；"1+1>2"的强强互补型美镇圈；"1+1+1"均衡发展型美镇圈	以 1 个都市节点型城镇为中心，多个特色型美丽城镇组合形成的"1+X"龙头引领型美镇圈；以"绍兴安昌—杭州瓜沥"美镇圈、金华市"孝顺+鞋塘"美镇圈、"江东+岭下"美镇圈为代表的"1+1>2"的强强互补型美镇圈；以及建德市乾潭镇、桐庐县富春江镇、浦江县虞宅乡互动互融，共同打造浙西地区旅游精品目的地的"1+1+1"均衡发展型美镇圈

接下来，本节对上海"郊野单元"、广州"美丽乡村群"和浙江"美丽城镇圈"的主要内容进行分别阐述。

（1）上海"郊野单元"

上海是我国最先提出"单元式规划"的城市，为了解决土地低效利用的问题，自 2012 年起不断探索郊野单元规划的编制与实施管理。上海郊野单元规划针对城市集中建设区之外的广大郊野地区，规划以镇（乡）级土地利用规划和城乡总体规划为指导，承接区（县）土地整治规划，以田、水、路、林等农用地和未利用地的综合整治为主，统筹协调集建区之外的乡村建设涉及的各专项规划。上海郊野单元规划填补了传统城市规划体系在城市集中建设区之外规划、指导和管理的空白（孙敏和姜允芳，2015）。2016 年，上海市规划和国土资源管理局颁布《上海市郊野单元规划实施政策的若干意见（试行）》，郊野单元规划进入 2.0 版。其对乡村地区国土整治的促进作用明显加强，更加强调对生态用地、永久基本农田的严格保护，城乡用地增减挂钩以及对有条件建设区的空间奖励政策

（林坚和陈雪梅，2020）。

　　郊野单元原则上以镇域为一个基本单元，也可适当划分为 2～3 个单元。上海郊野单元是基于土地整治规划的相关要求而形成的实施性规划，至今已经经历 3 次改版（杨秋惠，2019），郊野单元规划侧重实施性、因地制宜、单元合并编制，在尝试搭建乡村地区空间规划体系方面开创先河。

　　2012 年至今，对城镇开发边界以外的区域采取郊野单元规划的编制与实施管理方式，并形成了上海郊野单元规划 1.0～3.0 的探索与实践。2018 年 8 月，上海市召开全市乡村规划编制启动会，《上海市乡村规划导则（试行）》一系列成果下发至各区镇。该导则构建了全市乡村地区的规划体系，即村庄布局规划—郊野单元村庄规划—村庄设计（黄婧和吴沅箐，2020）。结合上海试点郊野单元规划经验，上海郊野单元规划模式主要为三类：城乡统筹发展型、农业规模经营型、生态文明建设型（胡红梅，2014；吴沅箐，2015）。

（2）广州"美丽乡村群"

　　2012 年，广州市制定《广州市美丽乡村试点建设工作方案》，用以指导美丽乡村试点建设工作的开展，根据"经济有基础、群众有愿望、班子有能力、区位有优势"的基本要求，选取出一批发展条件较好的乡村进行重点建设（图 4-8）。2016 年，为了破解过去以行政村为单元、"各自为政"编制村庄规划的传统模式，广州市发布《广州市美丽乡村建设三年行动计划（2016～2018 年）》，明确新一轮的美丽乡村建设在前三年试点的基础上，要突出"以点带面、串点成线、连线成片，组群发展"的方式。在行动计划的要求下，广州各区的美丽乡村选点逐渐呈现出集中分布的空间格局特征，如番禺区在 2016 年制定的 9

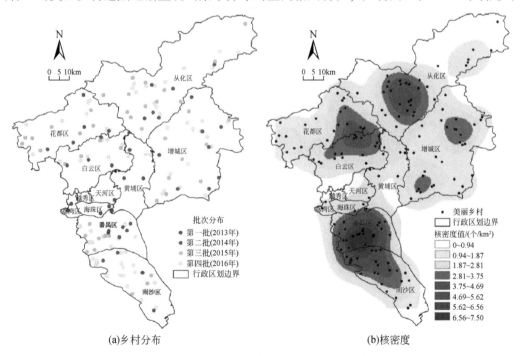

(a)乡村分布　　　　　　　　　　　　(b)核密度

图 4-8　2013～2016 年广州市美丽乡村分布和核密度分布

资料来源：张晨等（2020）

条市级美丽乡村建设项目计划中将坑头村和新水坑村、旧水坑村 3 个村升级提质，连线成片，整体打造具有一定规模、特色鲜明的美丽乡村群，促进美丽乡村建设向纵深发展（张晨等，2020）。自此，广州探索出一套基于"乡村群"概念的乡村规划体系，指导乡村地区的整体提升。

广州"美丽乡村群"的概念与"城市群"相对应，是分布在一定乡村地域范围内，不同形态规模的乡村基于资源、产业关联性所组成的地域综合体。"美丽乡村群"根据各乡村之间的关联性特征进行划定，具体包括"资源关联、地域关联、文化同脉、行政管理、经济联系" 5 个方面（叶红和李贝宁，2016）。其中，"资源关联"强调从开发的区域品牌塑造出发，将资源相近、资源共享的乡村作为同一个乡村群；"地域关联"强调将地形条件相似、地理空间邻近的乡村划在一起；"文化同脉"强调村庄之间的文化是否一脉相承，如具有血缘、业缘关系的乡村更能形成共生体；"行政管理"强调乡村发展的落地实施，涉及对行政边界的考虑，一般位于同一镇街行政辖区；"经济联系"则考虑产业之间的联系和分工。在上述乡村群划定方法的指导下，番禺区、南沙区、从化区、白云区、花都区及增城区都相继开展了美丽乡村群的规划工作（张晨等，2020），如增城区基于乡村外部发展条件和内部资源差异，划分出特色农业型、休闲旅游型、文化旅游型和美丽宜居型 4 类美丽乡村群（蒋万芳和袁南华，2016）（图4-9）。

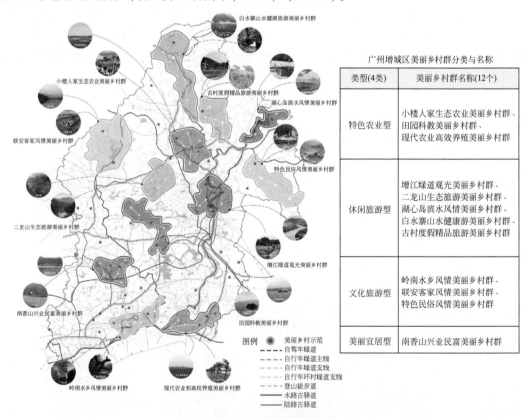

广州增城区美丽乡村群分类与名称

类型(4类)	美丽乡村群名称(12个)
特色农业型	小楼人家生态农业美丽乡村群、田园科教美丽乡村群、现代农业高效养殖美丽乡村群
休闲旅游型	增江绿道观光美丽乡村群、二龙山生态旅游美丽乡村群、湖心岛滨水风情美丽乡村群、白水寨山水健康游美丽乡村群、古村度假精品旅游美丽乡村群
文化旅游型	岭南水乡风情美丽乡村群、联安客家风情美丽乡村群、特色民俗风情美丽乡村群
美丽宜居型	南香山兴业民富美丽乡村群

图例
● 美丽乡村示范
- - - 自驾车绿道
- - - 自行车绿道主线
- - - 自行车绿道支线
- - - 自行车环村绿道支线
- - - 登山徒步道
—— 水路古驿道
—— 陆路古驿道

图4-9 广州增城区美丽乡村群划定示意
资料来源：《增城区乡村建设发展策略与模式研究》，华南理工大学建筑设计研究院

"美丽乡村群"规划注重从区域视角理解乡村发展，强调乡村之间的相互关系，摆脱以行政村为单位孤立地看待乡村发展的思路。在生态学"群落"等概念与理论的支撑下，通过聚点成片的空间规划方式，形成主从式、并列式和互补式等不同类型的乡村群体系模式，为美丽乡村的空间集聚提供前瞻性引导。同时，为了进一步落实"美丽乡村群"建设，县域层面的规划编制体系也进行了一定的改进和创新，按照"县域城乡发展体系—美丽乡村群建设规划—村庄规划"宏观、中观和微观相结合的模式开展规划设计（叶红和陈可，2016）。

（3）浙江"美丽城镇圈"

2021年，为了深入推动城乡融合发展，《浙江省住房和城乡建设"十四五"规划》提出"深入打造镇村生活圈和区域美镇圈"的任务。同年3月，浙江省以杭州临安昌化"美镇圈"研究与美丽城镇规划设计项目为重点，启动了全省首个"美镇圈"研究，开启了美丽城镇集群发展的新篇章。此后，浙江省各个市县不断探索城镇集群化发展路径，杭州、舟山先后出台《关于进一步做好杭州市美丽城镇集群化建设工作的通知》和《全市美丽城镇集群化建设工作的指导意见》等政策文件，按照"县域统筹、分类引导、整体设计"的原则推动城镇集群化发展。

2022年1月，为深化"百镇样板、千镇美丽"工程，集成推进美丽县城、美丽城镇、美丽乡村建设，浙江省召开美丽城镇集群化案例评审会，确定萧山区"三彩小镇"美丽城镇集群、余杭区大径山片区美丽城镇集群、富阳区富春山居美丽城镇集群等32个城镇集群为2022年美丽城镇集群化发展的典型培育案例。

美丽城镇集群化建设是以地缘相近的2个或2个以上美丽城镇建设单位为主体，围绕各自特色，通过区域合作、结对共建、联动提升，破解发展过程中空间受限、低水平重复建设、资源利用效率不高等难题，发挥交通互通、资源互用、文化互融、产业互补、经济互动等优势，绘制共同规划，建立发展机制，形成县域内部、市域内部以及跨市域等不同类型的美丽城镇集群，促进城乡区域联动一体化高质量发展，促进美丽城镇以点带线、串珠成链、整体大美，在更高视野、更高起点、更高水平上实现海岛美丽城镇建设迭代升级。

目前，浙江省范围内通过"镇镇联手""组团共建"的形式共形成多种"美镇圈"模式：以1个都市节点型城镇为中心，多个特色型美丽城镇组合形成的"1+X"龙头引领型美镇圈；以"绍兴安昌—杭州瓜沥"美镇圈、金华市"孝顺+鞋塘"美镇圈、"江东+岭下"美镇圈为代表的"1+1>2"的强强互补型美镇圈；以及建德市乾潭镇、桐庐县富春江镇、浦江县虞宅乡互动互融，共同打造浙西地区旅游精品目的地的"1+1+1"均衡发展型美镇圈。

（4）其他"单元式规划"典型模式

除此之外，在不同地区的相关规划编制成果之中，近年来也常常出现"乡村圈""功能单元""联动组团"等概念。例如，湖北省宜都市乡村振兴规划根据现状人口分布、现状建设情况提出"城郊乡村圈"的概念，将市域范围内的村镇聚落划分为红高片区、陆城片区和枝城片区三大城郊乡村圈；武汉市在《武汉乡村振兴战略规划（2018—2022年）》中提出"田园功能单元"的概念，即在城郊边缘区和乡村地区等非集中建设区设置田园功能单元,在范围上结合了非集中建设区的农业和生态资源禀赋,以产业功能发展为核心导向(熊威,2021);北京市针对北京市乡村地区提出"规划实施单元"的规划尝试,提出由项目主导到单元统筹,规划实施单元针对城市集中建设区以外的乡村地区,单元范围涉及单个或多个乡镇,也可与产业园区等统筹规划(赵之枫和朱三兵,2019)。2011 年,江苏省从产镇要素相互促进的视角,在县域尺度划定区镇合一的"产镇融合单元",通过区域产业空间与用地统筹推进小城镇网络化、集群化发展,如吴江区的"太湖新城区+松陵镇、吴江经开区+同里镇、汾湖高新区+黎里镇、吴江高新区+盛泽镇"四大产镇单元(图 4-10)(雷诚等,2020)。2017 年江苏省创造性开展特色田园乡村建设行动,提出"特色田园乡村联动组团"。推动乡村振兴由点及面,走向区域一体。通过"村庄分类优布局、组团联动显特色、串点联线成网络、试点先行强示范"的思路系统推进特色田园乡村建设。

可以看到,目前对于村镇聚落单元式发展的规划实践主要针对城郊边缘区和乡村地区,多数实践更多地集中在镇域层面跨村的行政区划合并,也有一些实践考虑到跨镇的行政区划合并;划定村镇发展单元与产业发展、生态资源紧密挂钩,聚焦村镇单元的用地布局、产业规划、资源整合等方面,是推动新型城镇化和新农村建设,实现城乡融合发展的有效途径。

4.2.2 镇村级国土空间规划编制的新要求

2019 年,《中共中央 国务院关于建立国土空间规划体系并监督实施的若干意见》(中发〔2019〕18 号)提出"各地可因地制宜,将市县与乡镇国土空间规划合并编制,也可以几个乡镇为单元编制乡镇级国土空间规划"和"以一个或几个行政村为单元,由乡镇政府组织编制'多规合一'的实用性村庄规划"的部署要求。

各地方政府也不断提出在县域内开展"片区化""单元式"的村镇聚落规划要求。例如,2021 年 11 月,四川省在统筹推进乡村国土空间规划编制和两项改革"后半篇"文章工作会议中提出"打破县域内行政区划和建制界限,以片区为单元编制乡村国土空间规划",紧扣"按实际划分片区,按片区编制规划,按规划优化布局、配置资源"的方向路径,在全国范围内开创了乡村国土空间规划的新尝试。同时,成都范围内初步完成 55 个城乡融合发展片区划分,并在崇州启动相关试点工作,为全面开展乡村国土空间规划编制打下坚实基础。2022 年 1 月,《浙江省人民政府办公厅关于开展未来乡村建设的指导意见》中提出"片区化、组团式整体谋划村庄规划,城乡风貌整体优化"。

杭州为全面贯彻实施乡村振兴战略的重要指示精神,落实国家相关政策文件要求,积极输出浙江实施"千村示范、万村整治"工程的先进经验,全力打造杭州美丽乡村升级版,全面推动城乡区域共同富裕,规范"多规合一"的实用性村庄规划编制工作,2019 年 8 月启动编制了《杭州市乡村地区国土空间规划导则(试行)》,2021 年 10 月正式发布。该导则提出村庄规划必须打破传统以单个村庄为规划对象的固有路径,创新"单元管理"思路,搭建全域管控下的乡村地区单元规划工作框架,将联系较为紧密的村庄、具有联动发展基础和条件的村庄划为乡村单元,形成乡村地区基本网格,作为村庄规划的基本

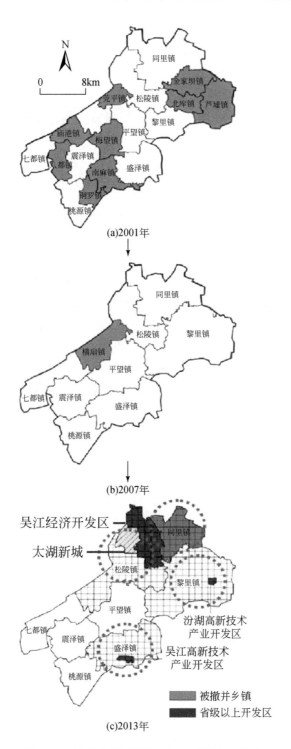

图 4-10　苏州市吴江区的四大"产镇融合单元"

资料来源：雷诚等（2020）

单元，进而在规划上引导乡村从"单打独斗"到多个村庄"抱团发展"，实现优势互补、联动发展、设施共享、流量统筹，构建乡村地区共同富裕单元，并提出了空间共谋、生态共保、产业共促、设施共享和多元共治五大乡村单元规划要求。

4.3 基于"发展单元"的村镇聚落体系规划研究框架

4.3.1 县域"村镇发展单元"的概念与构建

县域"村镇发展单元"是针对现行镇村规划以单个乡村或单个城镇为单位编制存在"就乡村论乡村"弊端，而将县域范围内地理区位相邻、文化特质相近、产业业态相似等具有一定关联性的镇村所组成的一个功能完整、结构合理、规模适宜的镇村集群单元。县域"村镇发展单元"强调将若干个村镇作为一个整体，打破行政区域边界，统一规划、统一管理，以特色镇（街区）为核心，辐射带动其他乡镇和乡村融合发展。

县域"村镇发展单元"不是简单的空间分区，而是以"镇村单元"为载体，兼具空间管控、要素分配、产业协同、建设管理的综合性单元（图4-11）。首先，村镇发展单元是承接上位规划底线管控要求，落实生态保护、耕地保护、开发建设的镇村空间管控单元；其次，村镇发展单元是坚持土地资源科学利用，推进土地整治、统筹土地要素投放的镇村要素分配单元；再次，村镇发展单元是衔接县域经济区，实现城乡产业分工和镇村产业转型的镇村产业协同单元；最后，村镇发展单元是推动项目落地实施、统筹配套设施、强化社区共建的建设管理单元。

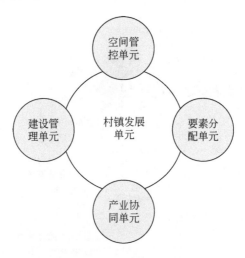

图 4-11　"村镇发展单元"的内涵

从空间组织模式来看，为了便于资源要素的有效整合和资金设施的集中投放，村镇发展单元内部的村镇需要结合资源禀赋和发展条件形成单元中心，通过增强单元中心镇的人口吸纳、产业承载、公共服务等功能，引导要素有效集聚，辐射带动区域协调发展（图4-12）。

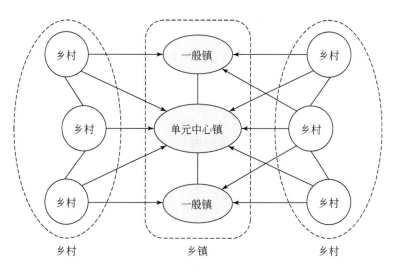

图 4-12 县域 "村镇发展单元" 空间组织模式示意

4.3.2 县域 "村镇发展单元" 的划定原则

"村镇发展单元" 的划定要真实反映当前城乡发展的现实情况和趋势,体现科学性、合理性和可实施性,从多个层面、多个角度明确单元的类型、中心和范围。基于 "村镇发展单元" 的概念和构建目的,按照 "以功能为基础、以空间为载体、以发展为导向" 的原则进行村镇发展单元的划分。在功能方面,强调将资源相似、功能相同的镇村进行统筹发展;在空间方面,强调将地域相近、空间相连的多个镇村进行整合发展;在发展方面,强调将产业相关、设施相通的镇村进行联动发展。通过功能统筹、空间整合、发展联动,形成城乡之间、镇村之间融合发展的镇村单元(图 4-13)。

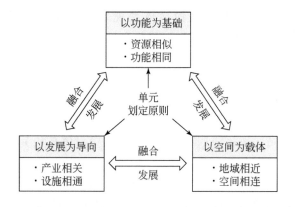

图 4-13 县域 "村镇发展单元" 的划定原则

（1）以功能为基础：资源相似、功能相同

资源相似、功能相同是指村镇发展单元的划分要充分考虑地形、地貌、植被、气候和水文等资源要素的相似性，尊重县域自然地理格局，确保单元内部乡镇的自然资源、文化资源、生态资源以及镇村主导功能相对一致或相关。将资源相似、功能相同的镇村划为同一个发展单元进行协同规划，有利于推动县域范围内各单元之间形成差异化、特色化发展格局。

（2）以发展为导向：产业相关、设施相通

把乡村经济发展作为单元划分的主要考量因素，将县域内各镇村在资源禀赋、人文地理、产业基础、发展潜力等方面大体相近情况下推进集中连片发展，又考虑基础条件存在差异的情况下促进联动协作，以强带弱、强强联合、优势互补，优化县域经济地理版图。从"一村一品""一镇一品"迈向"多村一品""多镇联动"的发展模式，形成功能完整、结构合理、辐射周边的镇村基本单元。

（3）以空间为载体：地域相近、空间相连

地域相近、空间相连是指村镇发展单元应按照邻近乡镇统一规划的原则划定。在空间上相互靠近的乡镇，其人口、社会、经济、物质等联系较为密切，有利于城乡空间的整合和发展。因此，村镇发展单元的划分要结合镇村地理位置和联系强度，突破行政边界，实事求是地按照宜大则大、宜小则小原则进行划分。另外，考虑到单元规划后续的实施与落地，并结合单元划分的可操作性和数据研究的可获取性，村镇发展单元的划分要以乡镇行政边界为划分依据，科学确定片区规模和覆盖范围。

4.3.3　国土空间规划体系中的县域村镇体系规划

新时代国土空间规划体系通过"多规合一"的形式，对过去因部门职能、学科特点等不同导致的多项规划任务和重点工作进行了整合，但仍缺少对不同层级规划的统筹谋划（张艳芳和刘治彦，2018）。从当前"五级三类"的国土空间规划体系来看，不同层次主体（国家、省、市县、乡镇、村）在镇村体系规划中的任务和责任不同（赵小风等，2018）：国家、省级空间规划提出乡村振兴战略和城乡融合战略的总体要求，为各地区镇村发展指明目标、方向与原则；市县级空间规划强调在底线管控的基础上，明确各乡镇发展的主导功能、产业与规模，进而优化城乡总体空间格局；乡镇级空间规划则偏重通过优化内部的镇村体系、功能分区、公共服务设施等具体空间要素，合理引导城乡社区有序发展（袁源等，2020）。

通过对市县级、乡镇级总体规划和专项规划中对镇村体系相关内容的梳理，县域镇村体系规划的任务聚集在"县域发展路径协同"、"镇村发展空间协同"和"镇村发展要素协同"三个方面（图4-14）："县域发展路径协同"是城乡融合的基础，包含城乡功能、产业、人口等协调发展与统筹布局；"镇村发展空间协同"是城乡融合的根本保障，包含城镇建设空间、生产空间和生态空间之间的高度协调，以及村镇发展单元的划定，并以此作为农、商、文、旅等产业集群化发展的根本保障（郑玉梁等，2019）；"镇村发展要素协同"是城乡融合的有效途径，依据村镇发展单元的主导功能分类指引、合理安排单元内部的体系等级、空间结构、功能分区与设施布局等，实现镇村聚落体系的重构。

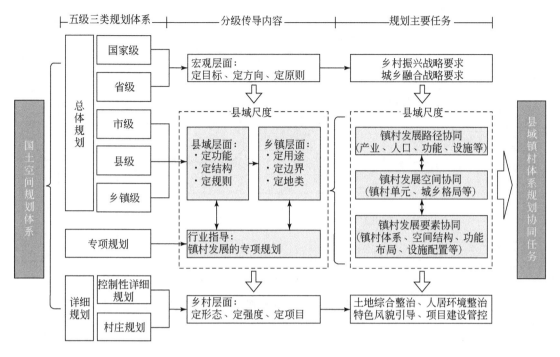

图 4-14 "五级三类"国土空间规划体系对村镇发展的要求

4.3.4 基于"发展单元"的新型村镇规划体系

从"五级三类"国土空间规划体系对镇村发展的要求来看，县域镇村体系规划涉及市县、乡镇层面的总体规划与专项规划内容。为了整合上述不同层级空间规划对镇村发展的不同要求，推动镇村体系规划由"局部谋划"向"整体布局"转变，部分学者提出未来镇村规划体系要包含区域规划、城镇规划和乡村规划的多项内容（张尚武，2013），要与"五级三类"国土空间规划体系实现联动（袁源等，2020），通过"多规合一""一张蓝图"模式实现区域统筹、城乡统筹（朱喜钢等，2019）。

单元模式本质上是一种上下"互动推拉"的模式，在城乡空间中起到转接、过渡的地理空间单元作用（王金岩和何淑华，2012）。因此，以"镇村单元规划"为核心的新型镇村规划体系可以起到"承上启下"和"整体统筹"的作用，在县域范围内形成"县—单元—乡镇"三级空间规划传导效应（图 4-15）。县域镇村单元规划既非简单的城镇体系规划的细化，也非简单的城市总体规划的空间扩大化，而是以"构建城乡融合关系、优化城乡空间系统"为核心目标（罗彦等，2013）。遵循"单元规划要落实市县级总体规划和专项规划""单元规划要统筹乡镇级总体规划和专项规划""单元规划要指导乡镇、乡村详细规划"的原则，通过"村镇发展单元规划"实现不同层级空间规划之间的衔接、融合和创新。最终形成纵向不同尺度相互衔接，横向不同类型相互协调的新型镇村规划体系。

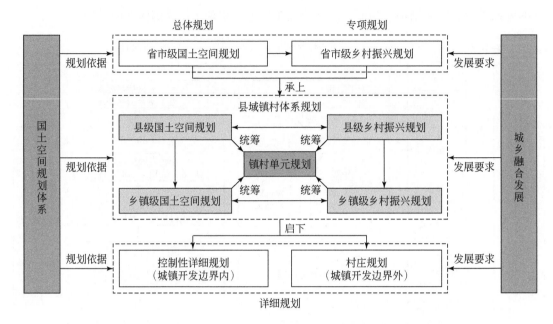

图 4-15　以"单元规划"为核心的新型县域村镇规划体系

4.3.5　基于"发展单元"的县域村镇体系规划内容

从编制的内容看，现行镇村规划以城镇、村庄居民点的空间结构、用地和设施布局为主，对生态空间、农业空间、城乡居民点和乡村发展规划等方面的研究深度以及关注不够，缺乏对城乡关系优化转型相关内容的探讨和思考（罗彦等，2013）。因此，"村镇发展单元"主要从县域、单元和镇村3个尺度的内容构建城乡融合的协同规划，使之成为城乡规划协同平台，包括镇村发展路径协同、村镇发展空间协同、镇村发展要素协同（图4-16）。

（1）县域层面：镇村发展路径协同

县域层面，应在落实国家和省、市级国土空间总体规划以及市级以上专项规划中关于乡村振兴、城乡发展的总体要求基础上，确定县域发展的总体方向与发展路径。首先，深入分析县域自身社会条件、经济水平、生态环境和资源禀赋等条件，识别城乡融合背景下的镇村发展动力。其次，根据镇村发展的动力差异确定县域城乡融合发展模式，进而划分县域类型。

（2）单元层面：镇村发展空间协同

单元层面，要围绕县级总体规划与专项规划中的镇村发展目标，分区引导城乡发展，优化县域城乡总体空间格局。首先，以资源承载力、开发强度以及发展潜力等为基础，在县域范围内划定不同的地域功能片区，依据地域功能确定村镇发展单元的类型，建立城乡一体的地域功能体系。其次，基于人口、经济、社会等规模综合确定村镇发展单元的中心与节点。再次，以单元为核心，将产业联系、出行联系较为紧密的乡镇作为有机统一的整

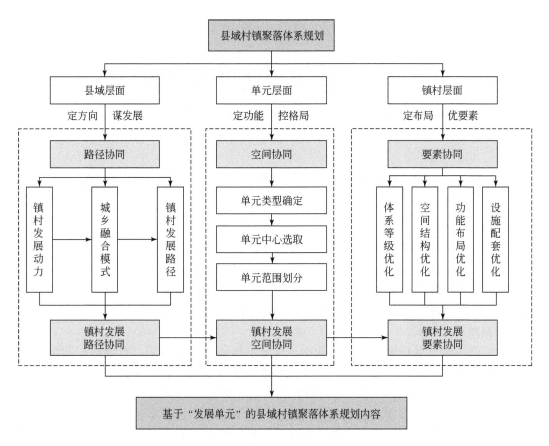

图 4-16 基于"发展单元"的县域村镇聚落体系规划内容

体，实现抱团发展。最后，通过一个个打破行政边界的村镇发展单元对城乡总体空间格局进一步细分，形成资源有效利用、空间有效整合、产业有效互补的"1+1>2"的综合效应，实现区域联动一体化融合发展。

（3）镇村层面：镇村发展要素协同

单元内部的镇村层面，根据县域村镇发展单元的划定，对位于同一单元内部的镇村进行系统谋划，引导各类要素协同布局、共建共享。首先，根据镇村人口增减趋势、资源禀赋条件、产业发展基础等优化镇村体系等级，调整镇村人口、用地规模。其次，基于生态、生产和建设空间分布情况以及城乡产业的发展，确定镇村空间结构与功能布局。再次，按照"以人为本"的新型城镇化理念，统筹单元内部资源配置，优化公共服务设施体系，补齐基础设施短板。最后，形成镇村体系、空间结构、功能布局、基础设施和公共服务设施等一体化协同的镇村空间格局，对下一级实用性村庄规划的编制提供指导。

第5章 县域村镇发展动力识别与城乡融合类型划分

5.1 县域村镇发展的影响因素与动力类型

5.1.1 县域村镇发展的影响因素分析

根据影响因素的类型和作用方式的不同，村镇聚落体系重构的影响因素可以分为自然地理因素、社会经济因素、建设开发因素、政策文化因素等方面。

(1) 自然地理因素

自然地理因素是乡村聚落形成的基础，规定了聚落的初始格局。在聚落空间演化过程中，则更多充当了限制性角色。例如，地形限制了喀斯特地貌上分布聚落的集聚规模与形态（周晓芳等，2011）。水系对新疆开都—孔雀河流域的乡村聚落的空间分布格局塑造有着明显的促进与抑制的双向影响（程杰等，2009）。耕作半径对聚落规模和分布结构产生直接的抑制作用（角媛梅等，2006），重大的自然灾害甚至会直接导致聚落的消亡（乔家君，2012）。但随着社会经济的不断发展，自然地理因素对于村镇聚落重构已经不再是决定性因素，在不同区域，自然地理因素的影响程度和重要性都逐年呈下降态势。

(2) 社会经济因素

社会因素在村镇聚落体系重构中作为内生性因素产生作用。其中人口增加是聚落规模增长的内生动力（王介勇等，2010）。人的各类行为对于村镇聚落空间的演化均有显著作用，如农民的居住偏好、择业行为、空间流动和消费模式等行为都能转化为村镇聚落体系重构的内在动力（程连生等，2001；李君和李小建，2008）。

经济因素为村镇聚落体系重构提供现实基础和外部动力。部分学者认为在当前的社会背景下，引导村镇聚落体系重构的最主要推动力就是经济发展，村镇居民经济收入的提高为其建造房屋提供现实的可能性，进而促进聚落的形成与发展（龙花楼等，2009b）。部分学者认为村镇聚落的产业发展对村镇聚落的内部空间改变产生剧烈影响（周国华等，2011），因此村镇聚落的发展不能完全寄托于外部拉力，而需要从乡村内部寻找自己发展的动力，如发展乡村企业等（蒋贵凰，2009）。

(3) 建设开发因素

建设开发因素对于村镇聚落体系重构有着内在的虹吸作用与带动作用。受限于改革开放之前我国城市和村镇的公共交通、基础设施等普遍匮乏，村镇聚落受到城市、公共交通、基础设施的影响不明显。而在改革开放之后，城市的固定资产投资逐渐远高于村镇，电力、交通等设施对村镇的影响作用持续增长。

在基础设施之中，交通设施至关重要，在分布、规模、演变模式上均有直接影响。研究发现，农村居民点的分布趋向于向交通干道附近扩展的趋势（郇瑞卿，2012），不同类型的交通干道如国道与村镇居民点的规模增长率呈负相关，而从具体的村镇受影响的方式来看，邻近道路的农村聚居点以原地外延扩张为主，距离道路较远的农村聚居点以分裂扩张为主（周洁等，2011）；有学者认为电力、交通等基础设施发展将会成为未来农村聚居发展的主要驱动因子（彭鹏，2008）。

由于城乡差距加大，城市对村镇聚落的影响也逐渐加大，农村聚居点的增减与其距离城镇的距离相关（舒帮荣等，2012）。

（4）政策文化因素

政策制度因素由于实施主体和具体政策类型不同，对村镇聚落空间演变起到促进与抑制的双重作用。以"新农村建设"为代表的国家政策，在村镇聚落演变过程中呈现外生驱动内生的过程，即通过城市化析离、置换出大量的农村人口，同时重新整合农村的人地关系。户籍制度对村镇聚落的发展起到直接性因素，如城乡二元制户籍制度对村镇聚落的发展起到了一定的抑制作用（仇方道和杨国霞，2006）。土地制度也是影响村镇聚落发展的重要因素，林涛等（2012）分析了集聚化过程中相关政策对于乡村聚落空间演进的作用特征，认为"增减挂钩""两分两换""农村住房制度改革"等相关制度使得村镇聚落空间正在经历着巨变。

民俗文化因素在村镇聚落空间演变中起到潜移默化的内生动力，尤其是在聚落格局和聚落结构等方面，其通过影响群体共识形成区域价值体系再内化成个人价值体系或具有强制性色彩的村庄组织与管理制度、村规民约、传统习俗等，进而影响各地农村聚居选址、空间形态、建筑形式、社会结构、生产生活方式、公共产品供给等。

5.1.2 县域村镇发展的动力类型研究

已有研究表明，村镇聚落发展系统由外缘系统和内核系统组成（张富刚和刘彦随，2008），外缘系统，是一个由影响和制约乡村发展的诸多外部性因素条件组成的复杂系统，并由其本身所特有的尺度空间效应异质性决定。例如，在全球尺度下，农村发展外缘系统涉及全球经济一体化进程、国际贸易政策等方面。在国家尺度下，包括某一国家的社会制度、经济体制、文化风俗习惯等。内核系统，是由地、水和气候等在内的自然资源和各种生态环境要素，以及乡村经济、社会发展水平等构成，其运行受特定的农村经营体制、机制和管理水平的直接影响。

基于对乡村地域系统的理解，当前关于村镇聚落发展动力的共识是可以分为外部动力和内部动力两个方面（图 5-1），外部动力主要包括城镇化、工业化和区域发展政策；内部动力主要包括乡村要素集聚水平、地形地貌条件和乡村资源禀赋（李红波等，2015）。

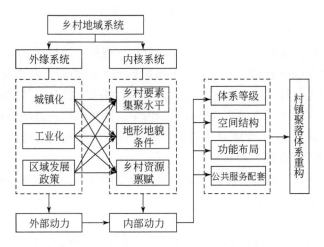

图 5-1　村镇聚落体系重构的动力机制框架

（1）城镇化

城镇化是指伴随工业化的发展，非农产业持续向城镇集聚、人口向城镇集中、乡村向城镇转化、城镇数量和规模不断扩大、城镇生活方式和城镇文明逐步传播扩散的历史过程（董阳和王娟，2014）。城镇作为非农产业集聚的地方，带动了建筑业、交通运输业、饮食服务业、商业等其他非农产业的发展，这些产业的发展有着空间集聚的内在需求，从而促进了人口的集聚和城镇地域的扩大。而人是生产者和消费者，人口规模和结构的变化会直接影响县城区、镇区、村落用地的空间变化不同，进而推动城乡聚落规模体系不断演变。非农产业和人口的聚集使得城镇中心成为区域经济发展的增长极，通过产业、技术的梯度转移，以及现代文化、信息的传播不断辐射带动着周边广大农村地区的发展，因此，城镇化发展成为农村发展重要的外援性动力之一。在相同或近似的农村自我发展能力状况下，受城镇化辐射带动的驱动力越大，乡村综合发展的能力越大，反之亦然。

（2）工业化

受工农业收益差的驱动，工业是我国城乡经济发展和劳动力就业的主体，乡镇工业和乡村工业成为推动城乡发展的主要动力（林永新，2015）。已有研究表明，城乡发展的核心是实现非农化，工业化、农业产业化和乡村产业由农业向服务业和制造业的转化是实现非农化的重要形式（赵群毅，2009），其中大城市与乡镇的工业化可以有效带动农村剩余劳动力转移就业，如我国的"苏南模式"和日本小城镇发展，农业机械化运用推动传统农业向规模化、集约化生产转变，进而带动乡村产业结构的转型。通过发展乡镇企业，将乡村剩余劳动力从农业中解放出来，从事乡村非农产业，带动乡村地区的经济增长和城镇化（赵毅等，2018）。在工业化的驱动下，村镇聚落体系往往打破原有的城镇体系布局，形成以工业园区为中心，原有城镇为外围的空间结构（王兴平等，2011）。

（3）区域发展政策

政策因素具有分配社会资源、规范人群行为的基本功能（李婷婷等，2019），制度是对资源配置方式的一种人为规定，政策和制度通过影响资源配置效率进而对城乡聚落的用地大小、体系结构、空间布局等村镇聚落体系要素进行调整。例如，2019 年 4 月中共中央、国务院发布《中共中央 国务院关于建立健全城乡融合发展体制机制和政策体系的意见》，提出促进城乡融合发展的五大体制机制，对城乡规划布局、要素配置、产业发展、基础设施配置以及资本技术投入等方面起到了积极的促进作用。另外，在乡村外部条件发生变化，如市场需求推动乡村地域功能和经济形态不断发生演进和更替时，针对城乡聚落规模体系演化过程中存在的空间布局不合理、人地关系不协调、城乡二元结构突出等问题，政府部门可以运用政策工具和行政手段进行干预与协调，因此制度与管理对城乡聚落规模体系的演化具有外部调控作用（李智等，2018）。

（4）乡村要素集聚水平

乡村要素集聚水平是村镇聚落重构的核心动力，对村镇聚落发展与演变起着关键性作用。乡村发展是在一定外部条件下实现要素集聚与组合优化的过程，要素集聚是现代化生产的前提条件（李鑫等，2020）。长期以来，由于生产力落后与人地关系紧张等原因，我国农村土地与人口分布较分散，不利于农业现代化生产和农村公共服务与基础设施供给，但随着农村人口转移与技术进步，乡村要素逐渐呈现集聚趋势的发展演变特征（龙花楼和屠爽爽等，2018）。土地要素集聚为农业现代化创造条件，为非农产业进入乡村提供土地载体；农村人口集中居住为打造居业协同体创造条件，有利于人居环境提升与农村新业态培育（刘彦随，2018）；乡村基础设施、道路交通设施的集中布置为吸引外来资本投入和提升环境品质奠定基础，有利于打通城市资本进入乡村地区的通道。

（5）地形地貌条件

地形地貌条件是村镇聚落空间重构的基础性动力，长期影响着村镇聚落的发展，尤其在早期聚落的空间分布中起着决定性作用（李红波等，2015）。例如，在高程越高、坡度越陡的地区，农作物生长越困难，种植难度越大，难以开展规模经营、形成具有竞争力的产业。同时，地形条件越复杂的区域，其交通设施完备情况、公共服务设施配套水平、农业机械化水平越低，导致乡村要素集聚水平越低，进一步影响村镇聚落的发展。

（6）乡村资源禀赋

农村地区自身的资源禀赋条件是农村发展的本底，通常表现出不同的功能导向，如水土资源丰富的地区适宜发展高效化、集约化的现代农业；历史文化底蕴丰富且生态环境优美的地区适宜发展乡村旅游开发等。从乡村自身具备的功能条件出发，可以分为耕地资源、生态资源和历史文化资源 3 类（龙花楼和屠爽爽，2018；熊鹰等，2021）。耕地资源是农业农村发展的基础，其规模与集聚程度影响乡村农业规模化、现代化发展水平（王艳飞等，2016）。生态资源是乡村生产生活的环境本底，区域环境容量的有限性和生态脆弱性是山区县市推进快速工业化和城镇化的一大瓶颈，特殊的生态环境可以促进乡村走低碳生态的绿色发展道路（黄亚平和林小如，2013）。历史文化资源指域发展过程中长期积累、沿袭的生产技艺、思维方式、行为习惯等，在市场经济环境下彰显出价值，为专业村镇的形成奠定技术基础。

5.2 城乡融合理念下县域镇村发展的动力识别

5.2.1 研究对象与数据处理

(1) 研究对象

我国不同地区经济发展水平，地形地貌条件等呈现出明显的地域差异特征，村镇聚落受城乡融合发展的影响也必然存在差异。因此，在开展城乡融合背景下的县域村镇聚落体系重构动力的研究时，关于研究对象的选取需要兼顾代表性、普适性与差异性，并覆盖我国不同的地区。

本节依据 2019 年《国家城乡融合发展试验区改革方案》分别选取东、中、西部国家级城乡融合发展试验区各 2 个作为研究对象，东部为浙江嘉湖片区和江苏宁锡常接合片区，中部为河南许昌和江西鹰潭，西部为四川成都西部片区和重庆西部片区。考虑到魏都区、月湖区分别是许昌和鹰潭的中心城区，2020 年城镇化率均超过 95%，已经实现了全域城镇化。因此，魏都区、月湖区不作为此次研讨城乡问题的案例城市，调整后研究对象为 41 个区县市，其中东部地区 17 个，中部地区 7 个，西部地区 17 个（图 5-2）。

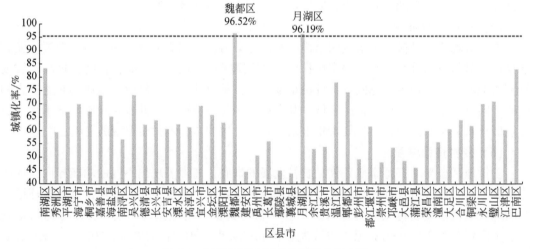

图 5-2 试验区样本城市的城镇化率水平

从上述研究对象可以看出，国家级城乡融合发展试验区的中部区县市仅有 7 个，研究样本数量较少可能带来研究结果不具有代表性等问题。为了进一步加强本研究的科学性与严谨性，选取宁波、郑州、咸阳三个典型的东、中、西部城市的区县市作为补充研究对象，增加研究样本的总数量。除去 2020 年城镇化率高于 95% 的区县市后，研究区县市的数量 31 个（图 5-3）。

总计，城乡融合发展模式判别的研究样本数量共 72 个，其中东部地区 27 个，中部地区 16 个，西部地区 29 个。

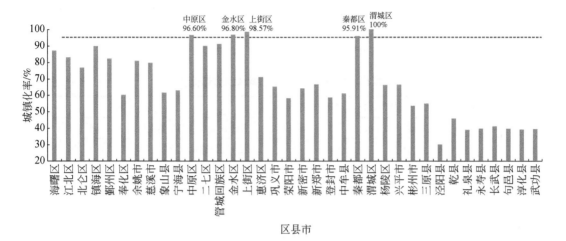

图 5-3　扩充样本城市的城镇化率水平

（2）数据来源及处理

2019 年社会经济人口数据来源于《中国县域统计年鉴》，各市级、区县级统计年鉴，区县国民经济和社会发展统计公报，政府工作报告以及第七次全国人口普查数据等；DEM 数据来源于中国科学院计算机网络信息中心地理空间数据云平台的 GDEMV3 30m 分辨率的数字高程数据产品；土地利用数据来源于国家基础地理信息中心 30m 全球地表覆盖数据 Globe Land 30 V2020 版。

由于部分区县、部分指标的统计数据缺失，本书采用趋势外推、相近年份替代和均值替换的方法分别对相关数据进行修补（刘柯，2007）。同时为消除不同数据之间本身存在量纲和数量级大小的差异，本书采用极差标准化方法对指标进行处理，使指标的取值范围在 0 ~ 1。处理后结果详见附录 1 和附录 2。

$$Y_{ij} = (1-a) + a \times (X_{ij} - X_{i\min}) / (X_{i\max} - X_{i\min}) \tag{5-1}$$

$$Y_{ij} = (1-a) + a \times (X_{i\max} - X_{ij}) / (X_{i\max} - X_{i\min}) \tag{5-2}$$

式中，Y_{ij} 为标准化后的值；X_{ij} 为第 i 个城市第 j 项指标原始值；$X_{i\max}$ 和 $X_{i\min}$ 分别为指标最大值和最小值，$a \in (0, 1)$，一般取 0.9（段云龙等，2011；李涛等，2015）。指标体系中正向指标采用式（5-1），负向指标采用式（5-2）。

5.2.2　重构动力评价指标体系构建

在遵循科学性、系统性、可操作性等原则的基础上，为了便于获取和量化数据，本书用城镇化率、人均 GDP、千人医疗卫生机构床位、非农从业人员人均产值 4 个指标来测度城镇化水平；用第二产业产值占比、规模以上工业企业个数、规模以上工业总产值 3 个指标来测度工业化水平；用农村人均固定资产投资、农村人均用电量 2 个指标来测度区域发展政策支持水平；用单位面积农用机械总动力、设施农业用地占比、乡村服务业产值占比、公路网密度 4 个指标来测度乡村要素集聚水平；用地形坡度、地形起伏度 2 个指标来测度地形地貌条件；用人均耕地面积、生态用地覆盖率、历史文化名村与传统村落数量3个指标来测度乡村资源禀赋。总计评价指标18个，其中地形坡度、地形起伏度和生态用地覆盖率为负向指标，其余为正向指标（表5-1）。

表5-1　县域村镇聚落体系重构动力评价指标

动力类型	指标层	具体指标	指标属性	指标解释
外部动力	城镇化	城镇化率	正	表征农村人口向城镇人口的转移水平
		人均GDP	正	表征城镇化的综合发展实力
		千人医疗卫生机构床位	正	表征城镇化质量水平
		非农从业人员人均产值	正	表征第二、第三产业生产力
	工业化	第二产业产值占比	正	表征城乡产业结构升级情况
		规模以上工业企业个数	正	表征工业发展情况
		规模以上工业总产值	正	表征规模工业发展情况
	区域发展政策	农村人均固定资产投资①	正	表征乡村资金投入的政策支持
		农村人均用电量	正	表征乡村活动的用电情况，侧面反映地区对乡村建设活动、产业发展的要素投入
内部动力	乡村要素集聚水平	单位面积农用机械总动力	正	表征农业现代化水平
		设施农业用地占比	正	表征农业现代化发展趋势
		乡村服务业产值占比②	正	表征农业非农化发展趋势
		公路网密度	正	表征城乡要素流动通道状况
	地形地貌条件	地形坡度	负	表征地形地貌对乡村发展的限制作用③
		地形起伏度	负	表征地形地貌对乡村发展的限制作用
	乡村资源禀赋	人均耕地面积	正	表征乡村第一产业的发展基础
		生态用地覆盖率	负	表征区域环境容量的有限性和生态脆弱性
		历史文化名村与传统村落数量	正	表征乡村文化旅游的发展条件

注：①由于大部分城市的统计年鉴中缺乏农村人均固定资产投资数据，用人均固定资产投资替代。②乡村服务业产值占比用农林牧渔服务业产值占比替代。③根据《城市规划原理（第三版）》和《城乡建设用地竖向规划规范》（CJJ 83—2016），城镇建设用地适宜建设的坡度在10%以内（缓坡地），最大坡度不超过25%（10%～25%为中坡地，25%以上为陡坡地）。

5.2.3　县域城乡融合发展水平测度

（1）耦合协调模型构建

在城乡融合发展的过程中，城乡之间存在相互促进、制约和影响的作用。任何一者超前或滞后均会影响到区域的城乡融合整体水平，只有当城乡协调一致时才能保障城乡空间的转型发展健康有序，有研究认为缩小城乡发展差距是改变城乡二元结构的重要举措（赵民等，2018），但并不是城乡差距小就一定代表城乡融合水平高，也有可能属于低水平均衡；也不是城乡收入差距大就一定代表城乡融合水平低，当城乡发展都进入高级阶段以后即便城乡居民收入水平仍会存在差距，但城乡居民的总体福利社会水平会升高。因此，测度城乡融合发展水平应该包含"城乡发展度"和"城乡协调度"两个维度，缺一不可（图5-4）。

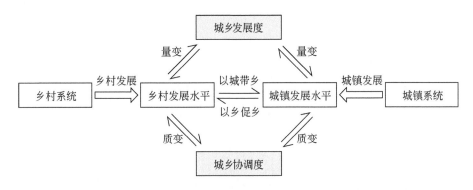

图 5-4　城乡融合发展的两个维度

不论乡村振兴还是城乡融合发展，归根结底是促进农民增加收入，2004 年、2008 年、2009 年我国中央一号文件便直接以"农民增收"作为文件命名进行发布。因此，本书用城镇居民人均可支配收入来表征城镇发展水平，用乡村居民人均可支配收入来表征乡村发展水平。借鉴物理学和地理学耦合协调评价的模型设计（刘浩等，2011；李婷婷和龙花楼，2014；杨忍等，2015；张茜茜等，2019），分别用城乡发展度与城乡协调度测度城乡发展水平与城乡协调水平，计算公式为

$$T=\alpha U_1+\beta U_2 \tag{5-3}$$
$$C=\{(U_1\times U_2)/[(U_1+U_2)/2]^2\}^2 \tag{5-4}$$

式中，T 为城乡发展度，其值大小表示城乡综合发展水平；U_1 为城镇发展水平；U_2 为乡村发展水平；α、β 为权重系数，$\alpha+\beta=1$，由于近年来农业农村优先发展的政策导向愈发明显，乡村发展的权重系数适当调高，确定为 $\alpha=0.45$，$\beta=0.55$；C 为城乡协调度，其值大小代表城乡发展的协调程度。

由于城乡协调度只能说明城镇与乡村两个系统之间的协调程度，而不能反映两者协调水平的高低，如两个系统有可能处于高度协调的状态，但实际上均发展落后，这时的协调是一种低水平协调。所以城乡融合水平的测度还需要引入系统耦合协调度模型，计算公式为

$$D=\sqrt{C\times T} \tag{5-5}$$

式中，D 为城乡融合度，其值大小代表城乡融合发展水平，$D\in(0,1]$。结合相关研究采取四分位法对其进行划分（李涛等，2015），D 可以分为 4 种类型，即低融合水平（$D\in(0,0.4]$）、中融合水平（$D\in(0.4,0.5]$）、高融合水平（$D\in(0.5,0.8]$）、极高融合水平（$D\in(0.8,1]$）。

（2）城乡融合水平测度

从城乡发展度和城乡协调度的评价结果来看，东、中、西部地区各区县市的城乡发展

度平均值分别为 0.85、0.43、0.38，城乡协调度平均值分别为 0.99、0.98、0.81，说明东部地区的城乡发展水平和城乡协调水平最好，中部地区的城乡协调水平较高但城乡发展水平较差，西部地区城乡发展水平和城乡协调水平均较差，即东部地区为高水平均衡发展，中部地区为低水平均衡发展，西部地区为低水平不均衡发展（图 5-5）。

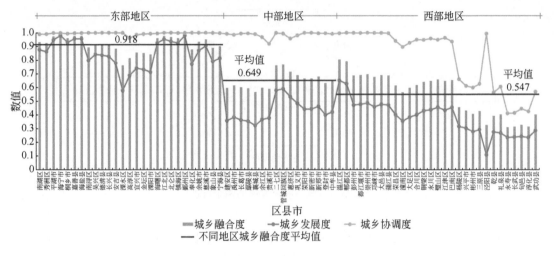

图 5-5   不同地区城乡融合水平测度结果

从城乡融合度的评价结果来看，东部地区各区县市的平均城乡融合度为 0.918，中部地区为 0.649，西部地区为 0.547。说明我国的城乡融合发展呈现出明显的地区差异，东部地区处于城乡融合发展的高水平阶段，中部地区处于城乡融合发展的中水平阶段，西部地区处于低水平阶段。

5.2.4   县域城乡融合发展动力识别

（1）BP 神经网络及其运算过程

BP（back propagation）神经网络模型是人工神经网络领域应用最为广泛的模型之一，它由输入层、隐含层和输出层组成，在处理错综复杂的非线性研究方面效果较好，相比传统的统计学方法，其拓扑结构呈现更高的准确性和灵敏性（胡泽文和武夷山，2012；程嘉蔚等，2021），常用于影响因素探测、相关性分析、模拟预测等（刘柯，2007；何旭等，2019），有研究表明，仅包含 1 个隐含层的 BP 神经网络就有逼近任意非线性函数的能力（唐林楠等，2016）。由于村镇聚落体系转型重构是一个复杂系统，本书运用 BP 神经网络模型探测各影响因素对村镇聚落体系转型重构的作用机制（图 5-6）。

基于城乡融合水平的测度结果，运用 BP 神经网络模型建立城乡融合水平（Y 变量）与动力影响因素（X 变量）之间的神经网络关系，以识别城乡融合发展的动力。识别流程具体包括网络初始化、隐藏层和输出层计算、误差计算、权值更新与影响权重计算等（图 5-7）。

当样本训练结束并达到误差阈值后，根据输入层到隐含层之间的连接权矩阵 V 可得到

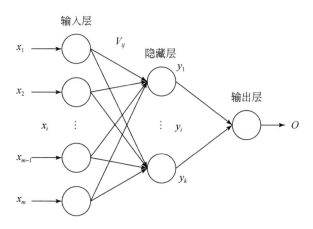

图 5-6　BP 神经网络模型

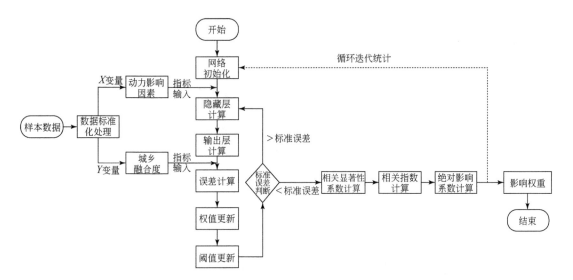

图 5-7　基于 BP 神经网络的城乡融合动力识别流程

各个影响因素的权重。具体公式为

$$\omega_j = \frac{\sum\limits_{l=1}^{k} |v_{jl}|}{\sum\limits_{i=1}^{m}\sum\limits_{l=1}^{k} |v_{il}|}, i=1,2,\cdots,m; j=1,2,\cdots,k \tag{5-6}$$

式中，ω 表示指标的权重；v_{il} 表示输入层第 i 个节点与隐含层第 l 个节点间的连接权；m 表示输入层的节点数；k 表示隐含层的节点数。

（2）网络模型构建

根据前文的村镇聚落体系重构动力评价指标体系构建预测模型的网络结构，确定输入指标层节点数为 18 个，输出层节点数为 1 个。隐含层节点数可以根据经验公式（王黎明等，2020）确定：

$$L=\sqrt{P+M}+\alpha,\alpha\in[0,10]$$

式中，P 为输入层节点数；M 为输出层节点数；L 为隐含层节点数。隐含层神经元个数过少，网络不能得到很好的训练，无法准确获取信息。神经元个数过多，导致训练时间过长。采用逐步试验法，增加或减少隐含层节点数，观察不同节点数情况下均方误差（mean square error，MSE）函数的变化趋势。随着节点数的增加，当 MSE 值不再减小时，此时的节点数为最合适的节点数（程嘉蔚等，2021）。不同隐含层节点数对应的 MSE 值如图 5-8 所示，可以看出，本预测模型中隐含层最佳节点数为 13 个，因此确定网络最佳结构为 18-13-1。

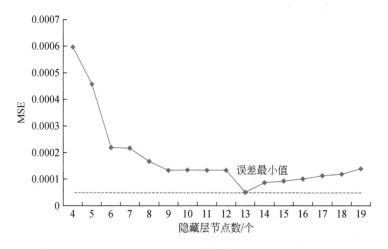

图 5-8　不同隐含层节点数的 MSE 值

（3）样本选择与模型验证

　　样本选择是 BP 神经网络构建的基础，本书将城乡融合发展试验区的 41 个区县市作为训练样本，将补充的 31 个区县市作为测试样本。将 41 个训练样本数据输入模型对网络进行训练，网络训练的基本参数为：最大训练次数设定为 100 000 次，标准误差设定为 10^{-6}，学习率设定为 0.004。为应对网络噪声波动的影响，在以上基本参数的基础上，增设了一个训练连续达标次数参数，值为 100。此参数表述训练误差在连续 100 次小于标准误差的情况下，才会终止训练，而不是误差第一次满足训练误差要求时就立刻停止。从网络初始化过程来看，收敛效果较好（图 5-9）。利用构建好的神经网络识别各动力因素与城乡融合水平的影响关系，当所有样本训练结束并达到精度要求后，得到各动力因素的影响权重。

　　为检测结果的科学性，根据上述权重对训练样本的城乡融合水平进行预测，得到预测值与实际值的拟合曲线，相关系数 R 为 0.999，拟合优度 R^2 为 0.999，具有极好的拟合效果。进一步将 31 个测试样本数据输入网络模型进行验证，通过预测值与实际值对比，相关系数 R 为 0.903，拟合优度 R^2 为 0.816，预测值与实际值的变化趋势基本保持一致（图 5-10），说明研究结果科学可信。

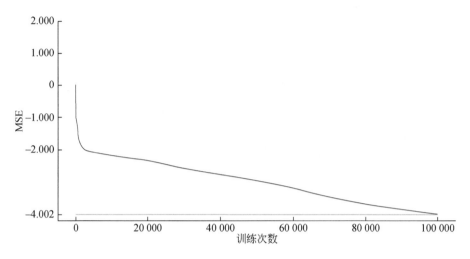

图 5-9　BP 神经网络的训练收敛过程

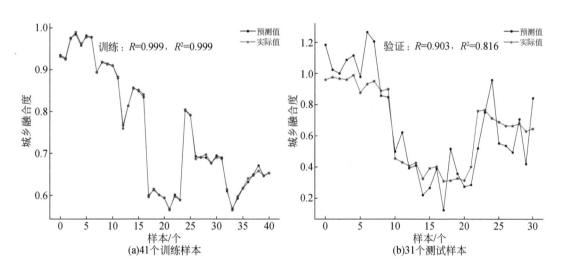

图 5-10　BP 神经网络预测值与实际值对比

（4）动力识别结果分析

结果显示（图 5-11），外部动力的影响权重为 41.15%，内部动力为 58.85%。这说明内部动力对城乡融合起主导作用，乡村发展应在加强外部"输血"的同时，进一步注重自身"造血"功能的培育；从外部动力的分析结果来看，城镇化的影响权重占 26.07%，大于工业化与区域发展政策。这说明在当前的城乡融合发展过程中，城镇化仍是影响乡村外部发展的核心动因，城镇化水平较低的区县市应首先通过转移农村剩余劳动力、完善公共服务设施、增加非农就业岗位等措施提高城镇带动乡村发展的能力；从内部动力的分析结果来看，地形地貌条件的影响权重为 30.45%，远大于乡村要素集聚水平与乡村资源禀赋条件。这说明地形地貌条件是约束乡村内部发展的主要因素，乡村发展尤其是山地乡村要努力通过多元价值挖掘和多种路径探索，弥补地形条件带来的先天劣势。

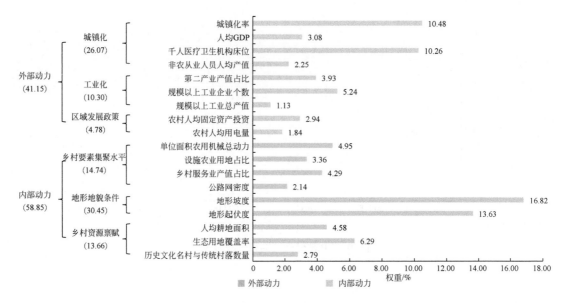

图 5-11 基于 BP 神经网络分析的城乡融合动力识别结果

5.3 不同地区县域城乡融合发展的类型划分

5.3.1 不同地区县域镇村发展的动力差异

按照 BP 神经网络模型计算得出的影响权重，对不同地区 72 个样本区县市的重构动力进行评价。从评价结果来看，不同地区的村镇聚落发展动力存在差异。

从内部动力与外部动力来看。对于外部动力而言，城镇化、工业化和区域发展政策 3 个方面，东部地区明显高于中部和西部地区，且西部地区最低（图 5-12）。

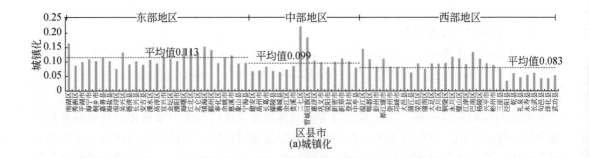

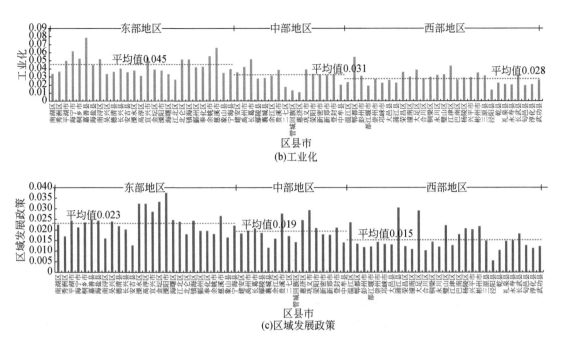

图 5-12 不同地区县域村镇聚落体系重构的外部动力差异

对于内部动力而言，乡村要素集聚水平方面，东部地区明显高于中部和西部地区，且西部最低；地形地貌条件方面，东部和中部地区的发展条件较好，西部地区受地形地貌条件的约束最大；乡村资源禀赋方面，中部和西部地区的资源禀赋条件较好，超过东部地区（图 5-13）。

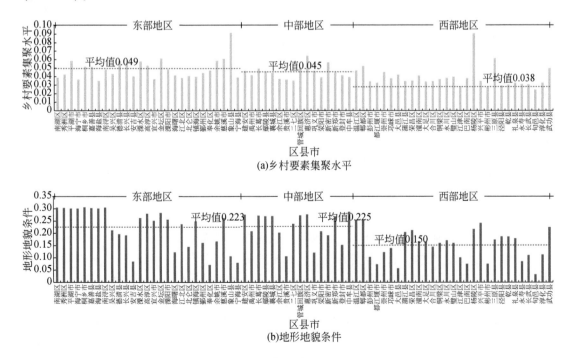

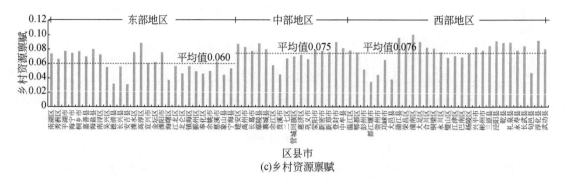

(c)乡村资源禀赋

图 5-13　不同地区县域村镇聚落体系重构的内部动力差异

分别将不同地区县域村镇聚落发展的外部动力和内部动力各个评价指标进行加权计算，得到各个区县的外部动力和内部动力的评价得分（详见附录3和附录4）。根据评价结果将其分为4个等级。根据划分结果可以看出，不同地区的城乡融合发展动力存在差异：东部地区以内外综合动力为主，中部地区以单一的外部动力或内部动力为主，西部地区的内外动力均较差（图 5-14）。

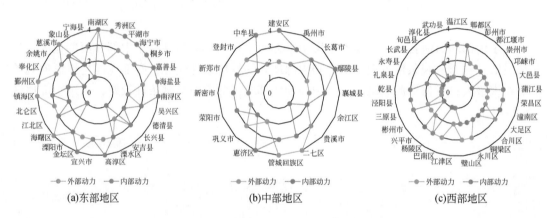

图 5-14　不同地区城乡融合发展的动力差异

(1) 东部地区以内外综合动力为主

从内外部动力的划分结果来看，东部 27 个区县市中，受外部动力较强的有 22 个，受内部动力较强的有 18 个。其中内外部动力均较强的有 16 个，占所有区县市数量的 60% 左右（图 5-15）。

这是因为东部地区基于沿海区位与水乡平原优势，城镇化、工业化与农业现代化高速发展，城乡融合发展的内外综合实力较强。由于地势相对平坦、河网密布、土地肥沃，自古以来，东部地区便是我国著名的鱼米之乡，农业发展基础较好。改革开放以后，村镇企业的异军突起创造了大量非农就业岗位，推动城镇化进程加快，形成"进厂不进城、离土不离乡"的典型模式。同时，"三集中"与"全域旅游"的提出促进传统农业向规模化、

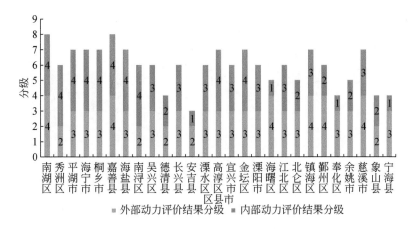

图 5-15　东部地区县域村镇聚落体系重构的内外部动力分级

特色化与现代化转型，使得东部地区的城乡融合发展水平较高，在全国率先成为城乡发展的先行区（图 5-16）。

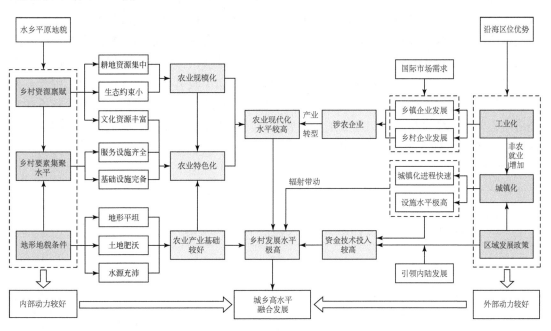

图 5-16　东部地区城乡融合发展的动力机制

（2）中部地区以单一的外部动力或内部动力为主

对于中部地区的 16 个区县市，受外部动力较强的有 7 个，受内部动力较强的有 12 个。其中内外部动力均较强的仅有 4 个，只占所有区县市数量的 25%（图 5-17）。

这说明中部区县市由于地处我国重要的商品粮生产基地，凭借优越的农业生产条件和自然条件，其农业生产技术先进、产量高，构成了地区乡村经济的重要基础，因而部分县

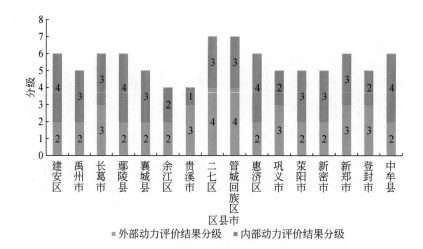

图 5-17　中部地区县域村镇聚落体系重构的内外部动力分级

域的内部动力较强。进入 21 世纪以来，国家粮食生产安全问题逐渐成为热点，中部传统农区作为国家粮食生产重要基地的战略地位进一步凸显。在国家相关政策的推动下，后备耕地资源得到大规模开垦，在促进粮食产量大幅增长的同时，也带动了地区农业生产的较快发展，成为推动乡村经济整体发展的重要力量。反过来，乡村农业的现代化发展又可以促进农产品加工、农业科技创新等涉农企业的发展，加快城镇化与工业化进程，因而乡村发展的外部动力又得到了进一步提升。但过度偏重农业的产业发展定位，以及远离京津沪经济中心与港口的区位劣势，导致工业发展水平、经济发展水平较东部地区相对落后，因此难以形成内外部综合动力均较强局面（图 5-18）。

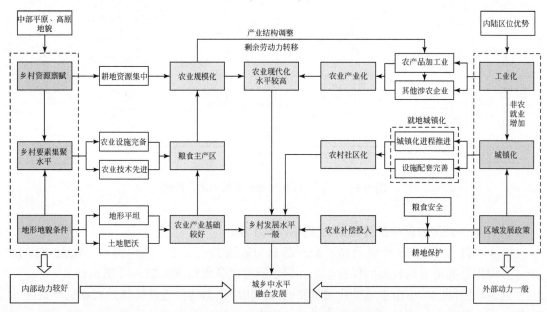

图 5-18　中部地区城乡融合发展的动力机制

（3）西部地区的内外动力均较差

从研究结果来看，西部 29 个区县市中，受外部动力较强的有 7 个，受内部动力较强的有 11 个，均不足 40%。其中内外部动力均较强的仅有 3 个（图 5-19）。

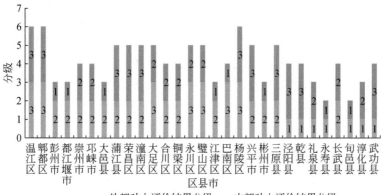

图 5-19　西部地区县域村镇聚落体系重构的内外部动力分级

这说明西部区县市由于地处内陆，经济区位处于相对劣势，工业化与城镇化水平较东部地区较低，对乡村地区的带动不足。农业生产自然环境条件较差，耕地资源稀缺，人地矛盾突出，农业生产较为落后，农业产出水平较低；低下的农业发展水平和产业劣势难以有效支撑乡村系统的发展，而薄弱的乡村发展基础难以为农业生产和产业发展提供足够的资金和技术支撑，进一步阻碍了乡村发展，并形成恶性循环，导致乡村内部发展与外部发展的能力均较弱（图 5-20）。

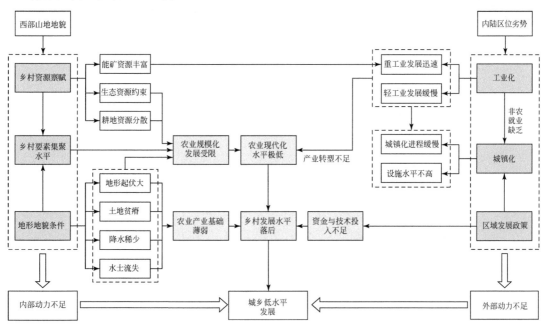

图 5-20　西部地区城乡融合发展的动力机制

5.3.2 基于重构动力的城乡融合发展类型研究

不同地区的城乡关系随内部动力和外部动力的差异而形成不同的本底状况与转型程度，不同本底状况与不同转型程度的组合将产生各异的社会经济形态和地域空间格局，进而产生不同的城乡融合类型（龙花楼等，2011）。城乡融合类型作为乡村转型发展的方向，可以用来判断各个地区城乡融合发展的重点和急需解决的问题。

本书结合相关研究采取四分位法分别对样本区县市的外部动力、内部动力评价结果进行分级（李涛等，2015），划分为极高、较高、较低与极低4种类型（表5-2）。

表5-2　外部动力与内部动力的等级划分标准

项目	极低	较低	较高	极高
外部动力	(0, 0.10]	(0.10, 0.15]	(0.15, 0.20]	(0.20, 1]
内部动力	(0, 0.2]	(0.2, 0.275]	(0.275, 0.4]	(0.4, 1]

进一步根据内外部动力的强度将各区县市的城乡融合发展模式分为城乡一体、差异协调、协同收缩3类（图5-21）。其中，城乡一体型代表县域同时受到外部动力和内部动力的驱动作用较强，未来发展应加强城乡之间的交流与互促；差异协调型则代表县域主要受外部动力或内部动力一种类型的动力驱动，未来发展应该采取差异化模式，在外部动力较强的区域通过以城带乡的形式带动乡村发展，在内部动力较强的区域通过农业现代化的方式实现自身转型；协同收缩型则代表县域受到的内外部动力均不足，这一类型县域的城乡经济发展水平都很低，没办法实现全域乡村同步振兴，因此应该适当考虑合理拆并和有序发展思路，选择性地先振兴一部分优质乡村，逐步引导其他乡村发展（表5-3）。

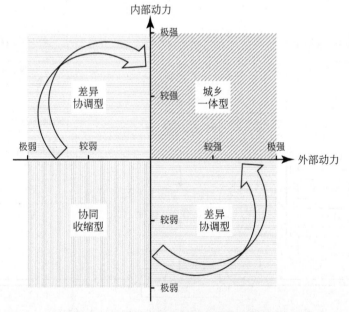

图 5-21　基于动力机制的城乡融合类型划分

表 5-3　基于重构动力的县域城乡融合模式划分

城乡融合模式	特点	适用地区
城乡一体型 （内外综合驱动型）	城乡势能的级差较小，城乡结构的二元性不明显，资本、劳动力等生产要素在城市或农村进行配置的效果和效益无太大差异	城乡发展水平均较好的区域，这些区域农业基础或乡村旅游资源较好，现代农业、乡村旅游业较为发达，东部地区较为普遍
差异协调型 （单一动力驱动型）	城市的势能和动能明显高于乡村，城乡融合发展通常借助城市优势的知识、技术、文化、观念和资本，带动农村发展；高度发达的乡村经济和农村生产力使农村在经济、社会、文化、观念等方面积累了强大势能，从而推动着乡村产业结构自发地调整、升级和转化	城市发达、乡村落后的区域，或者城镇化滞后于农业现代化的区域，这种模式是我国中西部最为典型的城乡融合发展模式，以中西部地区较为普遍
协同收缩型 （内外动力不足型）	城镇辐射带动能力弱，乡村自身发展条件也不好，只能通过特色发展、错位发展、协调发展增强造血能力	城乡发展水平均较低的区域，这些区域一般受自然地形地貌条件约束较大，地区发展不平衡，西部地区较为普遍

（1）城乡一体型

城乡一体型是村镇聚落发展受内外动力综合驱动的县域，属于最理想的发展状态。《中共中央 国务院关于建立健全城乡融合发展体制机制和政策体系的意见》提出要促进城乡要素自由流动、平等交换和公共资源合理配置，加快形成工农互促、城乡互补、全面融合、共同繁荣的新型工农城乡关系，加快推进农业农村现代化。可以看出，城乡一体强调城市与乡村互为条件和依托，利用互相的优势资源，形成取长补短、双向优化的模式。城市与乡村各自发挥特色与优势，有效解决影响城乡发展的深层次矛盾与问题，形成既合理分工又密切合作的新型城乡关系，从而达到城乡一体的状态。这一类型县域主要位于城乡发展水平均较好的区域，这些区域农业基础或乡村旅游资源较好，现代农业、乡村旅游业较为发达，东部地区较为普遍。

（2）差异协调型

差异协调型是受外部动力或内部动力单一动力主导的县域。一般而言，城市相对于乡村，在生产力发展水平、政策倾向度、资源集中度和集聚能力等方面处于优势地位，其势能和动能累积明显高于乡村，这类城市通常采取利用城市优势的知识、技术、文化、观念和资本，带动农村地区发展。反过来，在耕地资源良好的平原地区，优越的农业生产条件和先进的农业生产技术使得农业发展较为发达，呈现出规模化与现代化趋势，导致部分城市第二产业产值的增长率远低于农业，农业现代化水平超过了城镇化水平（龙花楼等，2011）。这样，高度发达的乡村经济和农村生产力使农村在经济、社会、文化、观念等方面积累了强大势能，从而推动乡村产业结构自发地调整、升级和转化。

（3）协同收缩型

协同收缩型是指城乡发展内外动力均不足的县域。伴随我国快速城镇化的发展，欠发达地区乡村人口存在大跨度区域流动的现象，耕地减少、村庄空心化、人居环境破坏、特色文化缺失等多方面问题开始暴露。同时，由于欠发达地区普遍存在城镇规模过小，辐射带动能力不足的问题（段德罡和张志敏，2012），城乡发展只能通过合理拆并、特色发展、协同收缩的形式保障一部分乡村优先发展起来。这一类型县域主要位于城乡发展水平均较低的区域，这些区域一般受自然地形地貌条件约束较大，地区发展不平衡，西部地区较为普遍。

5.3.3　不同地区县域城乡融合发展的主导类型

依据上述分类标准，本书对72个典型区县市的城乡融合模式进行划分，从划分结果看（图5-22），东部地区接近60%的区县市为城乡一体型，中部地区接近70%的区县市为差异协调型，西部地区差异协调型和协同收缩型均占41%。由此可见，东部地区的城乡融合发展模式应以城乡一体型为主，中部地区以差异协调型为主，西部地区以协同收缩型和差异协调型为主。

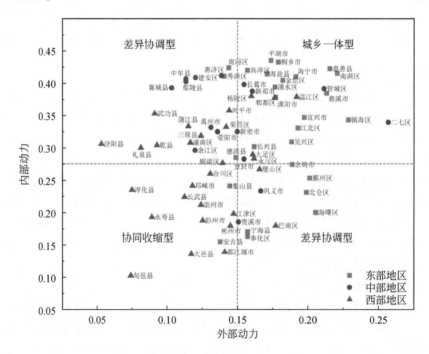

图 5-22　不同地区县域城乡融合模式分类结果

（1）东部地区以城乡一体型为主

东部地区作为我国经济飞速发展的区域，城乡经济发展水平普遍很高，农业发展与工业化发展、城镇化发展齐头并进，其乡村转型的内外动力均较强。这一地区的村镇聚落要以城乡一体化为目标，加强城乡之间的互动，通过专业化资源整合，在功能、产业等方面形成互为补充的关系，城市与乡村实现高度关联、相互提升的依存关系，在发展上形成"滚雪球效应"。

（2）中部地区以差异协调型为主

中部地区是我国粮食生产的主产区，一方面，由于耕地资源丰富，农业与涉农企业发展较好，对城镇化与工业化起到了一定的促进作用；另一方面，由于肩负着粮食安全的重任，基本农田与耕地保护也带来了城镇建设用地扩展的限制。另外，中部地区远离京津冀、长三角、粤港澳大湾区等经济中心和港口，区位劣势使得农产品和工业产品的市场扩张难度增大，使得其城乡发展落后于东部地区。因此，中部地区的城乡发展往往存在差异性，难以形成城乡并进的全面发展局面。部分县域的工业化和城镇化水平较高，村镇聚落的发展通过城市带动来实现，部分县域的农业现代化水平较高，村镇聚落主要通过内部发展来完成。

（3）西部地区以协同收缩型和差异协调型为主

相较于东部地区与中部地区，西部地区受自然地理条件和内陆区位的影响，城乡发展水平更低。由于地形地貌以山地、丘陵为主，农业生产的自然环境条件较差，耕地资源稀缺，人地矛盾突出，农业生产较为落后。同时，内陆区位的劣势也使得城镇工业发展基础薄弱，带来城乡融合的内外动力不足。因此，西部地区的城乡融合发展难以实现全域范围内的全面融合，部分位于生态保护区、自然保护红线内的村镇应在乡村收缩的趋势下，寻求特色化发展路径，实现精明收缩。

第6章 不同类型县域的村镇发展路径

城乡融合是将城市与乡村作为一个有机整体，通过社会交流、经济互动、空间衔接来进行城乡的深度融合和共同发展，在融合的过程中也要保留城乡各自的特色（杨志恒，2019），最后达到城乡居民生活质量等值、公共服务均等化、城乡居民平等享受基础设施的目标。根据城乡融合发展过程中城市与乡村的状态不同，会形成不同的城乡关系，因而城乡融合的方式和路径也不尽相同。本章根据县域城乡融合发展类型的不同，将村镇发展路径总结为三大类，分别是城乡一体型、差异协调型、协同收缩型。其中，城乡一体型县域的发展主要聚焦城乡功能的互补化布局与城乡设施的一体化配套；差异协调型县域的发展主要围绕持续推进新型城镇化与适度推进农业现代化；协同收缩型县域的发展则以有序开展精明收缩与优先发展特色乡村为主。

6.1 城乡一体型县域发展路径

城乡一体型县域的城市与镇村的发展均处于高水平状态，这部分县域主要分布在高密度地区的大都市区周边。这一类型县域的城乡融合发展路径应以城镇高质量发展和乡村非农发展为主，促进城乡要素流动畅通和城乡设施均等化配套。其发展路径一方面通过人才、资金、技术的引入促使乡村农业转型，形成都市农业、观光农业、现代农业等区别于传统农业的复合农业，实现城乡功能互补；另一方面则是大力提升村镇的公共服务设施水平，通过生活圈等理论的引入，做到基本设施均等化覆盖和品质设施集聚化共享（图6-1）。

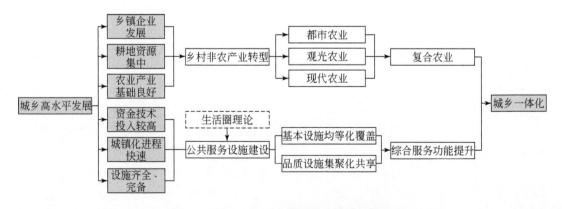

图6-1　城乡一体型县域镇村发展路径框架

6.1.1 城乡功能互补化布局

城乡功能互补的实质是将城市、乡村各自的优势资源进行整合，从而成规模地输送到城市、乡村发展所需的地方。例如，城市通过向农业发达地区提供资金、人才、现代化的设施设备等，农业发达地区根据自身的资源禀赋向都市农业、观光农业转型，在实现自身转型的基础上也为城市提供各类农业服务，从而实现城乡互补。再如，城市为乡村地区提供各类生产生活设施，通过不断完善乡村地区生产生活设施的配置，逐渐实现城乡设施的一体化，使得乡村地区的生活条件与城市相当，从而承接城市的部分功能，实现城乡互补。

（1）促进单一农业向复合农业转型

随着农业的现代化水平快速提升，农业生产结构也随之发生转变。具体表现为传统农业的多样化转型，与第二、第三产业的融合加深等。因此针对城乡一体型县域村镇聚落的农业发展，对于部分有特色发展资源的地区，可以通过引导农业空间与特色资源融合发展，促进产业发展的特色化和多元化，如特色农业、乡村旅游等，逐渐引导传统农业向都市农业、观光农业等复合农业转型（图6-2），实现乡村非农化发展（钱慧等，2021）。

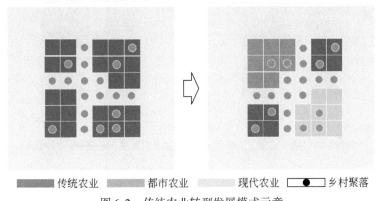

████ 传统农业　　████ 都市农业　　████ 现代农业　　□●□ 乡村聚落

图 6-2　传统农业转型发展模式示意

具体从以下三个方面入手：第一是在现代农业产业的具体发展中，应根据农业空间的自身特点进行差异化分区，结合交通、区位等其他要素，确定县域农业重点发展区域，从而构建农业产业规划格局。例如，在县域范围划定都市农业区、现代农业区、特色农业区等产业空间，并针对不同区位条件的村镇地区，设定不同的村镇功能转型路径。第二是在近郊地区的村镇，主要为城市提供都市农业、休闲服务、文化产业空间、生态开敞空间等功能；远郊地区拥有一定文化、旅游资源的村镇，可以发展特色农业，同时推进传统乡土文化、聚落格局、建筑的保护，同时可以为城市居民提供多样化的旅游与文化体验；远郊地区特色资源不突出的村镇，可依托平坦的地势发展规模农业；其他区域的村镇，则是以传统农业的发展为主导。第三是通过村镇地区农业生产方式的变革与多功能转型发展，使得城乡结合地区为城市居民提供更多的旅游服务、生态服务、养老服务功能。

（2）促进要素流动形成城乡发展廊道

要素流动是城乡一体发展的关键，可以从实体空间的链接和通信网络的完善两个方面着手展开：第一是实体空间的链接，实体空间的链接是形成城乡特色发展廊道的基础。在中心城区与村镇之间、村镇与村镇之间联系比较紧密，为高效资源要素流动提供了先天的优势。在村镇之间必须建设高速便捷的快速交通网络，最大可能地缩短中心城区与各村镇之间、村镇与村镇之间的时间距离，可以实现人口与物资的跨区域流动，为村镇的发展提供支撑。在村镇内部应建立与村镇人口分布相匹配的城乡公共交通网络体系，根据村镇的体系等级设计好各级交通枢纽点换乘，重视村镇内交通站点与线路的布设。改善村镇地区公共交通服务，更好地提高城市与村镇的可达性。实体空间的链接是为了中心城区与各村镇之间、村镇与村镇之间、村镇内部的要素流动与功能联系（图6-3）。第二是通信网络的完善，通信设施网络也是构建城乡特色发展廊道必不可少的前提条件，通过通信设施网络，可以为城乡之间创造交流、学习及信息共享的机会，尤其是通过远程教育、远程医疗、电子商务等，可以弥补部分村镇因距离远和人口密度低带来的不利条件。例如，通过电子商务平台的搭建，为各种传统特色农产品的销售提供广阔的渠道，可以有效促进村镇经济的发展。

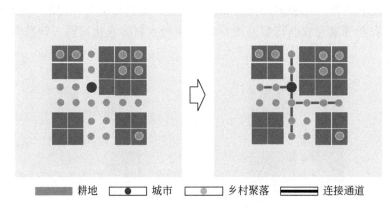

耕地 ●城市 ○乡村聚落 ▬连接通道

图6-3 城乡发展廊道发展模式示意

江苏溧阳是我国典型的城乡一体型县域，虽隶属常州，但靠近南京都市圈，城镇与乡村发展水平均较高。溧阳城区周边地势平坦，耕地与水系丰富，具有良好的农业发展条件，其充分发挥处于苏浙皖交界中心的区位优势，发展生态观光休闲农业，拓展农业功能，提高农业发展的开放性，积极建设生态科技农业示范区，逐渐引导传统农业向都市农业、观光农业转型。通过一系列措施构建特色田园经济体系：①通过推进曹山、天目湖、瓦屋山三大农业园区建设，发展各具特色的精品园；②通过提升发展高效水产业，重点发展以长荡湖大闸蟹、社渚青虾为主的特种水产养殖，建设前马荡现代渔业示范区、黄家荡特种水产示范区、三塔荡青虾高效养殖示范区三大渔业板块；③通过着力培育休闲观光农业，突出"乡土气息"和"绿色生态"主题，大力推进融农事体验、观光休闲、环保教育于一体的休闲观光农业建设，实现农旅融合发展。最终，溧阳在全域范围内构建了"四圈、三区、二园、一重点"的特色农业体系格局，形成了城乡功能互补的功能格局（图6-4）。目前，溧阳是江苏唯一的"全国丘陵山区农业综合开发示范市"。

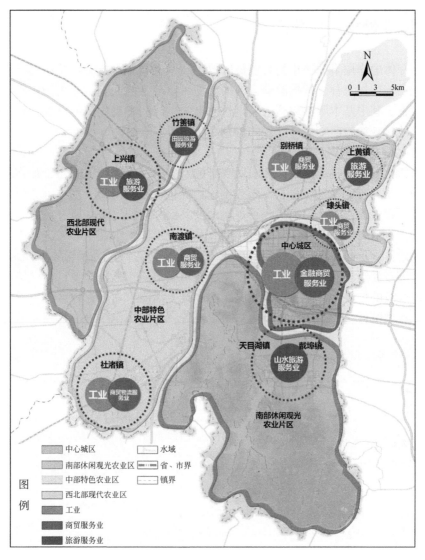

图 6-4 溧阳市市域产业布局规划
资料来源:《溧阳市城市总体规划(2016—2030)》,江苏省城市规划设计研究院

  同时,在城乡要素流动通道的建设上,溧阳按照"村庄分类优布局、组团联动显特色、串点连线成网络、试点先行强示范"的思路系统推进特色田园乡村建设实践,形成了点、线、面全域创建的特色田园乡村总体格局。依托"四好农村路"建设,建成全长365km 的"溧阳 1 号公路"。通过"溧阳 1 号公路"将溧阳全市主要景区景点、文化遗存,以及 220 多个乡村旅游点、62 个美丽乡村和 7 个特色田园乡村进行了串联,促进了溧阳全域的旅游服务业发展,使得溧阳境内的乡村、景区、景点形成了有机整体。同时也将中心城区与溧阳乡村地区的南部低山地区、西北部丘陵地区、东北部水圩地区、中部平原地区 4 个分区进行了联通(赵毅等,2020),有效促进了城乡要素的自由流动。

6.1.2 城乡设施一体化配套

在城乡一体的作用下，城市为村镇地区提供政策资金等支持，在此作用下，村镇地区的各类配套设施逐步完善。根据配套设施的类型可以分为两大类，分别为基本服务设施和特色服务设施。其中基本服务设施为满足村民日常生活的各类生活型设施；特色服务设施则是针对村镇自身的生产特点而配置的特色型生产服务设施。

（1）基本服务设施均等化覆盖

城乡一体化发展的实质就是保障农民自身的发展权益，而关键就在于加强城乡一体化的公共服务设施配置，促进城乡基本服务设施均等化。在村镇内，基本服务设施的配置体系应遵循由下到上逐级共享的模式，小规模的公共服务设施尽量在所有乡村全面设置，满足村民的日常生活要求；大规模、品质化的公共服务设施集中在中心城区、中心镇镇区和一般镇镇区设置，从而提高运营效率和服务质量，实现城乡共享（胡畔等，2010）。按照不同的体系等级和服务对象在县域范围内构建村镇生活圈，分别是乡村社区级的日常生活圈、城镇社区级的扩展生活圈、城镇组团级的高级生活圈。在乡村社区中，保障型设施均等化配置；在城镇社区中，提升型设施集中化配置；在城镇组团中，将品质型设施共享化配置（表6-1）。

表6-1 基本服务设施配置指导

等级	生活圈 /配置原则	界定范围 /服务半径	服务重点	设施类型
乡村社区	日常生活圈 /均等化配置	老人、小孩步行不超过30min/1500～2000m	针对居民日常生活设施和老人、幼儿的福利设施	保障型设施：幼儿园、卫生服务站、文化站、休闲广场、社区养老服务中心、残疾人之家、菜市场、综合超市
城镇社区	扩展生活圈 /集中化配置	以电动车（摩托车）出行不超过30min/5～10km	满足基础教育、医疗、养老等需求	提升型设施：幼儿园、小学、乡镇卫生院、文化活动中心、文化广场、全民健身中心、养老服务中心、残疾人之家
城镇组团	高级生活圈 /共享化配置	以小汽车、公交车45～60min/20～30km	满足更高等级的教育、医疗、养老，以及多样化、差异化服务需求	品质型设施：行政机构、小学、中学、职业学校、综合医院、中医院、养老院、福利院、影剧院、图书馆、文化馆

具体操作包括以下三个方面：第一是以生活圈为理念打破固化、单一的配置模式限制。根据乡村居民的出行能力、设施需求频率及其服务半径、服务水平的不同，在村镇内划分出不同居民生活空间，并据此进行公共服务、公共资源的配置。第二是构建村镇公共服务中心分级体系。结合村镇的生活圈发展趋势与需求，在满足服务半径、服务人口的基础上，兼顾城乡统筹、设施辐射的影响，从自然地理、社会经济等方面构建多因子综合评价体系，对乡村生活圈公共服务中心进行识别、分级。第三是优化公共中心布局

（图 6-5）。按照生活圈的可达性要求并不需要给村镇内每一个村庄都配置品质型服务设施，只要选出村镇内中心性较高的区域配置设施，满足周边的村庄可以在一定时间内到达即可。

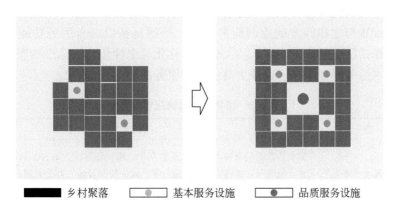

乡村聚落　　　●　基本服务设施　　　●　品质服务设施

图 6-5　基本服务设施均等化发展模式示意

（2）特色服务设施差异化

在城乡一体的发展导向下，村镇单一的传统农业生产功能开始逐渐向现代农业、产业园区、休闲旅游等多样化的发展单元转型。在转型的同时，应当有选择、差异化的匹配与村镇主导功能相适应的特色型生产服务设施。每个村镇对应一种或多种产业功能，因此需要针对每个村镇不同产业功能类型配置与之对应的专业化生产服务设施，并根据生产的规模等级，分层级、分类型的集聚化配置相应的设施设备，以保证村镇各类生产活动的有序高效运行（图 6-6）。具体从以下四个方面入手：第一是在以现代农业产业功能为主导的村镇中，应在中心镇镇区或现代农业生产中心等区域，集聚化的配置大农业服务、农产品

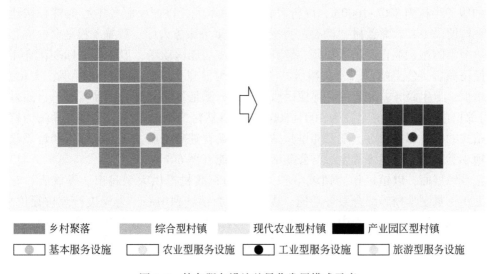

乡村聚落　　　综合型村镇　　　现代农业型村镇　　　产业园区型村镇

●　基本服务设施　　　农业型服务设施　　●　工业型服务设施　　　旅游型服务设施

图 6-6　特色服务设施差异化发展模式示意

加工、乡村旅游与乡村物流等现代农业型生产服务设施；第二是在以产业园区为主导的村镇中，应根据产业园区的规划布局，在其邻近的区域集聚化地布置生产厂房、污水处理等工业型生产服务设施；第三是在以休闲旅游功能为主导的村镇中，应在旅游资源较为集中或中心镇镇区等区域配置游客服务中心、游客集散中心等旅游型服务设施，在发展单元内其他旅游景点配置与之相匹配的旅游服务设施；第四是在以综合服务功能为主导的村镇中，应在中心镇镇区配置休闲、娱乐、文化等多样化、个性化、高标准的服务设施，满足城镇居民在基本服务得到满足后追求更高的生活服务品质（表6-2）。

表6-2　特色服务设施配置指导

特色服务类型	服务重点	设施类型
农业型	现代农业生产	农业生产的配套装备、农机具储存库、粮食储存库、粮食晾晒场、烘干塔车间、水土流失与面源污染防治设施、水土流失检测设施、办公管理用房、垃圾分类回收设施等
园区型	产业园区运转	非农就业培训中心、交通集散中心、能源及电力设施、自然资源生成可再生清洁能源的基础设施、孵化器、标准厂房等
旅游型	旅游景区服务	游客集散中心、旅游服务中心、乡村旅游管理中心、星级酒店、技术培训站、旅游停车场、纪念品商店、民宿、旅游专线等
综合型	小城镇综合服务	非农就业培训中心、行政服务中心、旅游集散中心、交通集散中心

　　以《上海乡村社区生活圈规划导则（试行）》为例，为了健全全民覆盖、普惠共享、城乡一体的乡村基本公共服务体系，上海市按照慢行可达的空间范围，在乡村层面构建了"行政村层级（乡村便民中心）—自然村层级（乡村邻里中心）"两级体系的乡村社区生活圈，配置满足老人、儿童、中青年全年龄段的服务设施。其中，行政村层级（乡村便民中心）的服务半径为800~1000m，以行政村为主要单元，以便民服务中心为核心构建一站式的乡村便民中心，配置村"两委"办公场所、事务服务大厅、智慧乡村平台、应急平安屋、微型消防站、综合文化活动室、健身步道、多功能运动场、卫生室、标准化老年活动室、便民商店、公交站点、公共厕所共13项小类设施，主要承担行政管理、文化交流、科普培训、卫生服务、养老福利等便民服务职能，满足不同村庄的弹性需求。自然村层级（乡村邻里中心）的服务半径为300~500m，以自然村为辅助单元，以邻里驿站为核心构建一站式的乡村邻里中心，配置邻里驿站、村民益智健身苑点、示范睦邻点和垃圾收集点共4项小类设施，承担日常生活与公共活动的功能（图6-7）。

　　在乡镇层面，以镇区作为镇域中心，为周边行政村提供大型超市、餐饮店、专科医院、九年一贯制学校等综合服务功能。以撤制镇为镇域副中心，为周边行政村提供小学、幼托等基础教育，医疗卫生中心，小型超市，会议配餐、会务服务等生产生活配套功能。镇域内村庄应确保车行15min可达"镇区层级"或"撤制镇层级"（图6-8）。

图 6-7　基本设施均等化设置

资料来源:《上海乡村社区生活圈规划导则（试行)》,上海市规划和自然资源局

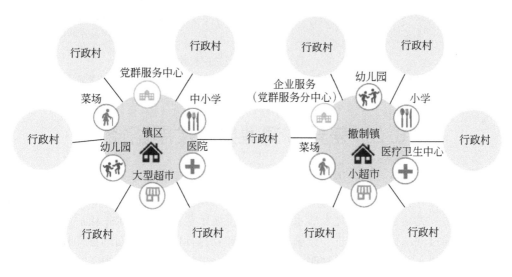

图 6-8　品质设施集聚化配置

资料来源:《上海乡村社区生活圈规划导则（试行)》,上海市规划和自然资源局

　　同时,除了上述必配的公共服务设施外,上海市还根据村庄产业特征和人口结构特征差异,以"模块定制"的弹性配置来满足不同人群和产业需求。例如,靠近园区的乡村可以增加园区服务模块,旅游资源丰富的乡村可增加旅游服务模块,以农业为导向的乡村可增加农业服务模块,商业需求旺盛的乡村可增加商业服务模块（图6-9)。有条件的乡村可以自主选择多个特色选配模块自由搭配,也可在此基础上根据实际需求新增设施项目。最终,上海市按照"公平与差异"的规划原则,通过"必配+选配"模块化定制的方式,构建了均等化的公共服务设施体系。

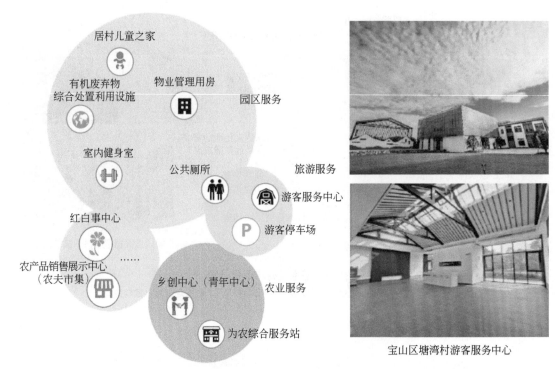

图 6-9　行政村层级特色选配模块包

资料来源：《上海乡村社区生活圈规划导则（试行)》，上海市规划和自然资源局

6.2　差异协调型县域发展路径

差异协调型县域是乡村发展内外综合动力不足，但其中发展动力较强的县域根据动力类型的差异可细分为两类，一类是外部动力较强，城镇化、工业化水平较高，但乡村发展水平较低；另一类是乡村现代化发展水平较高，但城镇化、工业化水平落后。针对前一类县域，可以通过城镇化进程推进、设施配套完善和农村社区化等方面的推动作用，使得城镇功能不断完善，城镇空间不断扩张，从而以城带乡发展。针对后一类县域，可以结合较好的农业基础，通过农业产业化和农业规模化等方式，实现农业产业链延伸和农业机械化生产，从而实现以乡促城的发展（图 6-10）。

6.2.1　持续推进新型城镇化

新型城镇化的带动具体分为两种形式，一种是在中心城区或优势城镇的综合带动下，城镇周边的村镇承接城镇的功能外溢，以中心城区或优势城镇为中心，发展成为以综合服务功能为主导的服务型生活组团；另一种是在产业园区聚集带动下，园区周边的村镇顺应园区发展的需要，逐渐演变为产业园区的衍生功能组团，承担园区生产、生活服务等功能，为产业园区正常运转提供支持与保障。

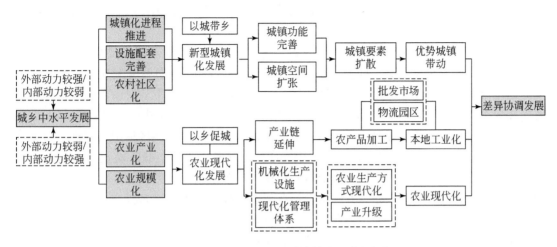

图 6-10   差异协调型县域镇村发展路径框架

(1) 发挥优势城镇的带动作用

随着新型城镇化的推进,位于中心城区周边的村镇可以通过承接中心城区的外溢效应,使村镇搭上"城镇化发展"的便车,继而得到更好的发展。因此,这类村镇需要强调功能的分工和互补,即村镇内的腹地乡镇要积极承接发展中心的外溢功能,即形成以发展中心为核心的分工明确的功能片区,避免发展单元中心过强、"一家独大"的现象。具体从以下两个方面着手:第一是优势小城镇在现有优势基础上,进一步提升其综合服务功能,加快居住、文化、教育、社会服务等现代服务业,促进优势城镇整体服务水平的提升。第二是优势城镇周边乡村地区主动承担优势城镇的外溢功能,应以第三产业升级为引领,提升村镇的综合服务功能,以高质量的城镇化建设增强其核心影响力,从而吸引辐射范围内的乡村人口,实现乡村人口的就地城镇化(图 6-11)。

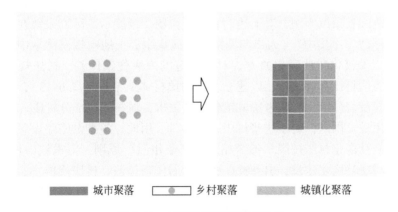

　　■ 城市聚落　　□ 乡村聚落　　■ 城镇化聚落

图 6-11   城镇功能发展模式示意

(2) 推动产业园区的辐射作用

产业园区周边或自身拥有良好的产业基础的村镇需要集合自身的资源优势和产业导向,构建村镇内部的产业联动和项目协作。首先通过产业园区建设,形成一定的产业集群发展趋势，以工业产业化发展推动周边村镇的城镇化和乡村工业化发展。具体从以下两个方面着手：第一是以园区集中建设带动区域发展。首先要对村镇的城乡工业资源进行整合，向园区集中发展。村镇中心为核心建设工业园区，提高产业园区的规模和集聚效益，提升园区之间的产业关联度，打造专业化、现代化的产业园区。其次是村镇内的乡镇要实现专业化分工，选择优势产业进行发展，适当引进大项目建设，带动村镇内的乡镇经济发展（图6-12）。第二是推动社区与产业融合发展。按照"资源集中、产业集聚、人口集聚"的发展思路，构建产业型农村社区体系，推进人口向社区、园区集中，实现人口就地城镇化。通过产业园区的落户带动村镇内部的乡镇发展，即中心城区通过产业转移的方式，依托产业园区将第二产业的功能分散到村镇腹地乡镇中去，选择区位条件好、经济基础强的自然村，以改建、扩建等方式培育产业型农村社区；再通过多村合并，推动中心社区建设；中心社区也可以与大型企业合作，形成企业型农村社区。通过产业细化分工，在大型社区的带动下，逐步建设小型农村社区，实现单元内的产业化转型。产业园区主要承担工业生产功能，产业社区则是为园区的正常运转提供生产配套、员工居住等功能。

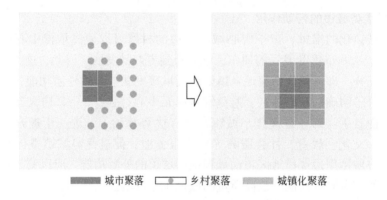

城市聚落　　乡村聚落　　城镇化聚落

图6-12　产业园区发展模式示意

　　以杨凌示范区五泉镇为例，对上述内容进行说明。杨凌示范区五泉镇在尊重村民意愿的基础上，按照"三个集中"（人口向城镇和社区集中、土地向规模化集中、产业向园区集中）原则，以城镇化和社区化的方式对镇域范围内居住条件差、村庄规模小、交通不畅、无发展潜力的村庄进行重组，以建立合理的镇村体系结构（图6-13），促进农村人口集聚和生产力发展。城镇化村庄考虑城镇化发展需求，城镇周边部分村庄人口（用地）将纳入城镇规划用地范围内，对于这些村庄，其人口、用地、各类设施建设等方面将与城镇进行统一规划。社区化村庄按照"地缘相近、产业相似"原则，对镇域内村庄进行重组，合理推进镇域村庄社区化建设，引导社区腹地内居住条件差、村庄规模小、交通不畅、无发展潜力的村庄向社区集中，以实现农业产业化、土地利用集约化等目标。

　　其中，毕公社区依托苗圃产业基础和陕西省苗木繁育中心的科研力量，发展绿化苗木和杂果苗木育种、繁殖，依托杨凌本香农业产业集团有限公司、雨润控股集团有限公司、河南双汇投资发展股份有限公司、陕西广开农业发展有限公司在示范区建设的肉类屠宰、加工生产线，发展生猪养殖，并将农业资源转化形成科普观光、研发学习基地，最终形成以花卉苗木为主导产业，养殖业和旅游业为支柱产业的结构体系。蒋家寨社区以小韦河自然景观为

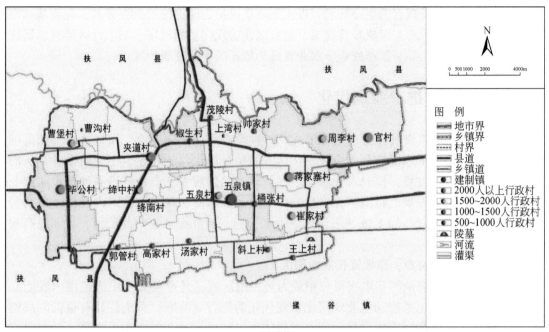

(a)现状

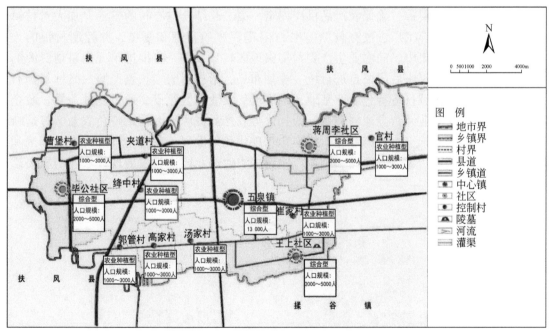

(b)规划

图 6-13　五泉镇镇域镇村体系现状与规划

资料来源：《杨凌示范区五泉镇总体规划修编（2016—2020)》，陕西省城乡规划设计研究院

核心吸引力，对周边农田进行整合规划，以农业观光带和设施农业组团为主，对周边山体水系进行美化，依托现有的生态环境，以生态环境保护为前提进行旅游开发，完善基础设施和公共服务设施配套，形成环境优美、适宜居住的现代美丽村庄。王上社区形成以居住为主，农业产业为主导，设施农业、农业观光为依托的生态宜居社区。

6.2.2 适度推进农业现代化

现代农业化的推进具体分为两种形式，一种是农业规模化发展，通过整合县域范围内农业生产用地，形成高质量的农业主产区，并结合现代化的农业生产设施设备，从而推动农业规模化的发展，提升农业耕作效率与农产品的质量、产量；另一种是农业产业化发展，根据农业发展的特点，凭借良好的农业发展基础，在区域范围内对接城市的餐饮消费需求、特色食品加工链等来衍生农业产业链，以此提升农产品价值，从而提高农民收入。

（1）整合农业资源，建设现代农业园区

在县域范围内耕地和基本农田分布最为集中的区域，是全县乃至更大范围内农产品供给的重要区域，也是推动农业规模化、现代化的先行示范区，对全县具有很强的战略意义。这类农业生产要素集聚单元的发展具体可以从以下三个方面入手：第一是加强对村镇耕地和基本农田保护力度，对耕地资源进行有效补充，并通过法律政策严格保障耕地和基本农田不被侵占，确保农产品供应安全。第二是结合空心村的整治，加大对村镇内的闲置房屋、废弃工厂、废弃坑塘等乡村闲置资源的整理和复垦，并控制村镇的人口，引导人口适度集中，向农业生产要素集聚地区转移，进一步推进单元内耕地资源的连片规模分布，对集中后居民点进行统一规划布局，形成新的增长点。第三是针对拥有特色农业资源的区域打造特色农业基地，推进现代农业园区建设。通过土地流转、政企合作等方式推动农业经营方式的转变，依托优势农产品资源大力推广特色农业，打造特色农业基地。坚实推进农业产业化、规模化、现代化的发展，着力建设现代农业园区和农业科技示范园区，做强农业龙头企业，坚持把农业产业园作为发展现代农业的重要载体（图6-14）。

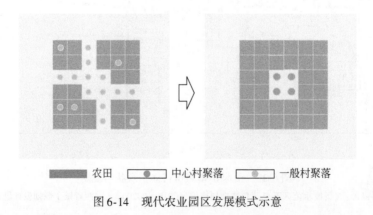

图6-14 现代农业园区发展模式示意

（2）延伸农业产业链，融入区域产业体系

通过产业再造打通农产品从村镇向外流通的渠道，以产品价值链逆向整合产业链，提升产品价值、促进农民增收，形成围绕农业全产业链再造的发展模式。具体可以从以下三个方面入手：第一是在有条件的村镇中，大力发展第一产业，形成高标准的农业生产基地，结合村镇特色农产品，发展特色农产品加工全产业链（图 6-15），带动村镇的种养集约化、规模化发展。在农产品加工全产业链的基础上，重视发展相关的研发工作，拓宽特色农产品的生产方式与种类，最后建立相应的销售渠道，将特色农产品可持续、成规模的销往县域或范围更广的区域，通过以上方式形成"产、加、研、销"的县域农业绿色循环发展体系（图 6-16）。第二是村镇应充分利用中心城区或邻近村镇的产业发展基础，联合同类型村镇建设食品产业集群。由村镇内的加工园、产业服务基地等与县城的加工园共同组成村镇产业联合体，实现县域范围同类型村镇的整体发展（马琰等，2021b）。第三是村镇凭借其良好的农业发展基础，面向区域市场，重点对接都市圈、城市群新型餐饮消费需求，为城市餐饮连锁店、家庭厨房提供安全、快捷、绿色的成品与半成品食材。

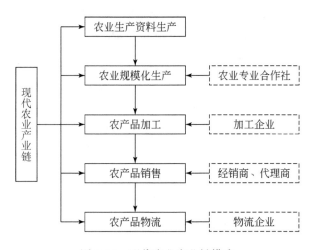

图 6-15 现代农业产业链模式

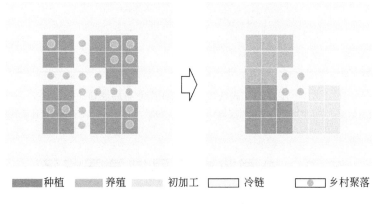

图 6-16 农业产业链延伸发展模式示意

以杨凌示范区为例,对上述内容进行说明。杨凌示范区位于陕西省关中平原中部,土壤肥沃,耕性良好,灌溉方便,宜于农作物生长,拥有良好的农业资源,是国家级农业高新示范区。在现代农业发展方面,杨凌示范区整合优势农业资源,建设现代农业园区。充分利用杨凌示范区人工或现代化农业工程和机械技术优势,发展无公害蔬菜;依托杨凌示范区技术、人才优势,鼓励食用菌种植;依托杨凌示范区教育、科研的优势,做大良种业,力争打造辐射我国西北地区农牧良种集散基地;以引进农业龙头企业为重点,扶持本地养殖企业为抓手,促进生猪养殖、奶肉牛养殖业发展;依托地方技术优势,引入现代生产经营方式,重点发展无公害名优水果。

在产业布局方面,杨凌示范区以现代农业为基础产业,围绕现代农业打造涉农特色工业和现代服务业,建设产业特色明显、优势功能突出的各类型产业园区(基地),并以此为载体,实施差异发展,使现代农业园区与特色工业园区、物流园区、科教园区实现城乡产业功能互补打造农业全产业链。同时提升农业全产业链向前、向后延伸的能力,最大限度地促进农民就业和增收,实现各类产业的长效发展和城乡社会的共同繁荣。最终规划形成"两园、七区、多点"的城乡产业布局结构(图6-17),其中,两园为农业示范园和综合产业园,七区为八大现代农业专业片区(基地),多点是以现代农业、科技农业为载体,形成若干个特色工业园、现代服务产业园及旅游基地。

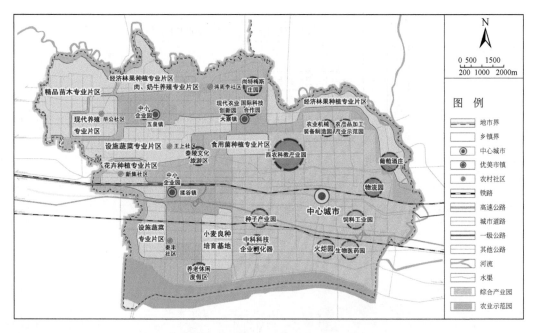

图 6-17 杨凌示范区城乡产业布局规划

资料来源:《杨凌城乡一体化发展规划(2014—2020)》,陕西省城乡规划设计研究院

6.3 协同收缩型县域发展路径

对于乡村发展外部动力和内部动力均不足的协同收缩型县域,其受地形条件、生态条

件的约束较大，且经济发展水平较低，城乡地域功能以生态保育为主。这一类型县域的城乡融合发展路径应强调村镇聚落的精明收缩，并有选择地优先发展基础条件和资源禀赋较好的村镇聚落（图6-18）。

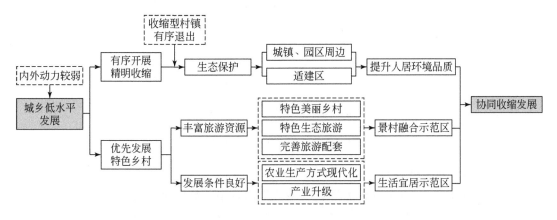

图 6-18 协同收缩型县域的镇村发展路径框架

6.3.1 有序开展精明收缩

有序开展精明收缩的路径分为加强全域生态保护与引导村镇合理拆并。其中，加强全域生态保护的重点在于实施生态移民、建立生态补偿机制，严格保护生态资源，建立考核督查机制；引导村镇合理拆并的重点在于加快中心镇建设、引导人口集聚、壮大产业规模，提供拆并居民的生活、生产和就业保障。

（1）加强全域生态保护

在县域范围内，部分区域属于生态环境安全控制区内，其生态敏感性较高，生态较环境不稳定，易受到天气、环境的影响而引发自然灾害。这类区域主要涉及自然保护区、水源保护区、森林公园保护区等自然文化资源保护区域和地灾易发区等安全隐患区域，是保护自然文化资源、维护区域国土生态安全、促进人与自然和谐相处的重要区域。对于这类区域集中所在的村镇的重构优化模式应采用逐步有序迁移退出的方法，具体可以从以下三个方面入手：第一是实施生态移民，建立生态补偿机制。对村镇禁止开发区内的村民进行有序向外搬迁（图6-19），逐步减少农村居民点面积，扩大生态空间，建立生态补偿机制，对搬迁的居民进行适当的优惠政策与财政补贴，保障其搬迁后能解决住房和基本生活保障问题，引导其向高潜力地区转移。第二是严格保护生态资源。依法严格保护生态环境和自然文化遗产，严格禁止一切形式破坏生态的开发行为，可存在少量生态旅游和生态利用，并严格控制进出人口规模。同时要保护生物多样性，维护原生景观的特有风貌，维护生态系统的良性循环。第三是建立考核督查机制。通过建立严格的监督制度保障禁止开发区内的生态环境和自然文化资源不受破坏。加大对发展单元禁止开发区内一切生态问题的考核力度，保证生态环境。

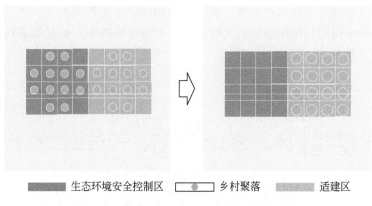

生态环境安全控制区　　乡村聚落　　适建区

图 6-19　有序退出异地搬迁发展模式示意

（2）引导村镇合理拆并

邻近中心城区或产业园区的发展是县域范围内除中心城区之外最具发展潜力的区域，是当下城镇化、工业化的示范先行区，也是提升全县综合实力和区域竞争力的重要区域，拥有极大的发展空间，对其他村镇地区具有很强的辐射带动作用。这类村镇应当承接生态环境安全控制区内有序迁移退出的拆并村镇入驻。这类村镇的发展路径具体有以下三个方面：第一是加快中心镇建设，引导人口集聚。盘活单元中心和产业园区周边的农村集体建设用地，扩大镇区规模，为拆并村镇提供充足用地，为迁移居民提供还迁房和补助等，同时引导农村人口向单元中心转移，农业就业人口向第二产业、第三产业转移。第二是壮大产业规模，提升产业竞争力。整合优势资源，并依托现状产业基础建立特色产业基地，推动现有工业园区的扩容升级，提升产业发展的聚集效应与规模效应，通过企业的扩容升级为拆并村镇村民提供充足的就业岗位，保障其生活（图 6-20）。第三是环境保护与绿色人居。保障工业企业发展与绿色生态建设齐头并进，缺一不可，扎实推进发展单元扩张后的绿化建设，从而提升村镇人居环境品质，保证发展单元在人口增加的情况下生活环境不受影响。

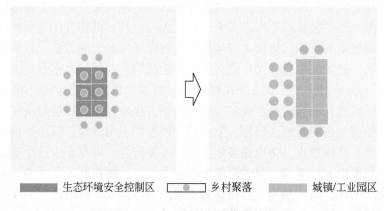

生态环境安全控制区　　乡村聚落　　城镇/工业园区

图 6-20　合理拆并发展模式示意

以重庆市永川区城乡总体规划为例，对上述内容进行说明。在《重庆市永川区城乡总体规划》中，对永川区的用地适宜性进行评价，把现状建设用地及周边用地分为禁建区、限建区、适建区及已建区四类。其中，禁建区包括地质勘查部门划定的禁建区和慎建区（包括地质灾害易发区、主要河流滞洪区、地震断裂带等）、饮用水源一级保护区、生态湿地、城市生态防护林带、组团隔离绿地、基础设施廊道、重要生态景观山体；限建区则主要包括区内的基本农田、饮用水源二级保护区、一般农田、山林绿化区、自然人文景观、生态旅游景观周边地区及工程地质条件较差的三类用地。在禁建区内原则上禁止任何建设活动，同时应当将现有违法建设进行限时拆除。在限建区内原则上应限制开发建设行为，经严格的法定程序审批后方可进行特许类型、特许开发强度建设。应制订相应的生态补偿措施，并依据限制型要素的不同严格遵守相关法律法规。以保护自然资源和生态环境为前提，制定相应的建设标准，严格控制建设规模和开发强度。因此将永川区禁建区、限建区内缺乏基本生存条件、位于风景区及自然保护区、水源保护区、灾害易发区域等生态敏感区内的乡村，采用部分或整体搬迁的方式进行撤并整合。

永川区三教镇内禁止建设区包括基本农田、杨燕寺溪等行洪河道、邓家岩水库等水源地一级保护区、巴岳山区域重要生态区的核心区、石龙山摩崖题刻等文物保护单位的核心保护范围、重庆三环高速公路等区域性交通走廊、区域性市政走廊、地质灾害易发区等，面积约4750hm²。禁止建设区内的现状农村居民点应择期搬迁。因此，三教镇将镇域范围内三台村4个自然村、玉峰村1个自然村、陡河沟村2个自然村、利民村2个自然村进行撤并整合，撤并至三教镇镇区或拥有产业基础的邻近村庄（图6-21）。

永川区宝峰镇在《重庆市永川区宝峰镇总体规划（修编）（2015—2025）》中，确定禁止建设区包括水域保护区、大中型水库、基本农田保护区、基础设施廊道等。在禁止建设区内禁止任何与资源环境保护无关的开发建设行为，任何不符合保护要求的建筑必须搬迁。宝峰镇将处于禁止建设区内的农村居民点用地进行搬迁整合，避开煤矿采空区、山洪、滑坡、泥石流等自然灾害影响的地段，并与基本农田保护规划相协调。镇域现有的471hm²农村居民点建设用地减少至139hm²。减少的332hm²建设用地，一部分转移到镇区作为城镇建设用地，以满足城镇发展需求；另一部分用于对饮用水水源地进行保护，实施退宅还耕保障基本农田的质量与总量，扩大镇域农业用地总量（图6-22）。

6.3.2 优先发展特色乡村

城乡融合的实质是乡村振兴，但并非所有的乡村都能发展（张伟等，2021），尤其对于产业基础一般、资源特色缺乏的村镇，短时期内难以形成有效的发展转型。因此，对于协同收缩型县域，可采取"试点先行、优中选优"的原则，将发展要素集中于基础条件和资源本底较好的村镇，形成乡村振兴的示范点，以此为样板逐步开展其他乡村的振兴工作。适用于优先发展特色乡村模式的村镇一般有两类，一类村镇是自身拥有较好的自然资源条件，但其资源环境承载力较弱，不适宜进行大开发、大发展，这类村镇可依托自身的优势自然资源，发展特色旅游乡村，从而形成景村融合示范村；另一类村镇则是自身没有突出的特色资源禀赋，但其总体发展水平较高，拥有一定的发展基础，这类村镇一般通过配套设施、生活质量等的提高来保证村镇居民的生活质量，可将这类村镇打造为生活宜居示范村。

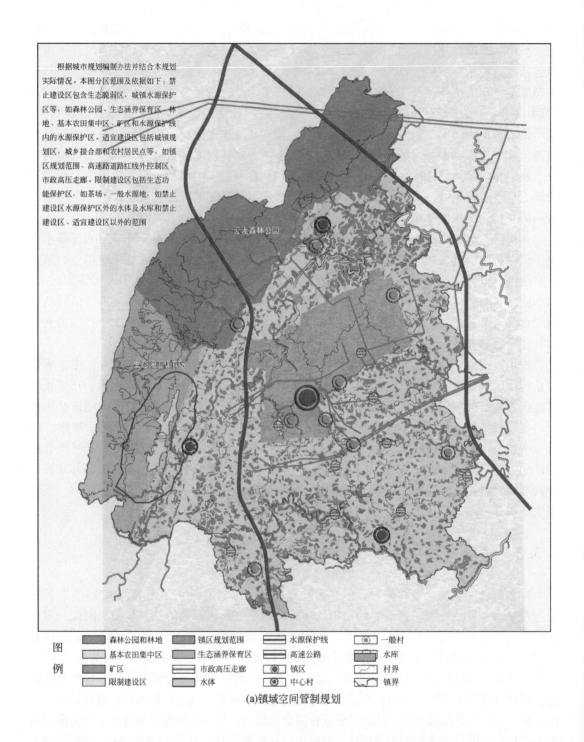

根据城市规划编制办法并结合本规划实际情况。本图分区范围及依据如下：禁止建设区包含生态脆弱区，城镇水源保护区等，如森林公园、生态涵养保育区、林地、基本农田集中区、矿区和水源保护线内的水源保护。适宜建设区包括城镇规划区，城乡接合部和农村居民点等，如镇区规划范围、高速路道路红线外控制区、市政高压走廊。限制建设区包括生态功能保护区，如茶场。一般水源地，如禁止建设区水源保护区外的水体及水库和禁止建设区、适宜建设区以外的范围

云龙森林公园

生态涵养保育区

图		森林公园和林地		镇区规划范围		水源保护线		一般村
		基本农田集中区		生态涵养保育区		高速公路		水库
例		矿区		市政高压走廊		镇区		村界
		限制建设区		水体		中心村		镇界

(a)镇域空间管制规划

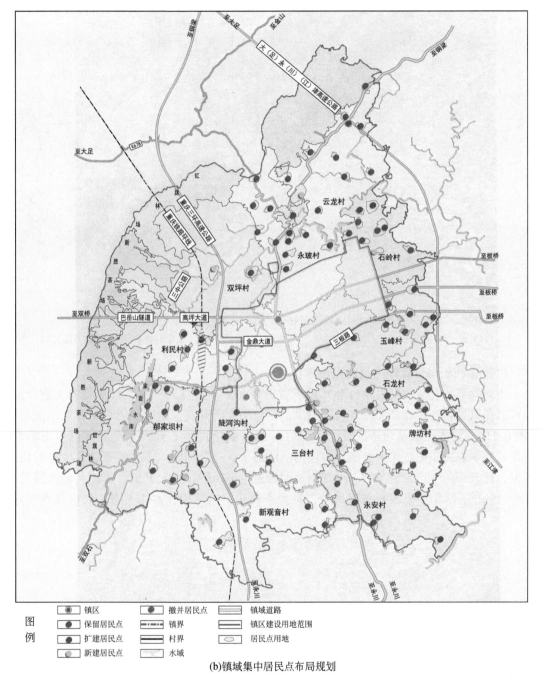

图 例

◉ 镇区	● 撤并居民点	▤ 镇域道路
● 保留居民点	▦ 镇界	▤ 镇区建设用地范围
◐ 扩建居民点	▬ 村界	◯ 居民点用地
◑ 新建居民点	▨ 水域	

(b)镇域集中居民点布局规划

图 6-21 三教镇镇域空间管制规划和集中居民点布局规划

资料来源：《重庆市永川区三教镇总体规划（修编）（2015—2025）》，重庆瑞达城市规划设计有限公司

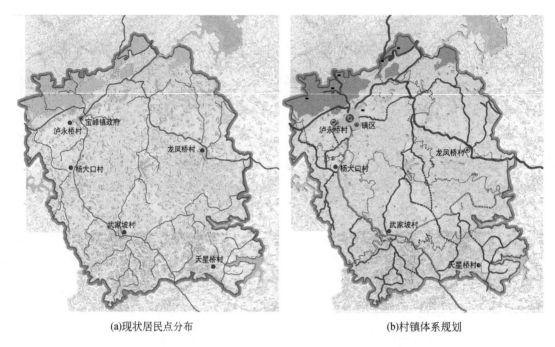

<table>
<tr><td>(a)现状居民点分布</td><td>(b)村镇体系规划</td></tr>
</table>

图 6-22　宝峰镇现状居民点分布和村镇体系规划

资料来源:《重庆市永川区宝峰镇总体规划（修编）（2015—2025）》，重庆名威建设工程咨询有限公司

(1) 依托旅游资源塑造景村融合示范村

协同收缩型县域内的村镇资源环境承载力较弱，不适合大规模人口聚集和工业开发，但可依托风景名胜、森林公园等资源适度进行生态旅游开发，塑造"景村融合"示范村镇（图 6-23）。具体可以从以下三个方面入手：第一是适度生态开发，发展特色生态旅游。在保障基本农田和生态保护红线不被侵占的前提下，充分利用生态旅游资源适度进行旅游开发，打响特色生态旅游品牌，展现当地的特色生态风貌，扩大开放，带动县域旅游发展和经济的增长。第二是改善景观风貌，减少农村居民点乱用、占用生态、农田景观空间，

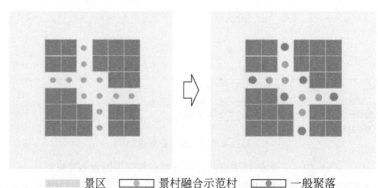

■ 景区　　□— 景村融合示范村　　□— 一般聚落

图 6-23　景村融合示范村发展模式示意

对集中居民点进行统一风貌建设，提高建设标准，加强旅游服务配套设施建设，走精品化特色美丽乡村路线。第三是完善旅游配套设施建设。依托景观资源发展乡村观光休闲、农耕体验、疗养度假等特色服务功能，完善相关旅游服务配套设施，发展成为旅游接待村、民俗度假村等特色产业村，吸引城镇和外来居民感受自然风光、体验乡土人情。

（2）结合发展基础打造生活宜居示范村

对于总体发展水平较高，但是没有特色资源的村镇，可以考虑通过加强基础设施建设，通过产业要素集聚、环境品质提升、基础设施建设等，打造宜业宜居示范村镇（图6-24）。具体可以从以下三个方面入手：第一是加强与县城、中心镇以及大型交通枢纽的交通联系，提升资源要素的流通性，促进人才、资源和技术等产业要素集聚，发展现代农业产业园、物流产业园等产业集群空间，培育村镇内具有影响力的产业基地。第二是改善村镇环境品质，建设特色农村社区。村镇内的乡镇多是有着传统乡村特色和肌理的地区，因此在发展上不是完全的"城市化"发展，而应该保留乡村特色，改善生活环境品质，形成具有乡村特色的自然人文环境景观。第三是提升村镇基础设施建设，改善村民居住条件，打造生活宜居示范村。

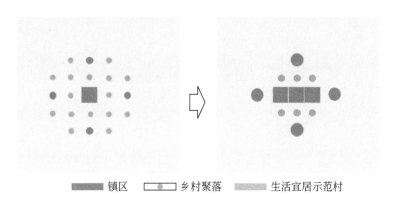

镇区　　○乡村聚落　　生活宜居示范村

图 6-24　生活宜居示范村发展模式示意

以成都市郫都区唐昌镇五村为例，战旗村、横山村、金星村、火花村、西北村五村具备精华灌区的生态本底资源，渠网密布，湖塘湿地点缀；农田资源丰富，所有农用地均属于七等优质农用地；林地成片，种类丰富、物种繁多；地形地貌层次较丰富，西高东低，呈现"一分浅丘三分平坝"的特征。战旗村等五村以整田护林、织水成网的方式全面提升环境品质，实现其生态保护。通过划定并保护基本农田，划定基本农田整备区和高标准农田建设重点区并推进耕地提质改造，增加设施农用地推进土地可持续发展；保护九水川流的骨架水网，延续渠网"指状基底"，保留坑塘洼地，实行分类保护；保护集中连片林地和散布林盘，沿柏条河新增水源防护林，形成"一带多点"的林地空间布局并分类保护等方式来保护水林田自然生态基地（图6-25）。通过搬迁环境准入负面清单的企业、生态修复提升生态环境品质、控制面源污染、推行改厨改厕工程等方式来开展生态修复与农村环境综合治理。

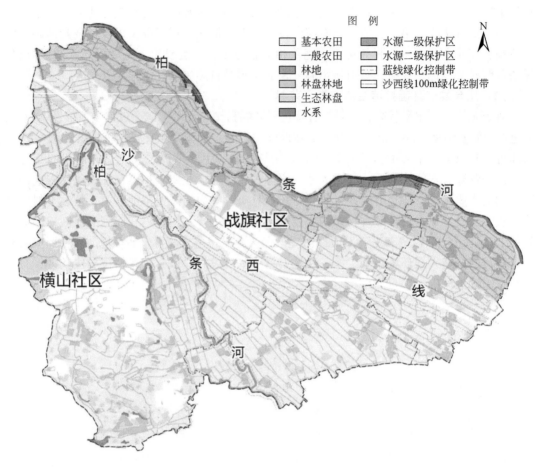

图 6-25　五村连片区域生态保护规划

资料来源：《战旗乡村振兴示范片五村连片规划》，成都市规划设计研究院

　　同时，战旗村等五村通过构建以"农业+旅游"等方式，来塑造新型农村产业形态。规划形成"一环一核六聚落"为主的乡村旅游服务产业空间载体，其中"一核"为乡村旅游服务核心，"六聚落"为结合现状林盘聚落改造的六个功能型林盘聚落，"一环"即串联乡村旅游服务核心和六个功能型林盘聚落的乡村绿道（图 6-26）。依托战旗社区，打造乡村旅游服务核心，依托妈妈农庄、五季香境、乡村十八坊，新增民俗商业街、满江红手工艺体验区、乡村振兴学院、游客服务中心等设施，并结合升空气球、草地音乐节等活动，进一步集聚乡村旅游设施活动，形成乡村旅游服务核心。以林盘聚落来组织空间，通过筛选优质散居林盘、整合散居林盘，簇群组团化布局，提升组团的综合服务水平，形成空间内聚，生活品质高的林盘聚落。形成"两主多环"的乡村绿道网，依托锦江绿道和沙西绿道两条主干绿道的辐射带动作用，促进沙西线北段绿道和柏木河绿道的建设，形成多个乡村环状绿道网。

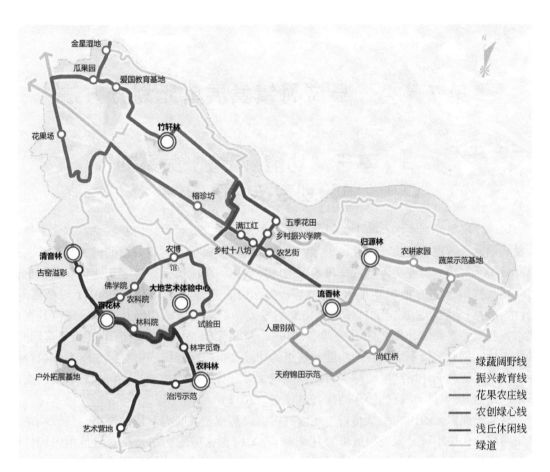

图 6-26　五村连片区域主题游线

资料来源：《战旗乡村振兴示范片五村连片规划》，成都市规划设计研究院

第7章 县域村镇发展单元划分方法

7.1 基于"功能–网络"关系的单元划定技术框架

村镇发展单元划定涉及两个关键点，一是单元属性，二是单元内在联系。单元属性是指发展单元所体现出的功能属性，单元内在联系是指发展单元内各乡镇间的关联关系。村镇发展单元的功能属性实际上就是村镇聚落所体现出的功能属性。随着工业化、城镇化快速发展，村镇地区的地域功能经历了传统农业功能向多功能转化的过程（刘彦随等，2011），村镇地域功能决定了村镇地域格局的发展，不同的地域功能对于准确定位其发展状态具有至关重要的作用（乔伟峰等，2019）。村镇聚落是不同于城市聚落的聚落形式，其地域功能拥有城镇不可代替的功能，这里的功能是指一定范围内的村镇聚落发挥自身属性与其他系统共同作用产生的综合特性，既包括对自身的保障功能，也包括对城镇的支撑作用以及与其他村镇系统的协作功能（刘玉等，2011）。

村镇发展单元的内在联系是指单元内的村镇聚落相互关联而形成的网络。村镇网络是城镇网络结构中不可分割的组成部分（张巍，2001），这里的网络是指一定范围内的村镇聚落在发展过程中与其他村镇系统因经济、生产、人口流动等连接而形成的空间联系，具体表现为两个属性：一是村镇节点的等级属性，二是村镇节点间形成的关系网络。空间网络联系分析是识别镇村内在关联的具体方式，它可以用于确定区域的中心和腹地、空间结构等形式（钟业喜和陆玉麒，2012；焦利民等，2016），同样适用于确定村镇发展单元的中心和腹地。

为此，本章构建了基于"功能–网络"分析的村镇发展单元划定技术方法。首先，基于村镇聚落的功能确定村镇发展单元的类型；其次，基于村镇聚落的联系网络确定中心节点，即村镇发展单元中心乡镇；最后，基于村镇聚落的网络联系确定村镇发展单元的乡镇范围（图7-1）。

7.1.1 基于主导功能的村镇发展单元类型评价

村镇聚落存在多功能特质，功能类型多样，包括农业生产功能、城镇功能、经济功能、生态功能等（樊杰，2007）。国内针对村镇地域的功能分类视角，一般将乡村地域功能划分为一般功能、特殊功能、主导功能和辅助功能等。刘玉等（2011）认为乡村地域的功能定位主要取决于其主导功能和一般功能。村镇主导功能是村镇在区域内发挥自身作用的决定性因素，而村镇发展单元是强调村镇职能功能统一的村镇发展组团，因此将县域内

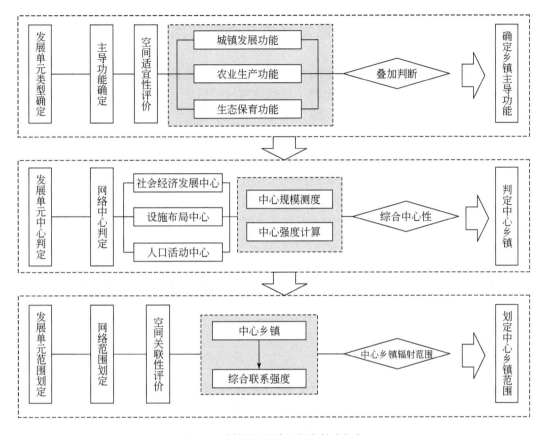

图 7-1 村镇发展单元划定技术框架

的村镇功能进行评价、整合及划分，可以确定村镇发展单元的功能导向，对于镇村单元的分类具有重要意义。

7.1.2 基于网络视角的村镇发展单元中心确定

村镇发展单元虽不同于传统的村镇体系等级结构，但其同样强调中心镇对发展单元的辐射带动。中心镇取决于村镇聚落的中心性。中心性是地理学中的一个重要概念，中心地是指为自己及以外地区提供商品和服务等中心职能的居民点，而中心性是指中心地为其以外地区服务的相对重要性，其服务内容包括商业、服务业、交通运输业和工业（制造业）等方面（周一星等，2001）。村镇中心性可依据村镇聚落人口、产业等功能活动的空间分布进行测度，可以包括经济社会发展、公共服务设施布局以及人口活动的中心等。传统中心性测度采用属性分析居多，即分析研究对象的各类属性及其水平，而村镇发展单元是强调各乡镇内在联系的发展单元，测度乡镇中心性时需要考虑乡镇网络联系，因此可通过测度各类中心的网络系统确定中心节点乡镇，进而确定村镇发展单元的中心乡镇。

7.1.3 基于网络联系的村镇发展单元地域范围测度

随着经济社会、交通通信等技术的发展，村镇专业化分工越来越明显，村镇体系并非按照传统的中心地理论发展，而是出现了新的空间组织形式（王士君等，2019）。最明显的是，交通技术的发展带来了时空压缩，城市与城市乃至城乡之间都开始建立起紧密的网络化联系格局。这种关系网络可以客观反映地域间的相互联系以及地域整体格局。基于这种网络关系，村镇之间"点轴式"的关系则可转化为"网络式"关联，亦能够体现村镇聚落间关系网络的地域范围。这种关系网络的实质是村镇聚落间各类功能活动交流、联通的表现。村镇聚落各类功能活动之间的连通、交流共同形成错综复杂的场所关系网络。网络联系是表现聚落联系度的重要指标，因此基于网络联系测度可以构建村镇发展单元的地域范围。

7.2 "功能"视角下的村镇发展单元类型评价

7.2.1 城乡地域功能解析

土地是人类赖以生存与发展的物质载体，同时具有社会、经济、生态等多种功能（刘彦随和陈百明，2002）。村镇聚落是城市发展区以外的广大乡村地域，包含了城镇、村庄以及广大的自然生态地区，可以说村镇聚落综合了城乡地域功能，体现了功能的多样性。

目前，对于地域多功能的研究较为成熟，主要集中在地域功能类型划分、多功能评价方面，对广大乡村地域的经济功能、社会功能、农业功能、生态功能、休闲旅游功能等进行定性或是定量的测度和分析（刘玉等，2011）。李平星等（2014）研究县域尺度乡村地域生态保育、农业生产、工业发展和社会保障功能的空间差异，将乡村功能类型划分为9种组合类型。谭雪兰等（2017）从粮食生产、经济发展、生态旅游、社会保障4个方面构建乡村地域功能评价。杨忍等（2021）以乡村主导功能为划分原则，将广州市都市边缘区乡村划分为经济发展功能主导型、社会保障功能主导型、农业生产功能主导型、生态保育功能主导型、均衡发展型和综合发展型6种类型。熊鹰等（2021）从乡村自身具备的功能条件出发，将乡村地域功能划分为农业生产功能、非农生产功能、居住生活功能、生态保障功能四类。

综上，乡村地域功能可概括为经济社会发展功能、农业生产功能以及生态保育功能三个方面（图7-2）。农业生产功能是乡村地区最基本的功能，是乡村地区发展的基本动力，广大乡村地域本就是农业生产的主要载体。生态保育功能是乡村地区发展的本底，生态环境是整个城乡地区的天然屏障，山、水、林等自然资源构建了城乡整体生态格局。经济社会发展功能包括经济功能、社会保障功能等非农业功能，经济社会发展的空间载体是城镇建设用地，因此城乡地域在经济社会方面的功能可以概括为城镇发展功能，体现人类生活、活动以及非农业生产等各类场景。

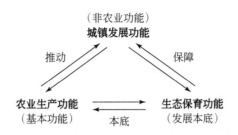

图 7-2 城乡地域功能解析

这三类功能不是相互独立的，生态保育功能是农业生产功能得以发挥的本底条件，农业生产功能的发展推动了城镇非农业功能的发展，而城镇发展功能的完善又会进一步保障生态保育功能不受破坏。在一定时期，不同村镇聚落的地域类型都有其特定的功能，即一种功能起着主导作用，决定区域的发展方向。当城镇发展功能占据主导地位时，该地区村镇聚落以城镇活动为主；当农业生产功能占据主导地位时，该地区村镇聚落的发展主要围绕农业生产而展开；当生态保育功能占据主导地位时，该地区村镇聚落则采取相对保守的发展方式，突出生态环境的保护与治理。

村镇发展单元的类型要依据村镇聚落的地域主导功能确定。首先构建主导功能评价体系，由于评价对象为县域内各乡镇的聚落空间用地，亦可称之为空间功能适宜性评价。空间功能适宜性评价的内容包含三类城乡地域功能评价，包括城镇发展功能适宜性评价、农业生产功能适宜性评价、生态保育功能适宜性评价。在此基础上将三类评价内容集成得到各乡镇的功能适宜性评价结果，依据评价结果判断乡镇主导功能，并据此确定主导功能（图 7-3）。

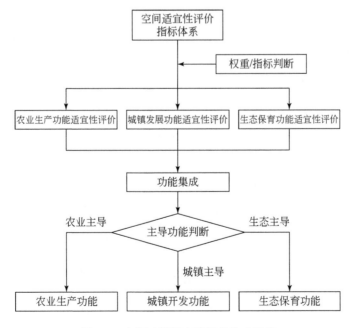

图 7-3 空间功能适宜性评价技术路线

7.2.2 空间功能适宜性评价

1. 功能适宜性评价指标体系

本书从村镇聚落主导功能的视角出发，将空间功能分为城镇发展功能、农业生产功能以及生态保育功能，构建了空间功能适宜性评价指标体系以评价县域各乡镇的主导功能（表7-1）。

表7-1　空间功能适宜性评价指标体系

大类	小类	指标层	指标解释与计算方法
城镇发展功能	开发适宜性	高程	—
		坡度	—
		再开发难度	现状各类土地利用类型变更为城镇建设用地的难度
	区位优势度	距城镇中心距离	—
		距产业园区距离	—
		距主要道路距离	—
	人口集聚度	人口密度	常住人口数/陆域国土面积
		城镇化率	城镇人口/常住人口
	经济发展度	城镇居民人均可支配收入	—
		规模以上工业企业个数	—
	空间扩张度	土地利用强度	现有建设用地面积/陆域国土面积
		城镇化扩张强度	各个乡镇在一段时期内的新增建设用地规模占全县总规模比例
农业生产功能	农业发展基础	人均耕地面积	耕地总面积/农村常住人口
		土地垦殖系数	耕地总面积/陆域国土面积
		再种植难度	现状各类土地利用类型变更为耕地的难度
	农业生产效率	地均粮食产量	粮食总产量/粮食作物播种总面积
		地均蔬菜产量	蔬菜总产量/蔬菜播种总面积
		人均粮食产量	粮食总产量/农村农业从业人员
		设施农业占比	设施农业面积/耕地总面积
	耕地保护重要性	永久基本农田	实行永久性保护的基本农田
生态保育功能	自然环境重要性	植被重要性	包括湿地、林地、草地等
		水域重要性	包括河流、湖泊、水库等
	地质灾害危险性	地质灾害危险区	包括地质灾害高易发区、中易发区、低易发区
	生态涵养重要性	自然保护区	包括核心区、缓冲区、实验区、外围保护地带
		风景名胜区	包括一级保护区、二级保护区、三级保护区
		饮用水源保护区	包括一级保护区、二级保护区
		国家公园	包括特别保护区、原野区、自然环境区、娱乐区、服务区
		生态保护红线	—
		其他生态控制红线	如国家森林公园、国家湿地公园等

(1) 城镇发展功能评价指标体系

城镇是村镇地区得以快速发展的空间载体，开发适宜性、区位优势度、人口集聚度、经济发展度、空间扩张度等都会影响城镇的发展（陈永林和谢炳庚，2016）。

开发适宜性决定了聚落用地适不适宜大规模开发建设，选取高程、坡度和再开发难度3个指标表示，其中，再开发难度是现状各类土地利用类型变更为城镇建设用地的难度。3个指标均属于逆向指标，数值越大表明其用地不适宜作城镇开发建设。

地理区位是决定城镇集聚和发展的重要因素，政府驻地、重大产业园区、主要交通道路等的选址都可能影响城镇建设，因此本书选取距城镇中心距离、距产业园区距离、距主要道路距离3个指标表示城镇发展的区位优势度。3个指标均属于逆向指标，数值越大表明其用地距离这些中心地越远，则作为城镇用地的可能性越小。

社会经济发展状况反映城镇当前的发展水平，可从两个方面进行测度，一是人口集聚度，人口越集聚的地区城镇功能发展得越完善，研究选取城镇化率、人口密度2个指标进行测度。城镇化率为城镇人口与常住人口的比值，一般来说城镇化程度越高的地区，城镇功能越完善；人口密度采用乡镇常住人口数与陆域国土面积的比值表示，一般来说地区人口密度越高，说明其集聚水平越高，越能成为地区的发展中心。2个指标均属于正向指标，数值越大表明其越适合发展城镇功能。二是经济发展度，经济发展直接反映城镇的建设水平，研究选取城镇居民人均可支配收入、规模以上工业企业个数2个指标进行测度。2个指标均属于正向指标，数值越大表明其越适合发展城镇功能。

空间扩张度反映城镇功能的可容纳程度，能反映研究对象未来发展城镇功能的可能性，研究选取土地利用强度和城镇化扩张强度2个指标进行测度。城镇化扩张强度以各个乡镇在一段时期内的新增建设用地规模占全县总规模比例表示；土地利用强度采用现有建设面积与陆域国土面积的比值表示。2个指标属于正向指标，数值越大表明其越适合发展城镇功能。

(2) 农业生产功能评价指标体系

农业是村镇地区发展的根本，农业发展基础、农业生产效率等都会影响乡镇农业生产功能的发展（刘彦随等，2018）。农业生产功能包括农业发展基础、农业生产效率、耕地保护重要性。

农业发展基础是指一个地区发展农业的可能性，主要取决于地区耕地面积的多少和耕地的开发难度，本书选取人均耕地面积、土地垦殖系数、再种植难度3个指标表示。人均耕地面积反映农村地区的耕地指标，采用耕地总面积与农村常住人口的比值表示；土地垦殖系数反映地区内耕地面积在国土面积中的占比，采用耕地总面积与陆域国土面积的比值表示；再种植难度为现状各类土地利用类型变更为耕地的难度。3个指标中，人均耕地面积和土地垦殖系数属于正向指标，数值越大表明越适宜发展农业功能，再种植难度为逆向指标，数值越小越适宜发展农业功能。

农业生产效率用于评价一个地区农业生产的供给能力，可以反映一个地区现有农业生产能力和发展潜力，选取地均粮食产量、地均蔬菜产量、人均粮食产量和设施农业占比4个指标表示。地均粮食产量反映粮食收成情况，采用粮食总产量与粮食作物播种总面积的比值表示；地均蔬菜产量反映蔬菜收成情况，采用蔬菜总产量与蔬菜播种总面积的比值表示；人均粮食产量反映粮食生产效率，采用粮食总产量与农村农业从业人员的比值表示；设施农业占比反映农业专业化程度，采用设施农业面积与耕地总面积的比值表示。上述 4 个指标均属于正向指标，数值越大表明其农业生产效率越高，越适宜发展农业生产功能。

耕地保护重要性是指实行永久性保护的基本农田数量，基本农田是优质耕地，能确保一个地区的农业功能不被非农业功能吞噬，一个地区被划定为基本农田的耕地越多，说明其具备了农业生产的有利条件。耕地保护重要性通过统计乡镇行政范围内实行永久性保护基本农田的面积得到。该指标属于正向指标，数值越大表明其越适合发展农业生产功能。

（3）生态保育功能评价指标体系

生态保育功能是生态系统服务功能的重要方面（李平星等，2015）。生态保育的作用一是要将珍稀、特殊的自然生态环境加以保护，二是要划定各类自然生态环境的保护范围线。生态保育功能可从自然环境重要性、地质灾害危险性、生态涵养重要性三个方面进行测度。自然环境包括湿地、林地、草地等植被和河流、湖泊、水库等水域；地质灾害包括地质灾害高易发区、中易发区、低易发区等危险区；各类保护区包括自然保护区、风景名胜区、饮用水源保护区、国家公园、生态保护红线以及其他生态控制红线等，这些划定的各类保护区是生态涵养的重要体现。上述指标均属于正向指标，即属于上述范畴的用地适宜发展生态保育功能。

2. 功能适宜性计算方法

上述各类评价指标因子有的是表示发展程度的柔性指标，如经济发展度、农业生产效率等，反映地区的发展状态和程度，程度越高则表示越适宜某种功能；而有的是刚性指标，如生态保护红线、永久基本农田等，一旦属于该范围，则就体现某一特定功能属性。而根据各类功能的适宜性程度，可将功能适宜性划分为三个等级，即适宜、较适宜和不适宜。

（1）城镇发展功能适宜性计算方法

城镇发展功能属于不确定性发展功能，即判断是否适宜城镇建设存在一个可讨论的范围，各指标因子都属柔性指标。在判断城镇发展功能适宜性时，以各类指标叠加结果为评判标准，根据评价结果划分为适宜、较适宜和不适宜。因各项指标之间有重要程度之分，故采用层次分析法确定指标权重。层次分析法是一种多目标决策分析方法，它的主要方法是将复杂问题分解成若干层级和两两比较的因素，建立判断矩阵，其是一种将定量与定性分析相结合的分析方法（郭金玉等，2008）。通过层次分析法对各项指标进行权重赋值，结果见表 7-2。

表 7-2　城镇发展功能适宜性评价指标权重分析

指标大类	权重	指标小类	权重	正逆
开发适宜性	0.4117	高程	0.0437	-
		坡度	0.2607	-
		再开发难度	0.1073	-

续表

指标大类	权重	指标小类	权重	正逆
区位优势度	0.1574	距城镇中心距离	0.0997	-
		距产业园区距离	0.0410	-
		距主要道路距离	0.0167	-
人口集聚度	0.0650	人口密度	0.0163	+
		城镇化率	0.0487	+
经济发展度	0.2866	城镇居民人均可支配收入	0.2150	+
		规模以上工业企业个数	0.0716	+
空间扩张度	0.0793	土地利用强度	0.0198	+
		城镇化扩张强度	0.0595	+

由于各个指标的量纲不同,采用极值法对各指标进行标准化处理:

$$S_i = \frac{x_i - x_{\min}}{x_{\max} - x_{\min}} \quad （正向指标） \tag{7-1}$$

$$S_i = \frac{x_{\max} - x_i}{x_{\max} - x_{\min}} \quad （逆向指标） \tag{7-2}$$

式中,S_i 为各指标标准化值(无量纲),取值区间为 0~1;x_i 为第 i 指标数值;$x_{\min}$ 为该指标的最小值;$x_{\max}$ 为该指标的最大值,$i=1,2,\cdots,8$。

各乡镇的城镇发展功能适宜性指数(CF)为

$$CF = \sum_{i=1}^{n} w_i S_i \tag{7-3}$$

式中,w_i 为各指标的权重;S_i 为各指标标准化后的值;n 为指标个数。

城镇发展功能评价结果依据城镇发展功能适宜性指数得出,该指数数值越高表明越适宜发展城镇功能;反之则不适宜,评价结果依据指数得分高低划分为适宜、较适宜和不适宜三个等级(表 7-3)。

表 7-3 城镇发展功能适宜性分类依据

判断依据	适宜性
城镇发展功能适宜性指数高	适宜
城镇发展功能适宜性指数中	较适宜
城镇发展功能适宜性指数低	不适宜

(2) 农业生产功能适宜性计算方法

农业生产功能属于部分不确定发展功能。耕地保护该项指标为刚性指标,若为永久基本农田,则为适宜农业生产功能。而农业发展基础和农业生产效率两项指标大类存在强弱之分,因此其指标为柔性指标,以各类指标叠加结果为评判标准,根据评价结果划分为适

| 141 |

宜、较适宜和不适宜。通过层次分析法对各项指标进行权重赋值，结果见表7-4。

表 7-4　农业生产功能适宜性评价指标权重分析

指标大类	权重	指标小类	权重	正逆
农业发展基础	0.5000	人均耕地面积	0.0819	+
		土地垦殖系数	0.2695	+
		再种植难度	0.1486	−
农业生产效率	0.5000	地均粮食产量	0.1108	+
		地均蔬菜产量	0.0576	+
		人均粮食产量	0.2650	+
		设施农业占比	0.0666	+

由于各个指标的量纲不同，采用极值法对各指标进行标准化处理，处理方式同城镇发展功能适宜性评价中的指标处理相同。

各乡镇的农业生产功能适宜性指数（AF）为

$$AF = \sum_{i=1}^{n} w_i S_i \qquad (7\text{-}4)$$

式中，w_i 为各指标的权重；S_i 为各指标标准化后的值；n 为指标个数。该指数数值越高表明越适宜发展农业功能；反之则不适宜。

农业生产功能评价结果分为三类，首先将刚性指标即永久基本农田划分为适宜农业生产，其次依据农业发展基础和农业生产效率指标评价结果划分为较适宜和不适宜发展两类，指数越高则说明越适宜农业生产（表7-5）。

表 7-5　农业生产功能适宜性分类依据

判断依据	适宜性
永久基本农田	适宜
农业生产功能适宜性指数高	较适宜
农业生产功能适宜性指数低	不适宜

（3）生态保育功能适宜性计算方法

生态保育功能属于确定性发展功能，各类自然环境、地质灾害频发地以及各类生态控制红线范围内的土地均可认定为具有生态保育功能，适宜发展生态保育功能。因此，生态保育功能的计算不设权重，直接将各类因子叠加即可。

生态保育功能评价结果分为三类，属于各类自然环境、地质灾害频发地以及各类生态控制红线核心区或是一级保护区范围内的土地即判定为适宜发展生态保育功能，属各类保护区的缓冲区或是外围地区的土地即判定为较适宜，其余土地则为不适宜发展生态保育功能（表7-6）。

表 7-6　生态保育功能适宜性分类依据

判断依据	适宜性
各类自然环境、地质灾害频发地以及各类生态控制红线核心区、一级保护区	适宜
二级和三级保护区、缓冲区、外围地带	较适宜
其他土地	不适宜

7.2.3　县域镇村主导功能确定

1. 功能集成原则

县域村镇主导功能综合考虑农业生产功能、生态保育功能、城镇发展功能的优先性与实施性，确定三种功能的集成原则（图7-4）。

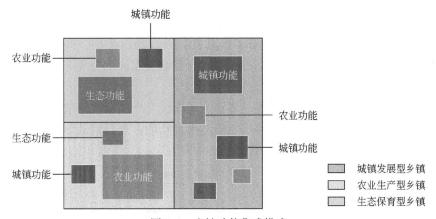

图 7-4　乡镇功能集成模式

（1）生态保育功能的前置排他性

生态优先、绿色发展是国土空间调查、规划和用途管制的总体原则。中共中央、国务院印发《生态文明体制改革总体方案》，提出"坚持节约资源和保护环境基本国策，坚持节约优先、保护优先、自然恢复为主方针，立足我国社会主义初级阶段的基本国情和新的阶段性特征，以建设美丽中国为目标，以正确处理人与自然关系为核心，以解决生态环境领域突出问题为导向，保障国家生态安全，改善环境质量，提高资源利用效率，推动形成人与自然和谐发展的现代化建设新格局"的生态文明发展目标。可见，生态文明已经成为各类规划的核心价值观（杨保军等，2019）。因此，生态保育功能具有前置排他性，应作为优先考虑的一种乡镇功能。

具体判断方式为当个别乡镇行政范围内生态保育功能占整个县域的相当大比例时，则说明该地区承担了县域内重要的生态保育功能，该乡镇的主导功能应为生态保育功能。

（2）农业生产功能的利用优先性

2021 年 2 月，中央一号文件《中共中央　国务院关于全面推进乡村振兴加快农业农村现代化的意见》提出："严禁违规占用耕地和违背自然规律绿化造林、挖湖造景，严格控制非农建设占用耕地，深入推进农村乱占耕地建房专项整治行动，坚决遏制耕地'非农化'、防止'非粮化'"。因此，农业生产功能应优先于城镇发展功能。

具体判断方式为当个别乡镇行政范围内农业生产功能占整个县域的相当大比例时，则说明该地区承担了县域内重要的农业生产功能，该乡镇的主导功能应为农业生产功能。

（3）城镇发展功能的适度集聚性

快速城镇化发展背景下，城镇建设用地面临无序蔓延、用地效率低下等问题（彭冲等，2014）。在这样的背景下，增强城市综合承载能力，推动城镇集约紧凑发展应成为城镇化发展的主要方向（陈明，2012）。也就是城镇空间不能孤立生存，小规模的城镇空间难以形成有效的发展态势，在有条件的情况下，应加强各乡镇城镇功能聚落的相互联系，促进区域化、网络化，形成"城镇生活圈"。

具体判断方式为当个别乡镇行政范围内城镇发展功能占整个县域的相当大比例时，则说明该地区承担了县域内重要的城镇发展功能，该乡镇的主导功能应为城镇发展功能。

2. 主导功能确定

将上述各类单因子评价结果输入 ArcGIS 软件，进行加权叠加，得到三类功能适宜性评价结果。对于每类功能适宜性评价结果，通过自然断裂点法划分为 3 个层级，即适宜发展区、较适宜发展区和不适宜发展区。

依据生态保育功能、农业生产功能、城镇发展功能三个判断顺序依次对县域内各乡镇的各类功能进行判别。判别方法为当一个乡镇的某种功能占全县域的该类功能的比例较大时，则判定为此功能（图7-5）。

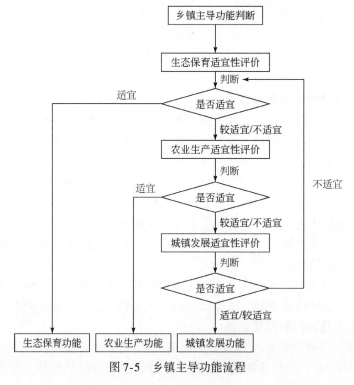

图 7-5 乡镇主导功能流程

7.3 "网络"视角下的村镇发展单元中心确定

7.3.1 空间中心性解析

在村镇发展单元中，村镇聚落各类功能活动的中心可以划分为宏观、中观、微观三种层次，宏观即村镇聚落社会经济发展的中心，反映乡镇经济社会的发展水平；中观即村镇聚落内部各类公共服务设施分布的中心，反映各类服务设施的空间分布和集聚程度；微观即具体的活动分布规模的中心，聚焦村镇聚落内部人口活动的分布。空间中心性由村镇聚落的宏观、中观、微观三类中心共同组成。

传统中心性评价常采用数值打分方法构建评价指标体系，可以表示研究对象自身的中心性强度，但仅针对研究对象本身，无法反映研究对象之间的联系程度。村镇发展单元是强调乡镇紧密联系的发展组团，发展单元中心亦是单元网络中对外联系强度最高的乡镇。因此空间中心性需要结合中心性评价和中心性强度测度两个方面共同确定。

本书基于"网络"视角，构建"规模–强度"中心性测度方法测度村镇发展单元的空间中心性（图 7-6）。首先，构建中心性规模评价指标体系，测度乡镇发展规模，包括宏观社会经济规模、中观设施场所规模和微观人口活动规模；其次对三类中心性强度进行测

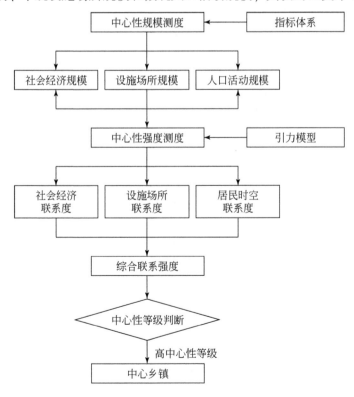

图 7-6 网络视角下空间中心性评价技术路线

度，通过测度乡镇间联系度，叠加得到乡镇对外联系强度；最终将叠加宏观、中观和微观三种尺度下的乡镇联系强度，得到研究对象的综合联系强度，依据综合联系强度值划分中心性等级，进而确定相同类型乡镇的发展中心。

引力模型是地理学中利用属性数据研究经济联系的重要模型，它将两城市间的经济规模与两城市的距离平方的比值作为两城市间的经济联系强度（劳昕等，2016），因其较为成熟且逻辑简单明确而在城市地理学和经济地理学领域的研究中广泛应用（雒占福等，2021）。引力模型在城镇体系规划中也常用于城市腹地范围测度及势力圈划分。本书采用引力模型对县域社会经济联系强度、设施场所联系强度和人口活动联系强度进行测算。具体公式如下：

$$R_{ij} = k \frac{\sqrt{P_i G_i} \times \sqrt{P_j G_j}}{D_{ij}^2} \tag{7-5}$$

式中，R_{ij}表示乡镇i、j之间的社会经济/设施场所/人口活动联系强度；P_i和P_j分别表示i镇和j镇的总人口数，本书以城镇人口数代表总人口数；G_i和G_j分别表示i镇和j镇的经济社会/设施场所/人口活动规模；D_{ij}表示两个镇之间的距离。

引力模型中的距离指标如继续使用空间距离显然不合适，故本书在考虑道路运行速度的基础上将空间距离转换为时间距离来修正引力模型的距离指标，通过程序设计的方式，以Python脚本语言为开发语言，基于百度地图应用程序接口（application programming interface，API）提供的地点检索服务与批量算路服务，实现批量计算各乡镇间的实际行驶距离功能，并输出结果（图7-7）。

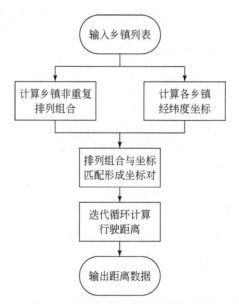

图7-7　基于百度地图 API 的出行实际距离计算流程

7.3.2　社会经济发展中心性测度

社会经济发展规模是反映社会经济发展水平的一个方面。评价一个地区的社会经济发展水平常从经济总量（刘博雷，2014）、经济效益（余瑞林等，2012）、社会效益以及生活水平（刘涛等，2010）等方向衡量。本书从经济效益、社会效益两个角度评价研究对象的社会经济发展规模。选取人均 GDP、人口密度以及千人医疗卫生机构床位数三个指标共同评价（表7-7）。

表 7-7　社会经济发展规模评价体系及数据来源

城镇规模类型	测度指标	具体数据	数据来源
宏观 社会经济规模	社会经济发展水平	人均 GDP	统计年鉴
		千人医疗卫生机构床位数	
		人口密度	

人均 GDP 是说明地区经济社会发展水平的重要依据，可以反映研究地区社会经济发展的总体水平，指标采用户籍总人口/当年地区生产总值计算。

人口密度用以描述地区整体空间与人口的关系，一般来说地区人口密度越高，说明其社会面集聚水平越高，越能成为一个地区的发展中心，指标采用户籍总人口/土地面积计算。

千人医疗卫生机构床位数可以反映一个地区社会医疗发展规模，医疗机构床位数越高的地区，其医疗卫生水平越高。

这三类数据来源于各地区的统计年鉴，社会经济发展的总规模由三类数据相加所得。

7.3.3　设施场所中心性测度

参考已有研究（李哲睿等，2019），本书从工贸、休闲旅游和综合服务三个方面测度设施场所的中心性。引入区位熵（王伟，2010）的概念，测算综合服务设施、休闲旅游服务设施和工贸设施的空间分布熵，以反映乡镇中不同类型活动场所时的中心性（表7-8）。

表 7-8　设施布局规模评价体系及数据来源

城镇规模类型	测度指标	具体数据	数据来源
中观 设施场所规模	场所空间分布熵	工贸设施场所 POI	高德地图、POI 数据
		休闲旅游设施场所 POI	
		综合服务设施场所 POI	

注：POI 指关注点（point of interest）。

区位熵的计算公式如下：

$$LQ_{ij} = \frac{Q_{ij}/Q_i}{Q_j/Q} \tag{7-6}$$

式中，LQ$_{ij}$为i单元j类型设施场所的空间分布熵；Q_{ij}为i单元j类型设施场所的百度POI数量；Q_i为i单元设施场所的数量；Q_j为j类型设施场所的数量；Q为整个研究范围内综合服务、休闲旅游服务场所的总数。本书选取百度POI的场所类型数据，具体分类标准见表7-9。

表7-9　百度POI数据采集分类

设施场所类型	百度POI类型
综合服务	医疗、金融、购物、生活服务、宾馆、餐饮、汽车服务
休闲旅游	休闲娱乐、旅游景点
工贸	公司、企业、园区

资料来源：作者根据百度POI数据分类整理。

7.3.4　人口活动中心性测度

人口活动规模可以用一定时间内人群在乡镇行政范围内的集聚程度表示，即测度人口密度。传统测量人口密度的方法通常采用行政范围内的人口统计数据除以城市建成区面积表示（周一星和史育龙，1995），这种测度方法能在一定程度上表示区域内的人口密度强度，但是相对静态且笼统，不能表达出人口活动、集聚的空间属性，也就难以体现人口的实际分布情况。

夜间灯光是一种遥感数据，通过卫星传感器能够探测到夜间地球的灯光或是火光信息，夜间灯光数据本身就涵盖了道路交通、用地、人口分布等信息，因此夜间灯光数据可以较好地表征人类活动。目前，夜间灯光数据主要用于城镇拓展研究、社会经济因子估计、人口估计等（杨眉等，2011）。卓莉等（2005）基于夜间灯光数据模拟人口密度，研究发现夜间灯光强度可便捷地估算人口密度。陈乐等（2018）将夜间灯光数据用于人口密度分析中，根据夜间灯光数据计算城市建成区面积。

因此，本书采用夜间灯光强度估算人口密度，将夜间灯光数据反映出的人口密度高值区定义为人口活动的中心。村镇发展单元中乡镇的人口活动情况用夜间灯光像元总数表征（郭恒梅和马晓冬，2020）。采用珞珈一号01星的夜间灯光影像数据进行夜间灯光分析（表7-10）。

表7-10　人口活动规模评价体系及数据来源

城镇规模类型	测度指标	具体数据	数据来源
微观 人口活动规模	夜景灯光强度	夜景灯光数据	珞珈一号01星夜光影像数据

7.4 "网络联系" 视角下的村镇发展单元范围划定

7.4.1 城乡网络联系解析

中心地理论是城镇体系研究的基础理论之一, 后也应用于村镇体系的研究中。传统中心地理论强调 "点 – 轴关联" 的区域联系结构。但随着经济社会、交通通信等技术的发展, 村镇专业化分工越来越明显, 村镇体系并非按照传统的中心地理论发展, 而是出现了新的空间组织形式 (王士君等, 2019)。最明显的是, 交通技术的发展带来了时空压缩, 城市与城市乃至城乡之间都开始建立起紧密的网络化联系格局。村镇发展单元是村镇聚落不同功能得以发挥的有效空间载体, 强调功能专业化分工, 可见村镇发展单元不同于以往的村镇体系, 传统中心地理论强调的等级体系不再适用于专业化的乡镇联合体, 村镇发展单元是强调区位网络关联的发展单元。

目前对于城市网络、村镇网络的研究视角丰富。有基于交通流视角的城市网络分析, 如钟业喜和陆玉麒 (2011) 基于城市铁路网络分析城市体系等级和分布格局, 薛俊菲 (2008) 基于航空网络研究城市等级体系分布。交通流视角下的城市网络分析适用于较大城市尺度, 在村镇聚落尺度上无法得到较好的体现。部分研究从信息流视角分析区域经济网络关系, 王宁宁等 (2016) 运用复杂网络分析方法分析城市互联网信心要素流的空间分布特征, 杨卓等 (2020) 基于 B2B 电商企业关联网络视角, 研究长三角功能格局。信息流视角下的城市网络分析是基于区域之间频繁的网络联系而构建的, 同样较为适用城市尺度研究。也有部分研究从空间相互作用理论角度, 阐释了镇村网络关联关系。空间相互作用理论能够用于描述地理空间的要素流动现象, 体现各要素之间的作用关系, 被广泛应用到区域规划和城镇体系规划 (危小建等, 2017)。宿瑞等 (2018) 采用引力模型和社会网络分析方法研究镇村社区网络节点的相关关系。综上, 在区域网络视角的研究中, 城市尺度多从交通、通信等大数据技术层面研究区域网络格局, 而村镇尺度的研究多关注镇村居民点之间的社会网络关联关系。

村镇发展单元是村镇聚落不同功能、不同场所下的空间载体, 场所网络是指一定范围内的村镇聚落在发展过程中与其他村镇系统因经济、生产、人口流动等连接而形成的网络系统。本书基于村镇发展单元的场所网络构建空间关联性评价。在相同功能类型的乡镇中, 通过场所中心性评价确定中心乡镇, 再对中心乡镇进行场所网络评价, 由此划定中心乡镇的腹地范围 (图 7-8)。

7.4.2 空间关联性评价结果划分

单元腹地划分思路: 在划分为同一类型功能的乡镇中, 以高中心性乡镇为村镇发展单元的中心。再依据中心乡镇的引力模型评价结果, 划分高联系度乡镇范围, 以此划分出生态保育、农业生产和城镇发展三种类型的单元。

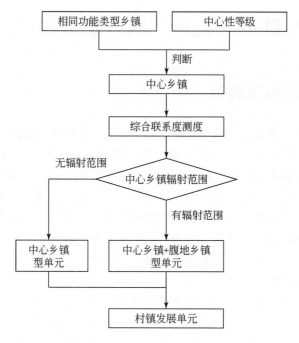

图 7-8 场所网络评价技术路线

采用引力模型对中心乡镇的综合联系强度进行测算。具体公式如下：

$$R_{ij} = k\frac{\sqrt{P_i G_i} \times \sqrt{P_j G_j}}{D_{ij}^2} \tag{7-7}$$

式中，R_{ij} 表示乡镇 i、j 之间的综合联系强度；P_i 和 P_j 分别表示 i 镇和 j 镇的总人口数，本书以城镇人口数代表总人口数；G_i 和 G_j 分别表示 i 镇和 j 镇的经济社会、设施场所、人口活动规模的规模综合；D_{ij} 表示两个镇之间的距离。

7.5 实 证 案 例

7.5.1 研究对象概况

习水县，隶属贵州遵义市，地处川黔渝接合部的枢纽地带，东连贵州桐梓县、重庆綦江区，西接贵州赤水市，南近贵州仁怀市、四川古蔺县，北抵四川合江县、重庆江津区，属大娄山系和长江流域，总面积 3127.7km²。习水县辖 4 个街道、20 个镇、2 个乡。2020年，全县地区生产总值 208.85 亿元，习水县常住人口 584 947 人，城镇化率 51.49%。2019 年城镇居民人均可支配收入 32 816 元，农村居民人均可支配收入 11 625 元。2020 年10 月 9 日，习水县被生态环境部授予第四批国家生态文明建设示范市县称号。

在村镇聚落发展上，习水县乡镇数量较多，但除中心城区、习酒镇、温水镇等重点发展地区外，其他乡镇发展缓慢且呈现分散发展的状态，导致习水县各乡镇发展落后，难以形成有效的乡镇发展组团。因此，本书以习水县为例，将村镇发展单元的发展方式应用于习水县乡镇发展中，以期提高习水县村镇聚落的资源整合、乡镇发展等方面的水平。

7.5.2 习水县乡镇主导功能测度

（1）城镇发展功能适宜性评价

对习水县城镇发展功能适宜性各项指标进行归一化处理，利用 ArcGIS 软件进行结果分类和图示化表达，结果如图 7-9 所示。

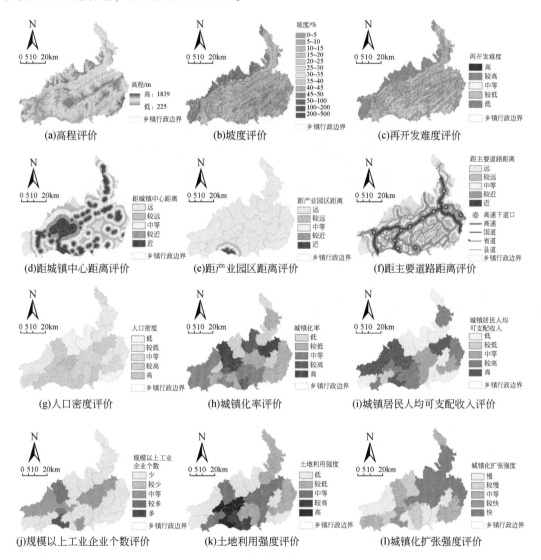

图 7-9 城镇发展功能适宜性单因子评价

由评价结果可知，习水县城镇功能的集中程度较高，城镇功能主要分布在经济发展较好的乡镇中，集中分布于县域中部地区，其中以中心城区、温水镇、习酒镇的城镇发展功能适宜性指数最好，适宜发展城镇功能；而同民镇、程寨镇、桃林镇、双龙乡的城镇发展功能适宜性指数较低，其不适宜发展城镇功能的土地面积占比较大。此外，高适宜地区主要分布在道路发达、人口密度较高的区域（图7-10）。

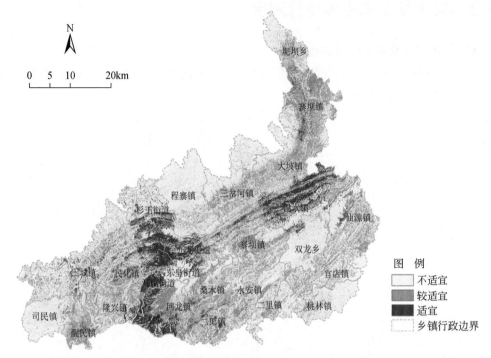

图 7-10　城镇发展功能适宜性评价结果

（2）农业生产功能适宜性评价

对习水县农业生产功能适宜性各项指标进行归一化处理，利用 ArcGIS 软件进行结果分类和图示化表达，结果如图 7-11 所示。

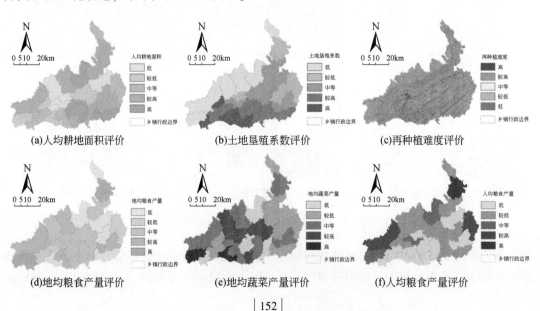

(a)人均耕地面积评价　　　(b)土地垦殖系数评价　　　(c)再种植难度评价

(d)地均粮食产量评价　　　(e)地均蔬菜产量评价　　　(f)人均粮食产量评价

(g)设施农业占比评价　　　　(h)永久基本农田评价

图 7-11　农业生产功能适宜性单因子评价

　　由评价结果可知，习水县多数乡镇都较为适宜农业生产。其中，习水县永久基本农田分布广泛，基本农田内的土地均为适宜农业生产；而不适宜农业生产的地区主要集中在杉王街道、九龙街道、程寨镇、三岔河镇、双龙乡等乡镇，这些地区的土地垦殖系数较低，土地再种植难度大（图 7-12）。

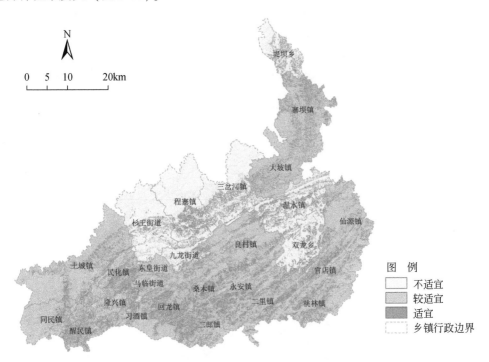

图 7-12　农业生产功能适宜性评价结果

（3）生态保育功能适宜性评价

　　对习水县生态保育适宜性各项指标进行归一化处理，利用 ArcGIS 软件进行结果分类和图示化表达，结果如图 7-13 所示。

　　由评价结果可知，习水县全域生态保育功能分布广泛，北部地区生态保育功能较为突出，其中以同民镇、程寨镇、土城镇、杉王街道的适宜生态保育功能占比较大，其余乡镇均分布有不同面积的适宜生态保育功能（图 7-14）。

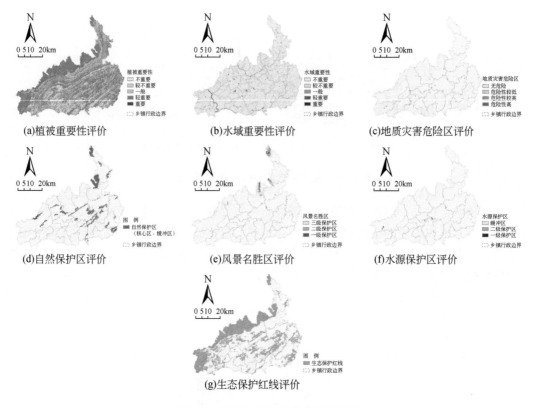

图 7-13 生态功能适宜性单因子评价

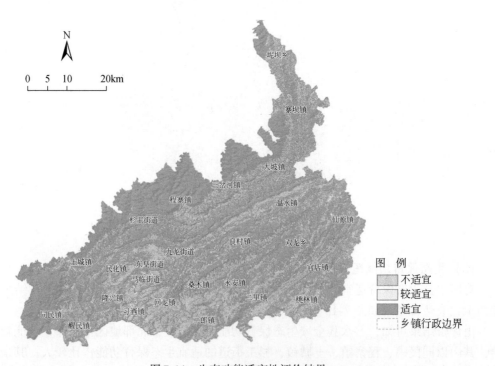

图 7-14 生态功能适宜性评价结果

(4) 乡镇主导功能确定

综合上述三类功能适宜性评价结果，基于生态保育功能优先明确、农业生产功能优先利用、城镇发展功能连片集中的原则，最终形成习水县城乡地域功能集成结果（图7-15）。从评价结果上看，习水县县域以生态保育功能为主，农业生产功能广泛分布于各乡镇，而城镇发展功能集中分布于中心城区的四个街道（东皇街道、九龙街道、杉王街道、马临街道）、习酒镇、温水镇等乡镇中。

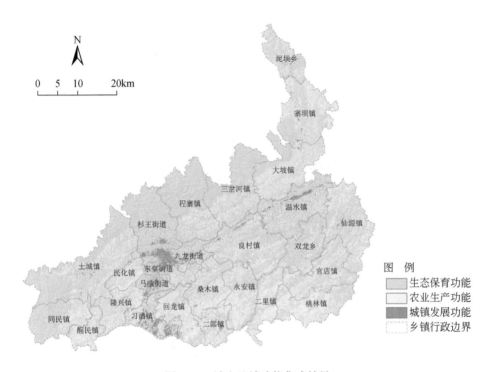

图 7-15　城乡地域功能集成结果

对习水县乡镇的各类功能主导性进行分析，分析各乡镇的某一功能的面积占县域该功能总面积的比值大小，将乡镇的各类功能主导性按比值大小分为较强、一般和较弱三个等级，依据等级高低，同时按照生态保育功能、农业生产功能、城镇发展功能的顺序确定各乡镇的主导功能（图7-16），最终形成习水县城乡融合发展单元类型评价集成结果。从集成结果上看，习水县乡镇功能以农业生产功能和生态保育功能为主，城镇发展功能占比较小。主导功能为城镇发展功能的乡镇包含东皇街道、九龙街道、马临街道、习酒镇和温水镇；主导功能为农业生产功能的乡镇包含民化镇、隆兴镇、醒民镇、回龙镇、桑木镇在内的10个乡镇，主要分布在习水县南部地区；主导功能为生态保育功能的乡镇包含杉王街道、程寨镇、三岔河镇、大坡镇等10个乡镇，主要分布于习水县北部以及中部部分地区（图7-17）。

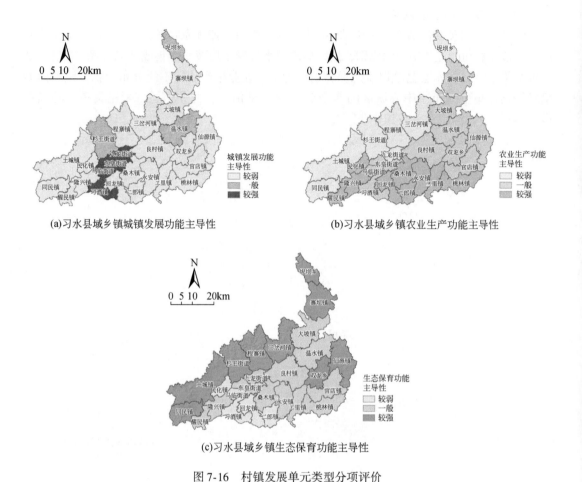

(a)习水县域乡镇城镇发展功能主导性   (b)习水县域乡镇农业生产功能主导性

(c)习水县域乡镇生态保育功能主导性

图7-16 村镇发展单元类型分项评价

7.5.3 习水县乡镇中心性测度

依据引力模型公式分别计算得出习水县域 26 个乡镇之间的宏观社会经济联系、中观设施场所联系和微观人口活动联系，共计 325 对，并借助自然断点法将其分为五个等级（图7-18）。从联系度结果上看，中心城区的四个街道（东皇街道、九龙街道、马临街道、杉王街道）对外联系度最高，而乡镇的联系度数值较低。从空间分布上看，习水县西部、中部地区的乡镇对外联系度较高，且三类设施场所的空间分布格局存在一定的相似性。统计各类场所的联系度总量可以发现，社会经济联系度差异较小，设施场所联系度和人口活动联系度差异明显；中心城区的四个街道联系度数值过高，而各乡镇数值偏低；在中心城区四个街道中，东皇街道、九龙街道、杉王街道各类联系度数值均较为突出。

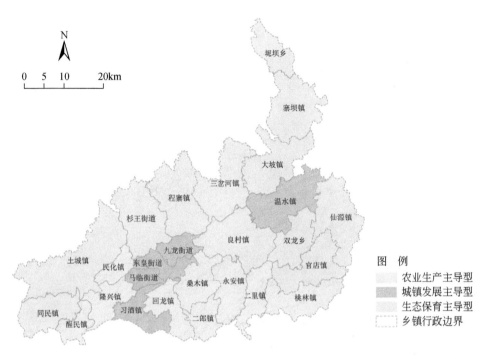

图 7-17　村镇发展单元类型评价集成结果

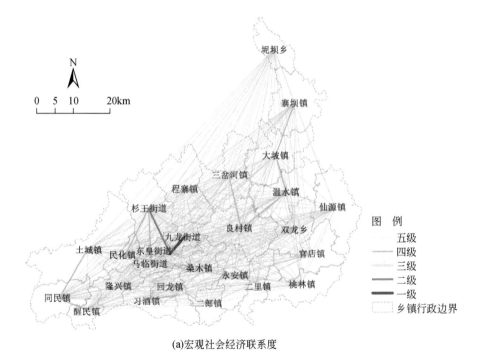

(a)宏观社会经济联系度

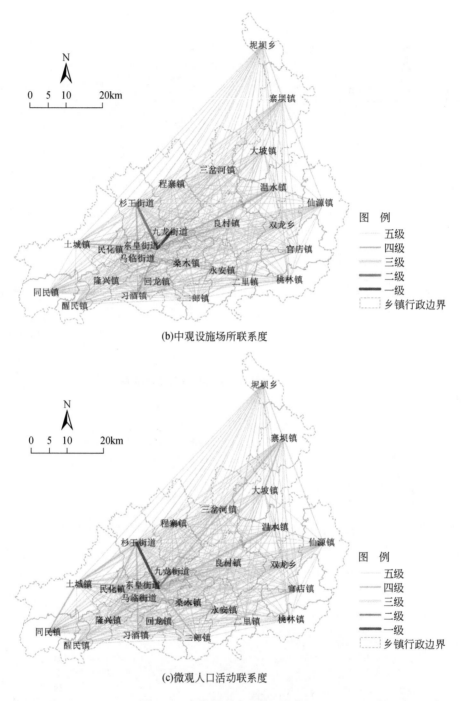

(b)中观设施场所联系度

(c)微观人口活动联系度

图7-18　各类场所中心性评价结果

　　进一步对上述三类结果进行归一化处理后，计算汇总26个乡镇的联系总量，用以表征各县域单元在城市群中的对外联系能力及地位（图7-19和表7-11）。从综合联系度上看，东皇街道的综合联系度最高，而第二位的九龙街道综合联系度远不及东皇街道，各乡镇间的综合联系度数值较低且差异较小。借助自然断点法将综合联系度分为五个等级，一级为东皇街道、九龙街道、杉王街道，二级为马临街道，三级为习酒镇、回龙镇、良村镇、温水镇、土城镇，四级为同民镇、隆兴镇、民化镇等9个乡镇，五级为程寨镇、二里镇等8个乡镇（图7-20）。

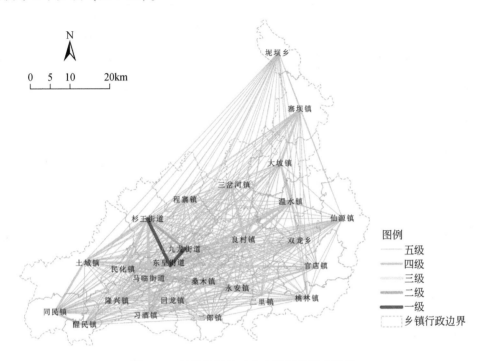

图 7-19 村镇发展单元中心性评价集成结果

表7-11 习水县域26个乡镇按城镇综合联系度划分的中心性

乡镇名称	社会经济联系度	设施场所联系度	人口活动联系度	综合联系度（归一化处理）	等级划分
东皇街道	438.74	1 246.219	39 812.755	1.000 0	1
九龙街道	364.72	857.124	13 835.595	0.631 1	1
杉王街道	169.03	471.256	26 863.307	0.517 1	1
马临街道	54.22	34.490	320.006	0.140 3	2
习酒镇	25.98	3.679	1 038.426	0.123 5	3
回龙镇	22.81	2.660	179.915	0.114 6	3
良村镇	21.49	8.489	300.524	0.116 4	3
温水镇	19.34	9.174	280.803	0.115 2	3
土城镇	16.81	4.323	951.632	0.117 6	3
同民镇	15.74	1.846	245.188	0.110 9	4
隆兴镇	14.08	1.501	228.577	0.109 7	4
民化镇	13.12	3.249	308.728	0.110 1	4
大坡镇	12.50	2.432	163.296	0.108 4	4

乡镇名称	社会经济联系度	设施场所联系度	人口活动联系度	综合联系度（归一化处理）	等级划分
桑木镇	12.06	2.613	155.156	0.108 1	4
醒民镇	11.61	0.904	60.730	0.106 7	4
三岔河镇	11.21	1.786	115.176	0.107 1	4
二郎镇	9.75	1.533	304.712	0.107 6	4
寨坝镇	9.73	2.530	352.207	0.108 2	4
程寨镇	8.83	1.068	87.739	0.105 2	5
二里镇	6.47	0.557	67.171	0.103 4	5
永安镇	6.30	0.543	97.893	0.103 5	5
官店镇	6.16	0.485	30.472	0.102 9	5
仙源镇	5.46	1.541	80.443	0.103 1	5
双龙乡	4.49	0.178	23.731	0.101 6	5
桃林镇	3.62	0.243	23.181	0.101 1	5
坭坝乡	2.09	0.366	19.803	0.100 0	5

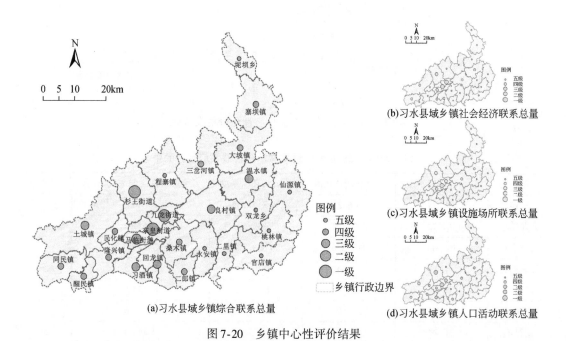

(a)习水县域乡镇综合联系总量

(b)习水县域乡镇社会经济联系总量

(c)习水县域乡镇设施场所联系总量

(d)习水县域乡镇人口活动联系总量

图7-20　乡镇中心性评价结果

7.5.4　习水县乡镇场所网络测度

基于单元类型和单元中心的研究结论，运用引力模型测度各功能类型下中心乡镇的网络联系度，得到结果如图7-21所示。

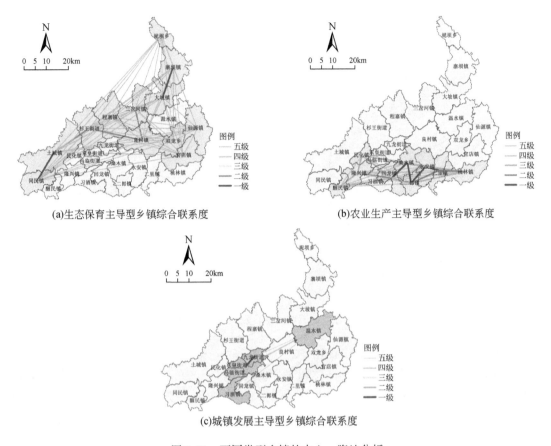

(a)生态保育主导型乡镇综合联系度   (b)农业生产主导型乡镇综合联系度

(c)城镇发展主导型乡镇综合联系度

图 7-21   不同类型乡镇的中心—腹地分析

在城镇发展功能主导的乡镇中，呈现出中心城区的强关联性的特征。中心城区的四个街道之间联系较为密切，其中东皇街道与九龙街道联系最为密切，其他乡镇则与东皇街道联系较为密切。温水镇由于距离中心城区较远，对外联系强度较低。

在农业生产功能主导的乡镇中，呈现出邻近乡镇强关联性的特征。南部地区的乡镇联系强度较高，尤其以桑木镇、永安镇、二郎镇、二里镇之间的联系强度最高，而桃林镇、二里镇之间以及隆兴镇、醒民镇、民化镇之间也存在较强联系。

在生态保育功能主导的乡镇中，各乡镇间的关联性较弱，邻近乡镇之间存在一定程度的联系度，其中以同民镇、土城镇之间以及大坡镇、寨坝镇之间的联系度较为显著，另外杉王街道与土城镇、良村镇之间也存在一定程度的关联性。

7.5.5   习水县村镇发展单元范围划定

根据习水县乡镇中心性等级，1~4 级的乡镇均可为村镇发展单元的中心乡镇，测度这些中心乡镇的联系度辐射范围划定村镇发展单元。从划分结果来看，习水县域共划分村镇发展单元 8 个，其中城镇发展单元 3 个，农业生产单元 2 个，生态保育单元 3 个（图 7-22）。

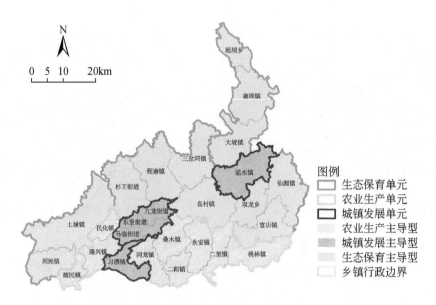

图 7-22　习水县域城乡融合发展单元划分结果

　　城镇发展单元 3 个，包含 3 个街道、2 个乡镇。由于城镇发展主导功能中的 5 个乡镇均属于中心乡镇，依据各乡镇间的区位和综合联系度划分单元。其中，习酒镇、温水镇由于区位相对独立，在空间联系上与中心城区联系较弱，故单独为 2 个发展单元，形成"单中心"体系的城镇发展单元；东皇街道、九龙街道和马临街道为一个单元，由于东皇街道、九龙街道的乡镇中心性等级为一级，该单元以东皇街道、九龙街道为中心，形成"两主一副"体系的城镇发展单元。

　　农业生产单元 2 个，包含 12 个乡镇。由于农业生产主导功能中，回龙镇、桑木镇、二郎镇、隆兴镇、民化镇、醒民镇属于中心乡镇，依据中心乡镇的区位和综合联系度划分单元。其中，回龙镇、桑木镇、二郎镇共同组成一个发展单元中心，由于回龙镇的乡镇中心性等级加高，该单元以回龙镇为主中心，形成"一主两副"体系的农业生产单元，辐射永安镇、二里镇、桃林镇、官店镇、仙源镇、双龙乡 6 个乡镇；隆兴镇、民化镇、醒民镇共同组成一个发展单元中心，3 个乡镇同属四级中心性等级，因此该单元内无明显的发展中心，总体形成"多中心"体系的农业生产单元。

　　生态保育单元 3 个，包含 1 个街道，12 个乡镇。其中，杉王街道、良村镇、三岔河镇共同组成一个发展单元中心，由于杉王街道的乡镇中心性等级较高，该单元以杉王街道为中心，形成"一主两副"体系的生态保育单元，辐射三岔河镇、程寨镇、双龙乡、官店镇、仙源镇 5 个乡镇；大坡镇、寨坝镇共同组成一个发展单元中心，由于大坡镇、寨坝镇同属于四级中心性等级，该单元内无明显的发展中心，总体形成"双中心"体系的生态保育单元，辐射坭坝乡；土城镇单独为一个发展单元中心，形成"单中心"体系的生态保育单元，辐射同民镇（表 7-12）。

表 7-12　习水县域城乡融合单元划分一览表

单元类型	单元核心	辐射范围	单元中心体系类型
城镇发展单元（3个）	东皇街道（一级）	—	两主一副
	九龙街道（一级）		
	马临街道（二级）		
	习酒镇（三级）	—	单中心
	温水镇（三级）	—	单中心
农业生产单元（2个）	回龙镇（三级）	永安镇、二里镇、桃林镇、官店镇、仙源镇、双龙乡	一主两副
	桑木镇（四级）		
	二郎镇（四级）		
	隆兴镇（四级）	—	多中心
	民化镇（四级）		
	醒民镇（四级）		
生态保育单元（3个）	杉王街道（一级）	三岔河镇、程寨镇、双龙乡、官店镇、仙源镇	一主两副
	良村镇（三级）		
	三岔河镇（四级）		
	土城镇（三级）	同民镇	单中心
	大坡镇（四级）	坭坝乡	双中心
	寨坝镇（四级）		

第8章 基于"发展单元"的 县域村镇聚落体系规划方法

村镇发展单元是城乡要素和资源整合，统筹城乡功能的重要空间载体和纽带。本章基于城乡融合发展的背景，提出以"发展单元"为基础重构村镇聚落体系，依据单元类型的不同，其体系等级、空间结构、功能布局和公共服务配套等规划要素的重构也应不同。

8.1 城镇发展单元的村镇聚落体系规划方法

城镇发展单元是以城市化和工业化发展为动力，四化高度同步发展、城市和乡村融合发展的地域空间。单元核心以先进制造、交通枢纽、商贸流通、文化旅游等功能驱动，以核心区的产业升级和设施完善，形成对各层级集聚中心的辐射和影响。单元其他各级村镇通过产业分工和设施共享，与单元核心形成紧密联系。最终城镇发展单元内形成职能分工有序、空间结构协调、功能布局合理、设施服务高效的"产居一体"导向的人居单元。城镇发展单元发展的内涵是关注"产、镇、人"三要素良性互动发展。

城镇发展单元按照单元内有无工业园区可以分为两类。第一类为位于城区/镇周边的"综合服务型"城镇单元，依靠城区强大的辐射带动力，带动乡村地区城镇化，最终形成城乡产业、经济、人口综合发展，城乡地区全面城镇化的模式（王海滔等，2017；邬轶群等，2022）。第二类为有工业发展基础和优势的"产业园区型"城镇单元，以产业为保障，提供更多的就业机会，最终形成产业链完备和生产生活配套完善的产镇融合发展模式（陈雪等，2016；耿虹等，2018）。

8.1.1 体系等级优化：镇村扁平化

城镇发展单元的城镇化、工业化水平较高，该类单元的发展往往依托新城建设，重大工业项目或者基础设施建设等实现单元内部的整体发展与就地城镇化。在全域城镇化的发展目标下，镇村得到全面发展，镇与镇之间、村与村之间的差别并不大，"中心村与基层村"并不存在人口流动的网络关系（黄亚平等，2022）。因此，城镇发展单元的城镇体系和村镇体系的规模等级并不显著，传统"中心镇——一般镇—中心村—基层村"的规模等级结构难以适应现在的发展（曹象明和周若祁，2008；顾朝林等，2008；陶小兰，2012），村镇聚落体系逐渐呈现出典型的扁平化趋势。

对于"综合服务型"城镇单元而言，单元中心镇以先进制造、交通枢纽、商贸流通、文化旅游等功能驱动，承接城市中重大工业项目或者基础设施建设等功能的外移，实现单元中心镇的空间拓展和城镇化水平提升。与此同时，单元中心镇通过引入城市高端职能，提升单元的公共服务水平,从而实现单元的整体发展与就地城镇化。通过中心城镇的城市化地域空间拓展,辐射带动周边经济社会发展潜力较大的村镇,使其经济、社会、文化、居住风貌等真正植入城市、与城市协同共生、一体化发展,真正实现农民的就地市民化(张永姣和曹鸿,2015),并在考虑单元内全盘城镇化目标的基础上,建设新型农村社区,使单元内乡村融入城区一体化发展。因此城镇发展单元将会逐步形成以单元中心镇为核心的"单元中心镇—商贸特色镇—新型农村社区"的单元镇村体系,形成城乡高度融合的区域(图8-1)。其中,单元中心镇是职能复合、公共服务多元和空间形态现代化水平最高的节点。商贸特色镇是单元内城市化水平较高的空间节点,主要起到促进乡村人口就地城镇化和阶梯化发展的作用。新型农村社区是将"中心村—一般村"的居民安排到一起集中居住的社区模式,通过建立集中式的农村社区可以推动乡村人口城镇化,实现农村人口的高效管理和空间的高效利用。

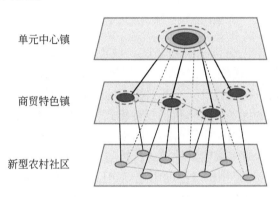

图 8-1 "综合服务型"城镇发展单元的村镇体系等级优化

对于"产业园区型"城镇单元而言,《关于"十四五"推进沿黄重点地区工业项目入园及严控高污染、高耗水、高耗能项目的通知》中提到"产业入园"的集约化发展要求。工业入园促进了单元内部的工业化集聚发展,又以工业化发展促进城镇化建设,从而带动单元的整体发展。相较于第一类发展模式,以产业园区为核心的镇村体系具有更强大就业带动水平,能更有效地引导农民非农化发展,促进人口向中心产业园区、工贸特色镇集中(向乔玉和吕斌,2014)。此类单元是产城融合发展的典型区,产业和产业配套组织协调,各类用地布局有机融合(胡滨等,2013)。此类等级体系中,为中心产业园区提供服务的次等级节点包括工贸特色镇和副中心园区。其中,工贸特色镇主要提供城镇服务功能,副中心园区则提供产业生产的原材料供应和园区拓展的空间保障。单元内的村庄则以建立集中式的农村社区模式,实现农村人口的高效管理和空间的高效利用。推动工贸特色镇和新型农村社区嵌入以单元中心镇发展为核心的区域城镇体系,最终形成网络化、流动高效的镇村体系等级。此类城镇发展单元与前一种发展类型相似,都具有高度融合的城乡发展水平。但由于单元的发展逻辑起点不同,因此会形成"中心产业园区—工贸特色镇(副中心园区)—新型农村社区"的单元城镇体系(图8-2)。其中,中心产业园区是以产镇融合发展为导向,实现产业生产和居民生活一体化的空间节点。工贸特色镇(副中心园区)是为中心产业园区提供原材料加工和城镇服务的节点。"产业园区型"城镇单元内的新型农村社区相较于"综合服务型"城镇单元的新型农村社区，增加了为园区配套服务的职能，以突出产镇融合发展的目标。

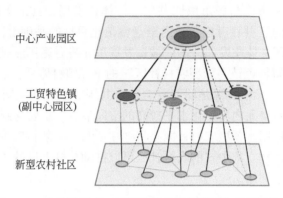

图 8-2 "产业园区型"城镇发展单元的村镇体系等级优化

  苏州是我国城乡一体化综合改革配套试点城市之一，苏州在城乡一体化实践中提出"三集中、三置换"的政策措施，重新整合了村镇资源，优化了村镇体系，以实现城乡一体化高速、高质量发展。在此背景下，苏州提出的新的村镇体系与"基层村、中心村、一般镇和中心镇"有较大的区别，具体包括三种模式：①全域城镇化。全域城镇化是指镇域范围内仅规划镇区，不再规划村庄聚落的空间模式。例如，昆山市的陆家镇整体规划为城镇建设区。近中心城区的镇多采用该种模式，镇与中心城区关系密切。②"镇—村"两级结构。"镇—村"两级结构是指镇域范围内规划镇区和村落两种聚居空间，一个镇区周边保留或设置一定数量的村庄聚落。例如，吴中区的光福镇是"镇—村"两级结构的典型代表。规划将光福镇下辖的 6 个居委会和 18 个行政村进行撤村并村、拆村并居，仅保留福利、舟山等 6 个村庄。保留村庄主要位于沿太湖风貌保护区内。③"镇—办事处—村"三级结构。"镇—办事处—村"三级结构是指镇域范围内规划镇区、办事处和村庄 3 个层级的聚居空间。城乡一体化进程中，保留原有中心镇行政职能，将一般镇去行政化，规划为办事处级的集中居民点。例如，常熟市海虞镇、福山镇与周行镇规划为福山办事处和周行办事处。

8.1.2 空间结构优化：中心发散型

  城镇发展单元内的单元中心与外围空间存在明显的核心边缘特征，单元中心居于主导地位，发散拓展区在发展中依赖于单元中心（史春云等，2007）。城镇发展单元的核心在发展初期多是具有区位优势或独特资源的城镇及其发展腹地，其发展过程是在城镇化和工业化共同推动下，通过强化要素资源配置，承接产业转移和培育增强发展动力，并结合逐渐完善的基础设施和公共服务设施形成区域要素流动集聚的中心（刘彦随，2018），即城镇发展单元的核心。另外，城镇发展单元核心区域还应加强对接大城市需求，加强规划统筹、功能衔接和设施配套，提升全县综合发展水平①。

---

  ① 《"十四五"新型城镇化实施方案》。

随着单元核心区功能日趋复合，以及发展规模限制，达到一定阶段后，将突破现有行政区划吸纳周边镇区，逐渐辐射周边商贸特色镇和新型农村社区，形成组团发散型的拓展态势。按照"圈层理论"和"点–轴开发模式"，单元核心区的城乡接合部以及在单元中心的主要发展方向或对外联系轴带沿线，将是形成外围组团的主要空间（图8-3）。外围形成的发散型组团也多是具有良好发展基础，如农产品加工、交通节点和生态旅游等功能的区域。而发散发展过程也是城乡要素交互、土地用途转换、聚落空间调整的过程。因此应加强处在核心区拓展主要方向上的工贸特色镇和新型农村社区的管理与规划，加强农村建设用地的盘活，有效承接核心区的功能拓展，以彰显其土地资产价值。

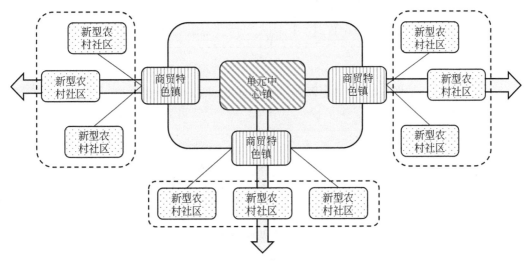

图8-3 "综合服务型"城镇发展单元的空间结构优化

以产业园区为核心的"中心产业园区—工贸特色镇（副中心园区）—新型农村社区"的单元城镇体系中，则根据"集聚–扩散"理论，通过"工业入园"建设过程，以具有高附加值和高就业带动水平的中心产业园区形成单元核心。此种模式的产业园区多位于城镇规划区内，环境污染小、对劳动技术要求较高且多发展与城镇联系密切的产业。产业园区也可以直接借城镇基础设施获得良好的发展基础，并且吸收城镇居民和周边乡村村民为园区劳动力，实现园区扩大发展。

随着中心产业园区规模增长和用地条件的限制，中心产业园区依托外围有产业基础优势的工贸特色镇为载体发散拓展。其中，工贸特色镇一方面为中心产业园区提供居住、公共服务等配套功能，另一方面可以依托原材料开采形成以初加工为主要功能的副中心产业园区。中心产业园区的发散拓展主要依托区域性交通干道或单元内主要的对外联系通道，形成组团式的空间拓展结构（图8-4）。

以江苏中关村科技产业园乡村振兴暨美丽乡村规划为例，对上述内容进行说明。在规划的分区引导中，将中关村分为三个片区，分别为东部产村融合活力社区、西部山水田园休闲部落、北部人文水乡宜居村落。在空间结构上形成了以中关村核心园区为中心的"一心，三片区"的中心发散型结构（图8-5）。三片区在一定程度上为中心城区和园区核心疏解了人口与就业压力。其中，北部人文水乡宜居村落，位于中关村北部，该区水网密

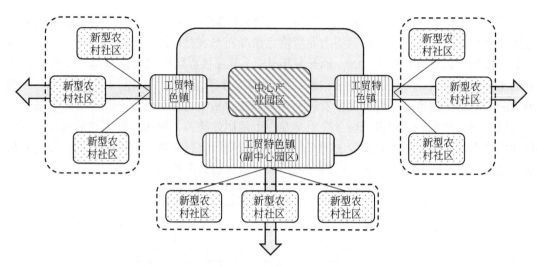

图 8-4 "产业园区型"城镇发展单元的空间结构优化

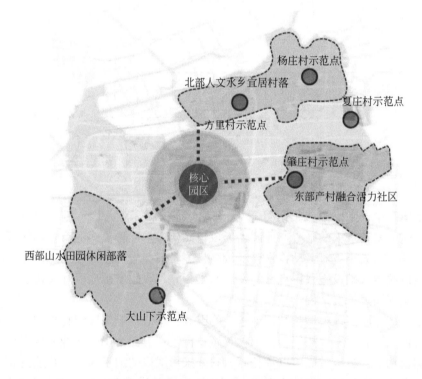

图 8-5 溧阳市中关村中心发散型空间结构

资料来源：《江苏中关村科技产业园乡村振兴暨美丽乡村规划》，江苏中关村科技产业园管理委员会

布，村庄依水而建，具有江南水乡的村落布局，规划依托该地区的历史人文资源、水系资源与特色村庄，将其打造为中关村北部人文水乡宜居村落；东部产村融合活力社区，位于中关村东部，现状以城中村为主，着力完善该区域基础设施建设与公共服务设施配套，近期以综合环境整治为主，远期对拆并村庄进行统一规划，植入功能，激发村庄活力，将其

打造为产村融合示范区；西部山水田园休闲部落位于中关村西部，以新昌村、胡桥村及陶家村三个行政村为主，该区地势多为丘陵山地，植被覆盖率高，自然景观资源较为丰富，村居依山而建、沿水而聚，形态自然。规划依托该地区的特色山水资源与田园风光，将其打造为城市近郊乡村田园综合体。

8.1.3 功能布局优化：产镇融合布局

"综合服务型"城镇发展单元将形成都市发展区、都市扩展区、都市农业区、特色农业区等不同功能区（图8-6）。其中，①都市发展区是与周边大城市资源优势互补，城乡要素流动顺畅流动和优化组合的功能区。都市发展区强调功能构成复合，主要包括外部承接和内部培育的产业生产功能、以职住一体为主要目标的城市综合居住区、为居住功能配套服务的商服功能区、一二三产业融合发展的文化旅游和会展博览等功能。②都市扩展区是在考虑城乡空间扩展成本基础上，以单元中心镇对外联系主要轴线上或城镇边缘地区形成的具有复合化倾向的城镇功能区（穆松林，2016）。都市扩展区以乡村休闲娱乐、观光农业和可负担住宅为主要功能。③都市农业区主要居住人群是从事农业生产的农民。因此，该功能区以服务农民生产生活需求的功能为主（陈振华等，2014），主要包括农业生产、生产加工、物流仓储等服务于农业生产的功能区，以及为农民生活服务的居住和公共服务区。④特色农业区是以农业耕作与教育、观光旅游为主要功能的对外开放式农业区。其主要功能包括观光农业、农事体验、农业博览和手工体验等功能。

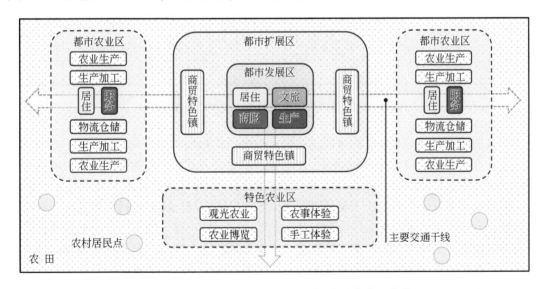

图8-6 "综合服务型"城镇发展单元的功能布局优化

"产业园区型"城镇发展单元将形成产业园区、服务配套区、副产业园区、都市农业区、特色农业区等不同功能区（图8-7）。其中，①产业园区是依托工业企业，集产品研发、展销、生产和物流仓储为一体的产业集中区。产业园区一般有传统产业园区和创意产业园区两种（乔显琴，2014）。传统产业园区是依托城镇单一优势资源，充分利用城镇市场、交通优势，开发形成的工业园区空间分布以集中分布为主。创意产业园区则是在规模较大的城镇中形成的以主导产业为核心，产业链延伸产业为补充的产业集聚区。后者相较于前者，具有规模大、产业结构复杂和布局集约等特点。现代产业发展的智力资源密集、规模较小和信息网络化的特点决定了园区功能的综合性。②服务配套区是居住功能、生产服务功能和生活服务功能等融合集中片区，最终形成以产业园为核心，以文化娱乐、员工居住、商务为配套的融合功能区（向乔玉和吕斌，2014）。③副产业园区是产业园区原材料供应和规模拓展的区域。其中，传统产业园区生产加工的原材料多依赖于本地供给，以降低其生产成本。因此在其周边会形成以原材料开采和储存为主要功能的副产业园区。该等级体系下的都市农业区和特色农业区与以单元中心镇为核心的等级体系下的同类功能区功能布局相似，此处不再赘述。

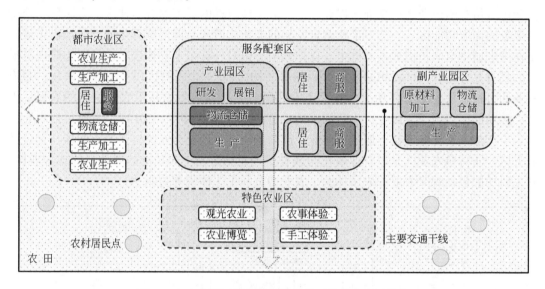

图 8-7 "产业园区型"城镇发展单元的功能布局优化

两类功能布局在空间上反映特征是点轴式与组团式相结合的布局模式。由"单中心"向"多中心"发展模式转变是推动城乡融合发展的重要方式，因此为推动单元内城乡融合发展，单元内将在空间上形成不同等级的功能组团，作为推动就地城镇化的主要空间载体。组团类型可以分为两类，一类是以城镇化快速发展区域，主要包括都市发展区、都市扩展区、产业园区、服务配套区等功能区，发展中应注意对接大城市产业功能转移，合理布置建设用地，引导人口和产业功能集聚，并注重基础设施和公共服务设施建设；另一类则是以生态环境保护和农业生产加工为核心的外围发展组团，发展重点则是强调在粮食生产和生态资源保护基础上，推动农业和生态资源资本化，发挥土地综合价值。点轴式发展则是在考虑发展单元经济基础和限制条件的基础上，依托主要线性基础设施形成的核心功能拓展模式。

本书以溧阳中关村扩区概念规划为例，对上述内容进行说明。在溧阳中关村扩区概念规划中，其核心构思之一为"组团成长——六大分区、产城协调"，规划采用组团式的功能布局模式对溧阳中关村扩区的功能进行组织，在溧阳中关村中形成 6 个产城融合板块，分别是北拓板块、城东板块、产城板块、溧江板块、西拓板块、南渡板块（图 8-8）。再通过组团成长的模式将 6 个产城融合板块分解为 21 个产城组团，分为 9 个产业主导组团和 12 个生活主导组团。其中，南渡板块由 2 个产业组团和 1 个生活组团组成；北拓板块由 2 个产业组团、1 个康养组团和 2 个生活组团组成；西拓板块由 1 个生活组团和 1 个物流组团组成；产城板块由 2 个生活组团、2 个产业组团和 1 个科研组团组成；溧江板块由 1 个生活组团组成；城东板块由 2 个生活组团和 1 个产业组团组成。

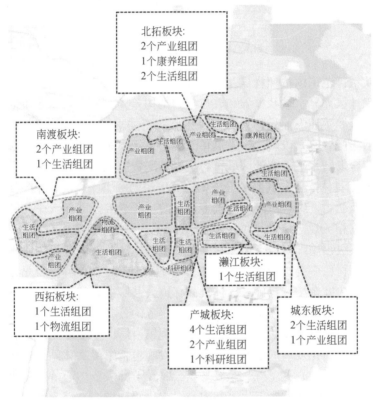

图 8-8 溧阳中关村组团式功能布局

资料来源：《溧阳中关村扩区概念规划》，深圳市城际联盟城市规划设计有限公司

8.1.4 公共服务设施优化：加强生活与园区设施配套

"综合服务型"城镇发展单元的村镇体系中，公共服务设施配置遵循以下原则：实行单元中心镇、商贸特色镇和新型农村社区分级错位配置、相互补充的配套模式，有序推动基础设施和公共服务设施共建共享、互联互通。城镇发展单元一般是县域范围内城市化水平较高且基本配套设施相对完善的区域，因此城镇"生活圈"内的公共服务设施配置应当在相关规范基础上，按照高质量、高标准、个性化和差异化的原则进行配置，以满足单元内居民的需求。参考马斯洛需求层次结构，相比农业生产单元和生态保育单元，城镇发展单元内的生活型服务设施按照较高需求层次进行配置（图 8-9）。

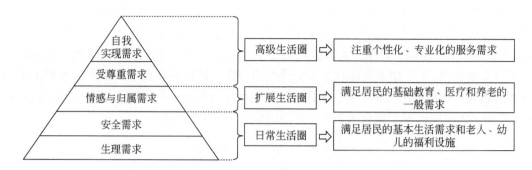

图 8-9 城镇"生活圈"与马斯洛需求层次关系

单元中心镇镇区范围内按照社区生活圈配建标准构建分级分类的公共服务设施体系。设施配置需尊重地区差异、城乡差异和人口年龄结构差异，加强对城乡不同使用人群的需求进行分析，尤其要关注农业转移人口市民化后的新需求（赵毅等，2015）。因此要在单元中心镇镇区适当配置冗余设施，为发展单元中心镇规模拓展和人口增长预留空间。由于单元中心镇是综合发展水平较高的区域，各类设施配置应在相关规范基础上选择上限配置（于涛等，2010）。具体配置公共服务设施则为高等级的图书馆、文化馆、博物馆、体育馆及体育场、高中及初中、综合医院及合类专科医院、养老院及老年大学、儿童福利院等设施。具体规模根据相关规范配置。

商贸特色镇层级设施配置需考虑镇村共享，由于镇区公共服务设施水平高于新型农村社区内设施配置，村民多会选择镇区公共服务（赵万民等，2017），因此在该层级设施配置时应适当考虑人口冗余配置设施，以体现高标准公共服务设施配置。同时，考虑某些具有工业加工生产的城镇，其应当配置为产业人口服务的公共服务设施。商贸特色镇应以基本公共服务为基础，通过个性化服务设施配置实现镇村居民生活品质化的目标，提高服务设施水平，走内涵品质化发展的道路。具体配置设施包括镇级文化站、镇级体育馆和体育公园、文体中心、镇级中心卫生院、镇级老年公寓及殡葬服务中心等。为生产服务的设施则包括产业区服务中心、产业区卫生服务中心、文化活动中心、综合运动场、企业办证窗口、个人办事窗口等。

新型农村社区则按照乡村生态圈配建标准构建乡村公共服务设施体系（表 8-1）。乡村生态圈以同等的城乡服务水平为准则。由于乡村地区地广人稀，新型农村社区的公共服务设施配置内容较城镇可能会少一些，但配置项目的人均指标可能需略高一些，以达到服务水平和效果同等。乡村生态圈是从满足乡村居民生产、生活需求角度，结合乡村居民的日常出行规律形成的乡村地理活动单元。因此根据新型农村社区人口的特点和生产生活习惯，新型农村社区建设应以低成本、兼顾农业生产为原则，提出配置水电气等代收代缴网点、网络设施、卫生服务站、综合文化活动室、全民建设广场、污水处理设施、垃圾收集点、公厕、社区综合服务管理工作站、幼儿园、农贸市场、日用品超市、农资放心店、公共停车场等公共服务设施。在山地地区，可根据地形条件，增加乡村生态服务圈的服务范围。

表8-1 乡村生态圈服务设施配置表

类型	等级	服务范围		设施清单	
		服务半径	服务人口	基础保障设施	品质特色设施
乡村生态圈	15min 乡村生态圈	1500m	0.3万~0.5万人	水电气等代收代缴网点、网络设施、卫生服务站、综合文化活动室、全民建设广场、污水处理设施、垃圾收集点、公厕、社区综合服务管理工作站、幼儿园、农贸市场、日用品超市、农资放心店、公共停车场等	社会组织和志愿者服务办公室、民俗活动点、金融服务站自主设施、工具房

"产业园区型"城镇发展单元的村镇体系中,公共服务设施配置遵循以下原则:围绕城镇化、工业化功能,加强综合服务、商贸物流和工业配套等设施配置。生产服务设施贯穿于企业运营链的各个环节,应根据企业运营链设置相应的基础服务设施和增值服务设施(向乔玉和昌斌,2014)。产业园区应考虑"研发—中试—采购—生产—展销—物流"全产业链的服务设施配置,根据产业链不同环节和城镇体系的不同级别,差异化各类服务(图8-10)。中心产业园区将在产业链全环节提供信息服务、技术服务、投融资服务、专业服务、市场服务和运输服务等;工贸特色镇(副中心园区)将在生产、展销和物流环节提供专业服务、运输服务和生活服务;新型农村社区将为园区提供生活服务。在产业园区规划初期可预留生产服务设施用地,并随着产业链的成长,不断完善设施配置。在产业园区按照就业生产圈配置公共服务设施,并根据产业园类型差异化配置服务设施。

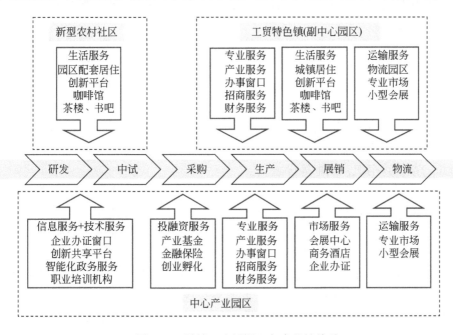

图 8-10 城镇"生活圈"与产业链关系

针对园区型单元中心,提出以就业生产圈为核心配置服务设施。改变传统产业园区过度强调生产空间、职住分离的情况。以产城融合发展为理念，强调生活空间，更加关注企业高管、中层管理人员和产业工人的实际需求，差异化配置基础保障设施和品质特色设施两类服务设施，提高设施服务水平。鼓励创新产业园区按基础保障设施作为底线设施配置，品质特色设施根据各片区自身特色挑选配置，同时预留一定建筑面积保障未来设施落地（表8-2）。

表8-2 就业生产圈公共服务设施配置表

等级	类型	设施清单	
		基础保障设施	品质特色设施
中心产业园区	高级就业生产圈	办事处、派出所、产业区服务中心、产业区卫生服务中心、文化活动中心、综合运动场、产业区公交首末站、开闭所、企业办证窗口、个人办事窗口、商场、电影院、银行	职业培训机构、专项体育场、星级商务酒店、创新共享平台、小型会展中心
工贸特色镇（副中心产业园区）	一般就业生产圈	教育托管中心、产业区公共餐厅、药店、便利店、物流网点、健身房	智能化政务服务设备、咖啡馆、茶楼、书吧、酒吧、创意集市

1）中心产业园区按照高级就业生产圈配置高层级产业服务设施。具体配置基础保障设施，包括办事处、派出所、产业区服务中心、产业区卫生服务中心、文化活动中心、综合运动场、产业区公交首末站、开闭所、企业办证窗口、个人办事窗口、商场、电影院、银行；以及品质特色设施，包括职业培训机构、专项体育场、星级商务酒店、创新共享平台、小型会展中心。

2）工贸特色镇（副中心产业园区）按照一般就业生产圈配置一般性的产业服务设施。具体配置基础保障设施，包括教育托管中心、产业区公共餐厅、药店、便利店、物流网点、健身房；以及品质特色设施，包括智能化政务服务设备、咖啡馆、茶楼、书吧、酒吧、创意集市。

3）新型农村社区则是在满足乡村居民生产、生活需求基础上，在邻近产业园区的乡村可配置服务产业生产的服务设施，具体包括多元的居住空间及创新平台、小型展览中心、咖啡馆、茶楼、书吧、酒吧等设施。

以《成都天府国际空港新城基本公共服务圈规划》为例，对上述内容进行说明。在《成都天府国际空港新城基本公共服务圈规划》中，其核心构思是构建基本公共服务圈，即以15min出行时间为界限，配置能够满足该区域内居民日常生活、生产所需的基础性公共服务设施（图8-11）。结合空港新城实际，居住片区划分社区生活圈，产业片区划分就业生产圈，镇村片区划分乡村生态圈。空港新城产城融合理念下，就业生产圈内除了布局在产业用地外，也布局了服务于产业生产的服务设施和居住用地，以容纳一定量居住人口。其乡村生态圈按照服务半径1.5km，服务人口0.8万~1万人，划定范围5~10km²，布置包括全民健身广场、民俗活动点、水电气等代收代缴网点、网络设施、卫生服务站、综合文化活动站、垃圾收集房、公厕、小区物管用房（优先广播电视站）等服务乡村生产生活的服务设施。

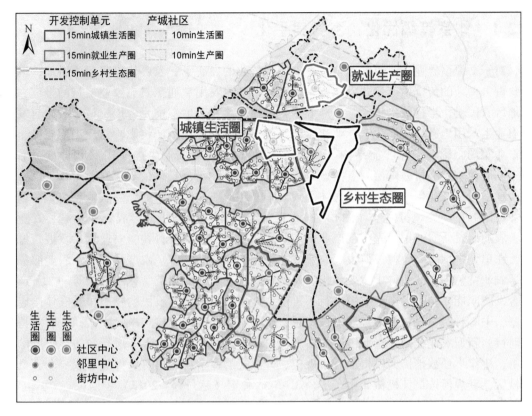

图 8-11 成都空港新城基本公服圈划分

资料来源:《成都天府国际空港新城基本公共服务圈规划》,四川省建筑设计研究院有限公司

8.2 农业生产单元的村镇聚落体系规划方法

农业生产单元具备良好的农业生产条件,以现代农业生产方式及一二三产业融合发展模式带动单元的整体发展。现代农业的生产方式即采用现代智慧化的技术装备、应用产研销一体的经营模式及信息化的管理方法,大幅度提升单元内的资源配置效率和土地生产效率。一二三产业融合发展模式即以农业产业为基础,单元中心镇及各级镇村体系紧密相连,实现"产-销-研"统筹,接二连三融合发展。

农业生产单元通常受地形地貌的影响,平原地区与山地地区的农业生产条件、生产模式有着较大差别,深刻影响着单元内镇村体系重构。一方面,平原地区的农业规模通常大于山地地区,山地有限的土地成为限制农业规模的"硬约束"(吴振方,2019)。另一方面,受地形地貌、可耕地面积、气候水文等农业生产条件的影响,平原规模化大宗农业生产模式与山地专业化特色农业生产模式在生产规模、功能布局、所需服务配套方面均不相同(李二玲等,2018)。因此,本节将对平原型农业生产单元和山地型农业生产单元进行分类探讨。

8.2.1　体系等级优化：乡村扁平化

对于平原型农业生产单元而言，在农业现代化的发展下，农民依靠步行去耕地，以人力、畜力种地的传统生产模式发生结构性转变。随着农用交通工具、农业机械的推广，平原地区农民耕作半径数倍扩大、生产效率数倍提高。农业生产单元内传统村落开始自发整合农业生产用地进行规模化、产业化生产。由于农业规模化生产将影响村庄用地规模，农业产业布局将影响镇村职能结构（曹晓腾，2020），传统农业生产模式下形成的"中心镇—一般镇—中心村—基层村"等级体系同样不再适用于规模化的现代农业生产。

在平原型农业生产单元的镇村体系规划中，应形成"单元中心镇—农业特色镇—新型农业社区"的单元镇村体系（图8-12）。现代化农业生产单元会形成农业生产、农业加工、农业研发、农业销售完整的产业链。单元中心镇常为农业科技、农业贸易发展较好的镇，在单元中承担农业科技研发、农业技能培训、农产品销售、农产品物流等农业服务职能。农业特色镇在产业链中主要承担农业物资购买、农产品加工、休闲农旅等一二三产业融合发展职能。同时，由于农民出行不再受交通条件的限制，农民购物不再受实体门店的限制，中心村对一般村的服务职能被跨越，新型农业社区将直接与单元中心镇、农业特色镇对接。新型农业社区在产业链中主要承担农业生产的职能。在不考虑行政边界限制的影响下，耕作半径数倍扩大使得原有小规模、分散式的多个自然村有条件整理成一个新型农业社区，其规模按最佳机械化生产半径3~5km确定（赵丹等，2013）。

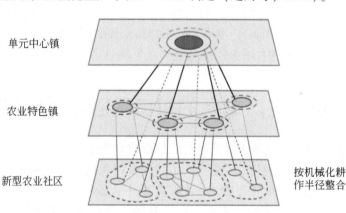

图8-12　平原型农业生产单元镇村体系

以长春国家农业高新技术产业示范区为例，对上述内容进行说明。长春国家农业高新技术产业示范区于2022年经国务院批准，片区位于公主岭市，公主岭市是全国重要的商品粮基地，基地以"松嫩平原绿色循环农业"为主题，以玉米为主导产业，依托既有村镇为主体，构建"一核多点、一带六区"的国土空间开发保护格局。在等级体系上按照现代农业发展单元体系中的"单元中心镇—特色镇镇区/一般镇镇区—新型农村社区"单元镇村体系概念，构建了类似"核心区—镇区—村庄"的三级等级体系（图8-13）。通过构建现代农业发展单元体系来整合优质的农业生产空间，便于高效化、规模化的现代农业生产活动。

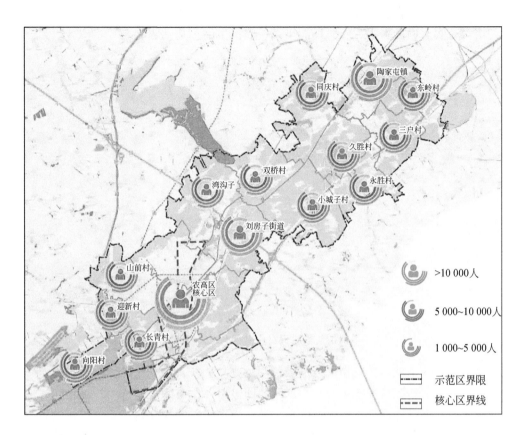

图 8-13 长春国家农业高新技术产业示范区城镇体系规划

资料来源：《长春国家农业高新技术产业示范区国土空间总体规划（2020—2035 年)》

（公开征求意见稿），长春市规划和自然资源局

与平原地区不同，山地地区分散和琐碎的耕地资源造成山地型农业生产成本高（杨春等，2022），但同时复杂地形使得山地森林资源丰富、生态资源优势明显，具备发展生态农业、绿色农业、都市休闲农业的先天条件。随着山地农机技术的发展，传统山地"块多、面小、零散分布"的农用地也出现了适度集约化、种植专业化、三维立体化的发展趋势。相较于平原地区适应新耕作半径重构的镇村体系，山地型农业生产单元应构建适应种植专业化、特色化的"单元中心镇—农业特色镇—特色农业社区—农村居民点"的单元镇村体系（图 8-14）。因山地乡村农业类型和种植结构易受到海拔、坡度等地貌条件差异的影响，农业生产布局、农业种植类型和农业耕作规模会存在较大差异（杨春等，2022），由专业化的农业服务团队提供农业结构调整、农业生产培训、农业发展等服务尤为重要。因此，在不考虑行政边界的限制下，应按照相近的地理地形条件、相近的农业生产布局，在农业特色镇中将多个小规模、分散式的自然村纳入一个特色农业社区，由农业社区统一提供专业化的农业生产服务。对于每个自然村而言，则需因地制宜按照水平条田、坡式梯田、梯台地块等形式，推动土地宜机化改造和农村居民点的适度集中。在山地型农业生产单元中，单元中心镇主要承担农产品销售、农产品物流等农业服务职能，农业特色镇主要

承担农业物资购买、农产品加工、乡镇旅游等融合发展职能，各个特色农业社区中，则承担优种培育、农业物资购买、农民技能培训、农民生活等基础职能。

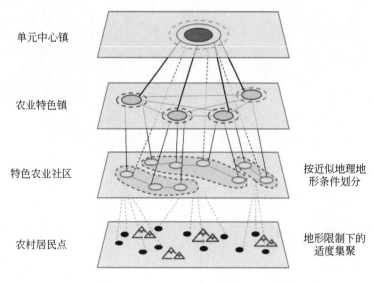

图 8-14　平原型农业生产单元镇村体系

以《阆中苍溪南部一体化协同发展总体战略规划》为例，对上述内容进行说明。阆中市、苍溪县、南部县隶属于四川省两个不同的地级市。作为体量相近、等级相同、地理毗邻的县市，阆苍南以打造县域协同发展示范单元为目标，精准推动三县（市）的农业产业合作。三县（市）依托现代化农业产业链及区域交通网络，构建阆苍南"三核多点，一带十区"的农业协同发展格局。在等级体系上按照山地型农业生产单元体系中"单元中心镇—农业特色镇—特色农业社区—农村居民点"的单元镇村体系概念，构建了类似"核心区—中心镇村—农业产业园区—农产品生产基地"的四级等级体系。现今，三县（市）初步形成了苍溪红心猕猴桃、雪梨、阆中中药材、南部晚熟柑橘的环嘉陵江特色农业产业带，并搭建起阆苍南电子商务合作平台。

8.2.2　空间结构优化：区域集中型

平原型农业生产单元和山地型农业生产单元在空间上都呈现出区域集中的空间趋势，但不同的是，平原型农业生产单元的集聚规模更大、更集中，平原与山地分别呈现出单中心和多中心的空间结构。

平原型农业生产单元中将形成单中心空间结构。现代化农业生产中，生产目的及生产过程的商业化带来农业生产的规模化和社会化（何亚莉，2017）。规模化生产要求小规模、分散化的农用土地在区域范围内并集，而社会化生产要求农业生产的专业化和层级化。这使得原本家庭联产承包责任制下分散式的人地关系将向相对集约的新型人地关系转变（杜立柱和朱明，2016）。在农业生产区域集中的发展态势下，平原型农业生产单元将逐步形成"一心、多点、多区"的单中心空间结构（图 8-15）。"一心"指发展单元中心镇，是发展单元人口及产业集聚中心。根据生产力布局理论（董宇坤和白暴力，2017）和现代农业产业模式，单元中心镇常选址于与周边村镇联系紧密、现状交通便捷、可建设用地充足、有一定的农业发展基础的镇。在区域资源整合和资源要素再配置的基础上，单元中心镇将成为单元范围内最高级产业发展核心，提供产前（优种研发、农资储备与供应、农业技术培训等）、产后（包装储运、加工销售等）多元服务。"多点"指耕地资源比较集中且建设用地比较充足的农业特色镇，是单元内提供生产生活服务的功能节点。农业特色镇中，农民与耕地的紧密联系有利于拓展以农业为基础的多元产业链（杜立柱和朱明，2016），相对充足的建设用地保障了农产品加工、储藏、休闲农旅等产业延伸的可能。"多区"是通过弱化或消除原有各村聚落的行政边界，聚集生产要素，形成集聚化、规模化和品牌化的现代农业生产区。一般一个现代农业生产区由若干个新型农村社区组成（赵潇，2020）。

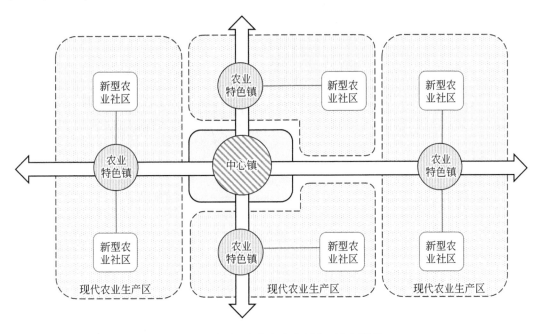

图 8-15　平原型农业生产发展单元空间结构

以临沐县店头镇为例，对上述内容进行说明。临沐县店头镇有着高效的农业基地，农田集中品质高，有利于规模化发展。在临沐县店头镇国土空间总体规划中，店头镇规划形成"一心八点"的中心型空间结构（图 8-16），其中以城镇综合服务区为中心，按照"地域相邻、产业相近、人文相亲"的原则，结合村庄分类和村民意愿，以及特色产业功能发展布局，构建半径 2km 左右、人口规模 3000～8000 人的社区生活圈，规划共设置 8 个乡村重要的服务圈，覆盖店头镇所有村庄，即"八点"。每个社区中引导搬迁撤并类村庄向镇区、社区生活圈中心集聚，合理配置产业要素，进行村庄更新，配套完善公共服务设施和基础设施，建设美丽宜居乡村。

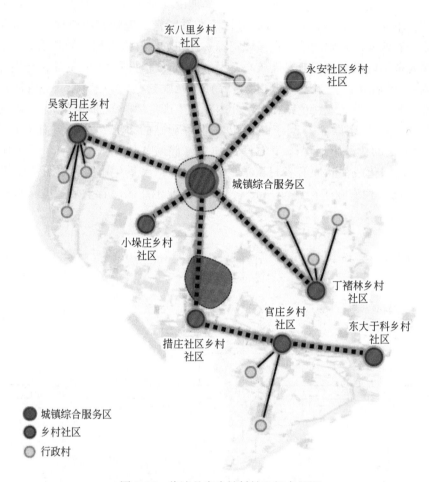

图 8-16　临沭县店头镇村镇空间布局图

资料来源：《临沭县店头镇国土空间总体规划（2021—2035 年）》，浙江大学城
乡规划设计研究院，浙江万维空间信息技术有限公司

　　山地型农业生产单元将形成多中心的空间结构。一方面，山地地区地形复杂、生态环境敏感脆弱，限制了山地镇村的大规模集中，难以在区域范围内形成统一的生产、生活服务核心。另一方面，在不同地形条件下，山地农用地专业化、特色化种植的发展趋势，要求配套在地化生产生活服务中心（杨春等，2022）。因此，山地现代农业的发展将形成"多中心、多片区、网络化"的空间结构（图 8-17）。"多中心"指在山地农业特色差异化发展模式下，形成在地化生产生活服务中心。中心常选址于交通便利、有产业发展基础的单元中心镇及农业特色镇。各中心为特色差异化农业生产区提供规范的技术模式、统一的生产规程、标准化的农产品加工销售服务及农文旅协同发展的优质服务，保障了山地特色高效农业的产品"生态性"和运作"高效性"（滕明雨等，2018）。"多片区"是按照功能产业互补、农业资源联系紧密划定的山地农业生产区。在地形限制下，山地农业生产区常采用"特色产业带+特色农业社区+农村居民点"的模式，推动优势产业向优势区域集中。常见的农业生产区类型包括山地生态农业生产区、山地绿色农业生产区、山地都市休闲观

光农业生产区（程诺，2021）。"网络化"是生产单元中依托实体交通廊道和虚拟的产业关联、信息同步形成的联系网络。山地型农业生产单元多中心网络化的空间结构有利于不同类型村镇在产业发展上的良性竞合与优势互补，带来单元的整体提升。

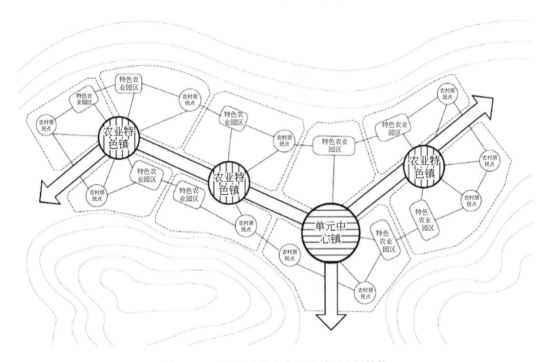

图 8-17　山地型农业生产发展单元空间结构

以百色国家农业科技园为例，对上述内容进行说明。百色国家农业科技园是全国首批21 个国家农业科技园区试点之一，位于广西百色田阳区百育镇。园区地貌层次丰富，地形北高南低，北部及中部以土山地貌及低缓丘陵为主。在园区规划中，结合山地地形地貌及农业城市主义理念，形成"一心双轴、六瓣六脉"的空间格局。其中，"一心"为五大城镇组团环绕的中部生态绿心；"双轴"即东西向河谷城镇交通轴与南北向园区综合服务轴（朱俊华等，2020）；"六瓣"即按照"地域相邻、产业相近、功能互补"原则，形成的六大核心功能区；"六脉"即依照山形地势，在园区内形成的六大山水廊道。在山地型农业生产单元中，多中心网络化的空间结构有利于单元布局随形就势和功能互补。

8.2.3　功能布局优化：工农融合布局

农业型生产单元内以农业升级型、休旅介入型村镇为主，在功能布局优化时，应结合平原与山地不同的农业现代化模式，优化单元内城镇发展区、现代农业园区和农产品加工物流区等不同功能区的布局。

平原型农业生产单元常采用规模化大宗农业生产模式，发展绿色循环的规模农业，根据《中共中央 国务院关于深入推进农业供给侧结构性改革加快培育农业农村发展新动能》

（2016年）要求落实"粮经饲统筹""种养加一体"战略，重点发展优质稻米和强筋弱筋小麦、优质食用大豆、薯类、玉米、棉花、油料、糖料等大宗农业。在平原型农业生产单元的功能布局中，应结合单元内发展大宗农产品的产业特色及集约化规模化的生产模式，科学布局单元中的大宗农业生产区、现代化农产品加工区、农产品商贸物流区、农业科技研发区和农民生活服务区。单元中心镇作为最高层级的产业发展核心和生活服务核心，需推进一二三产业的深度融合，承担农产品生产加工、关键技术研究与示范、加强农商互联，密切产销衔接等核心功能。因此在单元中心镇中需科学布局现代化农产品加工区、农产品商贸物流区、农业科技研发区、农民生活服务区，以加快培育农商产业联盟、农业产业化联合体等新型产业链主体，打造一批产加销一体的全产业链企业集群。农业特色镇作为单元内提供生产生活服务的重要功能节点，需承担农业物资购买、农产品加工、休闲农旅等一二三产业融合发展职能。因此需科学布局农业特色镇的现代化农产品加工区、冷链物流服务点、农民生活服务区、大宗农产品生产区，推动农产品初加工、精深加工、综合利用加工和主食加工协调发展，实现农产品多层次、多环节转化增值。新型农业社区中，除布局农民生活服务区外，支持发展适合家庭农场和农民合作社经营的农产品初加工，通过创新收益分享模式，提高农民参与程度，让农户分享加工、销售环节收益。对于大宗农业生产区，应充分发挥各地比较优势，落实"七区二十三带"为主体的农产品主产区生产要求，划定粮食生产功能区、重要农产品生产保护区和特色农产品优势区，严格保护农业生产空间[1]（图8-18）。

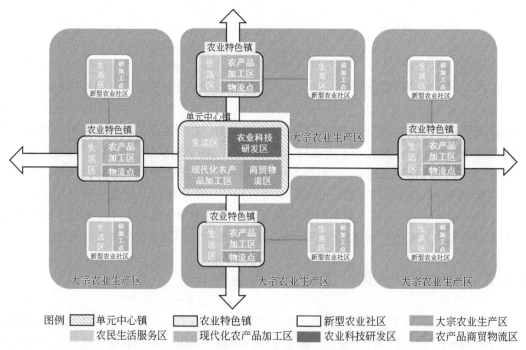

图8-18　平原型农业生产单元功能布局

---

① 《乡村振兴战略规划（2018—2022年）》。

以临沭县石门镇为例，对上述内容进行说明。在临沭县石门镇国土空间总体规划中，石门镇利用沿岸高效生态特色农业长廊，以水果、苗木和蔬菜为特色，大力发展科技农业、观光农业和休闲农业。在功能布局上采用农业发展单元中的核心式功能布局，形成"一主、一次、四片区"的功能布局，"一主"是石门镇镇区发展核心，主要升级拓展第二产业、积极发展服务性产业，完善城镇配套设施；"一次"为前庄发展次中心，镇域东部产业发展平台和生活服务中心；"四片区"分别为北部田园生态基底、东部田园生态基底、南部田园生态基底、农旅生态休闲平台四个片区。其中，北部田园基底以种养结合的现代高效农业为主体，打造以现代农业、文旅产业为核心的产业协同发展；东部田园生态基底发展以粮油、蓝莓特色农业种植为主体；南部田园基底以蔬菜林果种植为主体；农旅生态休闲平台基于特色生态节点和旅游节点，发展乡村旅游。

山地型农业生产单元常采用专业化特色农业生产模式，因地制宜发展多样性的特色农业，倡导"一村一品""一镇一业"，走质量兴农、品牌强农之路，积极发展果菜茶、食用菌、杂粮杂豆、薯类、中药材、特色养殖、林特花卉苗木等特色产业。在山地型农业生产单元的功能布局中，应结合单元内发展特色农产品的产业特点及专业化精细化的生产模式，科学布局单元中的特色农业生产区、特色农产品加工区、农产品商贸物流区、农业科技研发区、生态农旅休闲区和农民生活服务区。在山地农业特色差异化发展模式下，将由单元中心镇、农业特色镇形成多级核心对整个单元进行生产、研发、展销、农旅等一系列服务。单元中心镇除为特色农业生产区提供规范的技术模式、统一的生产规程、标准化的农产品加工销售服务外，还需推进单元内的农产品公共品牌建设，做好品牌宣传推介。单元中心镇需借助农产品博览会、展销会等渠道，充分利用电商、"互联网+"等新兴手段，加强品牌市场营销。因此，单元中心镇除布局特色农产品加工区、农业科技研发区、农民生活服务区外，还需合理布局农产品商贸物流区。对于农业特色镇而言，除提供在地化的特色农业生产、农产品加工、农业科技研发、农民生活服务功能外，还可以深入发掘山地农业型乡村的生态涵养、休闲观光、文化体验、健康养老等多种功能和多重价值，合理布局生态农旅休闲区。山地农业生产区由多个功能产业互补、农业资源联系紧密的特色农业社区构成。特色农业社区是特色农产品的标准化生产基地和优种培育基地，是生产精细化管理与产品品质控制的基础单元，需合理布局特色农产品加工区、优种培育基地、冷链物流服务点和农民生活服务区。对于在地形限制下散落的农村居民点，除布局基础的生活服务功能外，还可以创新发展具有民族和地域特色的乡村手工业，大力挖掘农村能工巧匠，培育一批家庭工场、手工作坊、乡村车间（图8-19）。

以广西兴业农业科技园为例，对上述内容进行说明。兴业农业科技园位于广西玉林市兴业县大平山镇，园区地处山地丘陵之间，经多年发展，在地形限制下，建立了多个标准化、小规模集中的农产品生产基地，以稻米、蔬菜、肉猪、土鸡为主导产业，以特色水果、茶叶和中药材等为园区特色产业（沈大炜等，2016）。在园区的功能布局中，采用山地农业生产单元的功能布局模式，结合重点种养循环产业链、特色种植产业链、农产品加工物流产业链组织园区功能。园区在"一廊、一带、两心、四区"的基础上科学布局特色农业生产区、特色农产品加工区、农产品商贸物流区、农业科技研发区、生态农旅休闲区

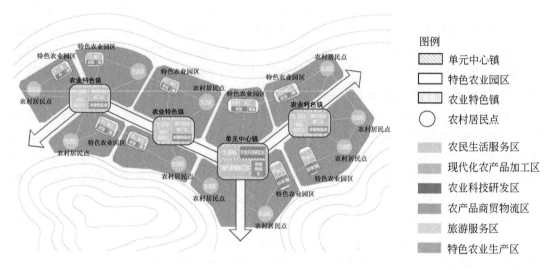

图例

▨ 单元中心镇
▭ 特色农业园区
▭ 农业特色镇
○ 农村居民点

农民生活服务区
现代化农产品加工区
农业科技研发区
农产品商贸物流区
旅游服务区
特色农业生产区

图 8-19　山地型农业生产单元功能布局

和农民生活服务区。在园区服务层面，园区设置农科研发中心和加工物流中心，组织周边种植片区、种养片区、休闲农业片区的功能板块，形成园区内农村一二三产业的融合发展模式。

8.2.4　公共服务设施优化：加强农业服务设施配套

由于平原型农业生产单元的生产模式、产业特色以及体系等级与山地型单元存在较大区别，需要有选择、差异化地匹配与发展单元相适应的特色生产服务设施。

在平原型农业生产单元中，土地的整体流转和大规模经营将带来生产生活的区域集中和层级清晰的生产生活服务需求（图 8-20）。结合平原型农业生产单元的"新型农业社区—农业特色镇—单元中心镇"单元体系、单中心的空间结构及分层级的功能布局，细化新型农业社区生活圈、农业特色镇生活圈、单元中心镇生活圈的特色生产服务设施配套（表 8-3）：新型农业社区按照最佳机械化生产半径 3～5km 范围为服务半径，在社区生活服务区周边，配备现代化农业生产的设施和适用于农产品初加工的相关设施，具体包括小型农机具储存库、小型粮食储存库、生产技能培训点等；农业特色镇生活圈以特色农业镇镇区为中心，按照机动车 30min 可达范围为服务半径。结合农业特色镇承担的农业物资购买、农产品集中加工、休闲农旅服务职能，配置农机具交易中心、大型粮食储存库、粮食晾晒场、绿色循环加工工厂、农业技术培训机构、冷链物流服务点等设施。单元中心镇生活圈以单元中心镇镇区为中心，服务整个平原型农业生产单元。结合单元中心镇承担的关键技术研究与示范、加强农商互联、推广农产品牌、密切农产销衔接等核心功能，配置商贸物流市场、农产品销售展示中心、农耕博物馆、旅游服务中心、农业科技研发基地、农业生产技能培训中心等设施。

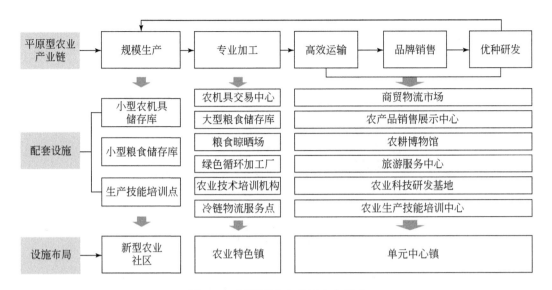

图 8-20 平原型生产单元生产模式

表 8-3 平原型农业生产单元生产服务设施配置

生活圈范围	服务范围	生产服务设施
新型农村社区生活圈	最佳机械化生产半径 3 ~ 5km	小型农机具储存库、小型粮食储存库、生产技能培训点等
农业特色镇生活圈	机动车 30min 可达	农机具交易中心、大型粮食储存库、粮食晾晒场、绿色循环加工工厂、农业技术培训机构、冷链物流服务点等
单元中心镇生活圈	整个平原型农业生产单元	商贸物流市场、农产品销售展示中心、农耕博物馆、旅游服务中心、农业科技研发基地、农业生产技能培训中心等

资料来源：根据《镇规划标准》（GB 50188—2007）及相关资料（王皓宇等，2019）整理总结。

以陕西杨凌示范区（图 8-21）为例，对上述内容进行说明。杨凌区是我国首个高新农业技术示范区，位于陕西关中平原中部，依托西北农林科技大学，构建起"校—企—村"的现代化农业发展模式（段德罡等，2019）。在基础设施和公共服务设施的配置中，示范区对基础设施采用城乡一体、分类施策的原则，以推动农村现代化进程为目标，提出全域村庄基础设施配置的标准。在公共服务设施方面，示范区采用制定底线、差异化配置的原则，按照生活圈理论、公共服务设施服务半径、村庄规模及村庄发展诉求等，差异化配置各级生活圈所需的生活服务设施和产业服务设施。其中，村庄生活服务设施的基本面包括卫生院、幸福院、图书室、村民健身广场等。村庄产业服务设施的基本面包括合作社办公室、农机服务站、职业农业培训点等。

在特色农业快速发展的背景下，山地型农业生产单元将形成专业化、特色化、立体复合化的生产模式和层级清晰的服务模式（图 8-22）。在生产单元中，按照"农村居民点—特色农业社区—农业特色镇—单元中心镇"的规划体系和职能层级，考虑山地特色农业发展模式，规划农村居民点生活圈、特色农业社区生活圈、农业特色镇生活圈、单元中心镇

图 8-21　陕西杨凌示范区产业设施一体化布局

资料来源：《杨凌城乡总体规划修编（2017—2030）》，中国城市规划设计研究院

生活圈，配套农业生产特色服务类设施（表 8-4）。农村居民点是在地形限制下散落分布的基础生活单位，也是特色农业社区下的基础生产单位。农村居民点除承担基础的农业生产、农产品初加工的职能外，还应创新发展具有民族和地域特色的手工业。在设施配备上，应设置小型农机具储存库、小型粮食储存库、生产技能培训点、乡村手工作坊等相关设施。特色农业社区是特色农产品的标准化生产基地和优种培育基地，是农产品精细化管理与产品品质控制的基础单元。在农业生产的特色服务类设施配置中，需要配置农业物资商店、粮食储存库、粮食晾晒场、优种培育基地、农业技能培训点等设施。农业特色镇生活圈以镇区为中心，为镇域范围提供统一加工、农产品商贸物流、文化体验、休闲观光等综合服务。在特色产业服务设施配套中，需要合理配套农机具交易中心、绿色循环农产品加工工厂、商贸物流中心、冷链物流服务点、智慧化农业生产平台、乡村旅游服务中心等设施。单元中心镇生活圈以单元中心镇镇区为中心，服务整个山地型农业生产单元。山地型农业生产单元中心镇除提供基础的农产品生产、农产品精深加工等功能外，还需在整个单元内，借助农产品博览会、展销会等渠道，充分利用电商、"互联网+"等新兴手段，加强品牌市场营销。因此，在设施配置上除配置农业综合服务站外，还需配置农产品销售展示中心、商贸物流市场、农民培训中心及农耕博物馆等设施。

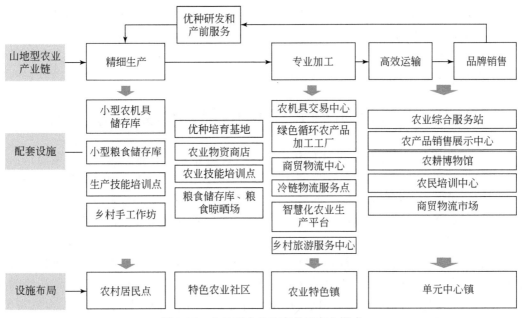

图 8-22 山地型农业生产单元产业模式

表 8-4 山地型农业生产单元生产服务设施配置

生活圈范围	服务范围	生产服务设施
农村居民点生活圈	散落的农村居民点	小型农机具储存库、小型粮食储存库、生产技能培训点、乡村手工作坊等
特色农业社区生活圈	特色农业社区生产范围	农业物资商店、粮食储存库、粮食晾晒场、优种培育基地、农业技能培训点等
农业特色镇生活圈	镇域范围	农机具交易中心、绿色循环农产品加工厂、商贸物流服务中心、冷链物流服务点、智慧化农业生产平台、乡村旅游服务中心等
单元中心镇生活圈	整个山地型农业生产单元	农业综合服务站、农产品销售展示中心、商贸物流市场、农民培训中心及农耕博物馆等

资料来源：根据《镇规划标准》（GB 50188—2007）及相关资料（王皓宇等，2019）整理。

　　以广西天等县"天映彩卷"农业示范区为例，对上述内容进行说明。广西天等县"天映彩卷"农业示范区农业资源丰富，农业用地面积达 29 039 亩[①]（吴丹，2016）。天等县山多地少，示范区属于喀斯特地貌，区内平原、丘陵、石山等地形各有特色，农田割裂严重。目前，园区内以指天椒为品牌产业，葡萄、桂花梨、高山柑橘等特色产业在园区中也初具规模。在示范区的特色产业设施布局中，示范区采用山地型农业生产单元的设施布局理念，结合特色产业需求，以及示范区构建"核心区—拓展区"服务层级，差异化布局特色生产服务设施。在核心区中，结合指天椒种植示范基地、"一年两熟"葡萄种植示范基地、桂花梨种植示范基地、高山柑橘种植示范基地，配套温室培育大棚、辣椒博览园、

---

① 1 亩≈666.67m²。

农业高新技术研发中心、农业科普等活动基地。在园区拓展区，结合规模化的指天椒种植基地、葡萄种植基地等，配套农产品加工工厂、商贸物流中心、智慧化农业生产平台等设施。广西天等县"天映彩卷"农业示范区规划在遵循上位规划的基础上，在地化的探索设施配套模式，为其他农业示范区提供经验。

8.3 生态保育单元的村镇聚落体系规划方法

生态保育单元根植于特定的地理环境、自然禀赋和人地关系，其发展强调经济、社会、人与生态环境的协调与可持续发展（罗其友等，2019）。因此，村镇聚落体系的优化不能局限于单一的空间形态范畴，而是要将人文社会、产业发展与生态环境相结合。

根据景观资源与生态条件的不同，生态保育单元内的村镇可以根据是否位于风景名胜区等旅游类型的生态资源内，或者位于生态严格管控区域内提出不同的优化方法。位于风景名胜、森林公园等旅游资源较多的村镇，其资源环境承载力较弱，不适合大规模人口聚集和工业开发，但可依托旅游资源适度生态开发。位于生态环境安全控制区内或边缘的村镇，由于生态敏感性较高，生态环境不稳定，易受到天气、环境的影响而引发自然灾害，应避免人工活动对发展单元内生态敏感地区的进一步干扰，在优化村镇聚落体系时可以考虑通过收缩重构的方式统筹考虑村镇聚落与生态保护的协调关系。因此村镇聚落的体系优化应按照"精明收缩"的理念进行优化重构（周洋岑等，2016；曾鹏等，2021），将发展要素集中于发展潜力良好的乡村，实现在乡村整体"精明收缩"基础上部分地区的增长，以此为增长极带动地区的整体发展（图8-23）。同时结合自然资源优势促进"产–景–居"融合发展。

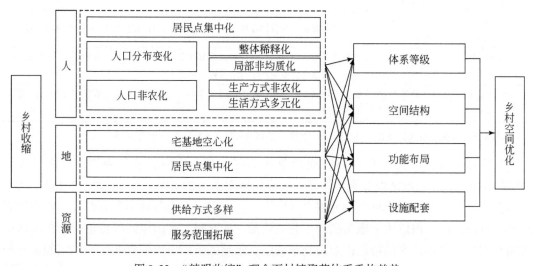

图8-23 "精明收缩"理念下村镇聚落体系重构趋势

8.3.1 体系等级优化：合理化拆并

随着对城乡发展规律和生态环境问题的认识日益深化，坚持绿色发展理念，加强生态文明建设已经成为新型城镇化和城乡融合发展的共识（邢继雯和谢志强，2022）。党的十八大提出建设生态文明是关系人民福祉、关乎民族未来的长远大计，要把生态文明建设放在突出地位。2015年《中共中央 国务院关于加快推进生态文明建设的意见》出台，资源节约型和环境友好型的发展模式被提出。坚持节约优先、保护优先、自然恢复为主的方针，着力推进绿色发展、循环发展、低碳发展，形成节约资源和保护环境的空间格局、产业结构、生产方式及生活方式，从源头上扭转生态环境恶化趋势，为人民创造良好生产生活环境，为全球生态安全做出贡献。《中华人民共和国国民经济和社会发展第十四个五年规划和2035年远景目标纲要》和《国家新型城镇化规划（2021—2035年）》中提出要加强生态修复和环境保护。坚持山水林田湖草沙一体化保护和系统治理，落实生态保护红线、环境质量底线、资源利用上线和生态环境准入清单要求，提升生态系统质量和稳定性。

结合生态文明发展理念、国家新型城镇化发展要求以及生态保护区相关要求，生态保育单元内的村镇体系等级应坚持"精明收缩"理念，围绕生态条件、资源禀赋、发展条件形成以拥有风景名胜、森林公园等旅游资源为依托的单元中心镇；具有良好生态环境、乡村旅游潜力的一般乡镇可以按照生态产业化和产业生态化的发展要求形成生态特色镇；位于生态管控区内的乡村应通过生态移民、异地搬迁的方式，有序转移至高潜力地区，与处于旅游景区内的行政村合并在一起进行统一规划，形成"多村一社区"的新型农村社区模式。村镇聚落的体系等级形成"单元中心镇—生态特色镇—景村融合社区"生态保育单元等级体系（图8-24）。其中，单元中心镇主要为单元内的村镇提供就业保障、旅游服务、生活服务等功能。生态特色镇主要为依托于生态农业、乡村旅游等形成的生态宜居乡镇。景村融合社区主要为依托绿色生态资源、乡村旅游产业等一个或多个行政村形成的示范区，其数量和规模由自然条件决定和影响。

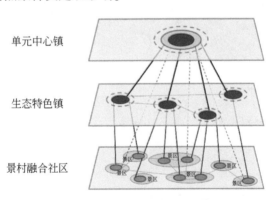

图8-24 生态保育单元村镇体系

以新津区乡村振兴战略空间布局规划中的南部片区作为景村融合型案例（图8-25），对上述内容进行说明。《新津县乡村振兴战略空间布局规划（2018—2035）》打破行政区划，构筑了"三大板块"，差异定位，整体联动，带动全域乡村振兴。其中梨花溪文化旅游区为主体的南部板块，具有丰富旅游资源、文化资源的山地、丘陵型地区；规划以梨花溪、花舞人间、永商镇为主体，将南部片区定位为山地型文化旅游度假区，大力发展文化旅游产业。规划以景村融合型生态保育发展单元体系等级的形式形成"产业功能区—

特色镇—特色簇群"的三级城乡体系。其中,一级为以梨花溪文化旅游区为统领,推动治理结构转型,形成两级政府、三级管理的组织架构。二级有 1 个特色镇建设永商特色小镇,规划人口约 1.5 万人,依托古镇资源,发展文化旅游和文化创意产业,建设旅游综合服务中心。三级有 10 个特色簇群,包括观音寺、九莲胜景等,成为特色休闲旅游及配套服务节点。

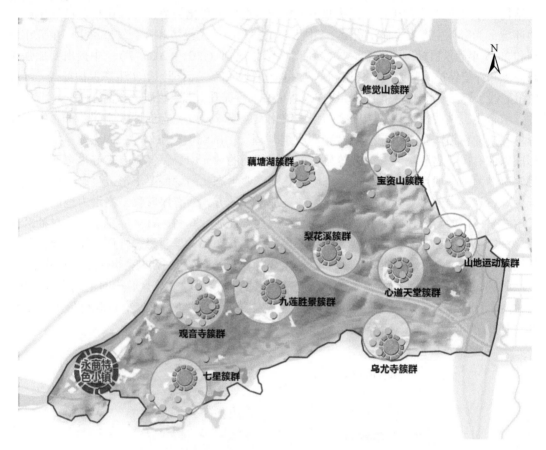

图 8-25 新津区南部片区城乡体系规划

资料来源:《新津县乡村振兴战略空间布局规划 (2018—2035)》,四川省建筑设计研究院有限公司

8.3.2 空间结构优化:多点串联型

在生态保育的发展导向下,具有良好绿色生态资源的旅游型村镇由传统的分散式布局模式逐渐转变为向旅游资源聚集的布局模式(吴儒练等,2022)。在生态保育单元内,将资源禀赋、生态优势、发展条件较差不适宜继续发展的村镇通过生态移民、异地搬迁等方式引导聚落向高潜力地区转移、集聚发展形成散落在自然保护区内的"点"(张永姣和曹鸿,2015)。依托生态旅游、生态产品、观光生态农业打造游客服务中心、旅游环线以及自然景区,通过配套的各类公共服务设施、交通设施以及自然要素将单元内各村镇串联起

来, 在空间上形成以单元中心镇为中心, 生态特色镇和景村融合社区为串联点的 "多点串联" 的结构 (图 8-26)。各村镇之间通过公共服务设施、交通设施进行联系, 周边的新型农村社区围绕其内部主要设施进行发展, 在发展后期形成宜业宜居示范村镇。

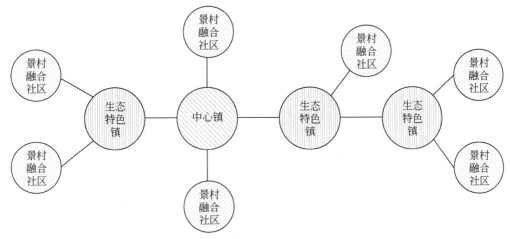

图 8-26 生态保育单元 "多点串联" 的空间结构

村镇聚落过度分散布局的空间发展模式容易造成资源浪费和环境污染, 不利于资源的高效利用和村镇聚落的集约化发展。生态保育单元强调推动乡村产业结构调整, 注重产业生态化, 减少村镇聚落发展对自然环境的影响。依托绿色生态优势, 因地制宜地发展林下经济、森林康养、乡村旅游等生态产业 (李敏瑞和张昊冉, 2022)。重视绿色资源带来的经济效益, 发掘农业潜力, 发挥区域优势, 充分利用当地的生态资源环境优势打造 "一村一品" 绿色特色优势产业, 注重生态产业化发展所带来的经济效益。注重和加强村镇生态产业化和产业生态化的建设。依托生态产业带、乡村旅游形成的旅游环线、公共服务设施对分散的聚落进行串联, 实现资源共享的高质量集约化发展。

以桂林市永福县县域乡村建设规划为例, 对上述内容进行说明。《永福县县域乡村建设规划》采用多点串联的空间结构对县域镇村空间结构进行规划, 形成 "一核、四轴、多节点" 空间结构。"一核" 即永福县城区。"四轴" 即 G72 国道经济发展主轴、S306 省道主要产业带、X135 县道—X138 县道两条次要产业带, G72 国道经济发展主轴是城区加强与国道沿线村镇联动发展的空间轴; S306 省道主要产业带是城区与苏桥、罗锦、百寿、三星等加强生态农业和村镇发展的空间轴; X135 县道—X138 县道两条次要产业带是主要产业带与毗邻镇村发展的空间轴。规划强调旅游专线带来的新发展契机, 沿 S306 省道 X135 县道规划福寿养生产业带, 带动整个县域旅游产业的发展。"多节点" 为分布在 "四轴" 上的一级乡镇、二级乡镇和重点村庄等, 通过四条发展轴将永福县县域范围内的多个重要节点进行串联, 形成产业联动发展。

8.3.3 功能布局优化: 景村融合布局

生态保育单元内村镇以休旅介入型、生态保育型村镇为主。单元主要的功能要素有生活服务功能、旅游服务功能、生态功能，重点围绕生态产业化和产业生态化发展理念，协调保护与发展的关系，形成城镇发展区、生态涵养区、生态农业区和生态旅游区等不同功能区的布局（图8-27）。

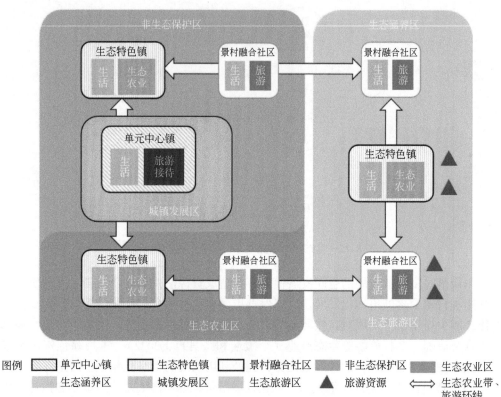

图 8-27　生态保育单元功能布局

生态保育单元功能布局在空间上反映的特征是由生态农业带和旅游环线进行联系的多点串联的布局模式。其中，城镇发展区主要分布在非生态保护区内，是依靠基础设施和公共服务设施形成的城镇集中建设区。城镇发展区承担着与周边城市、生态保育型村镇之间实现资源互补、保障城乡要素合理流动的重要职能（刘春芳和张志英，2018），主要包括居住、公共服务以及旅游接待等功能。生态农业区主要分布在非生态保护区内，是依靠特色农业、设施农业、创意农业等形成的现代农业产业区。生态农业区承担着农业生产的职能，主要包括农业采摘、旅游观光、农业博览等功能。生态涵养区主要承担着提升生态涵养、强化生态修复与水源保护、完善生态补偿和管护机制的重要职能，主要包括生态保护、农业生产、生态旅游等功能。生态旅游区主要分布于具有丰富旅游资源的生态涵养区内。生态旅游区主要承担着生态保护、环境教育、自然人文旅游的职能，主要包括乡村旅游、旅游接待等功能。

以荆门市屈家岭管理区村庄布局规划为例，对上述内容进行说明。《荆门市屈家岭管理区村庄布局规划（2019—2035）》围绕"中国农谷"核心区的"四区"建设目标，规划将管理区分为特色农产品集中生产区、花卉种植区、农业加工示范区、生态文化旅游区、综合服务区、现代农业观光区六大经济功能区,规划利用区域内"三横三纵三环"的区域干道网系统布局,以多点串联式的功能布局模式对屈家岭管理区内的主要生产空间、居民聚落空间进行规划组织,形成利于文化旅游产业和农业生产产品的流通通道,通过交通设施的建设带动了管理区中心城区及周边的再发展。

8.3.4 公共服务设施优化:加强生态产业设施配套

在生态文明建设和旅游发展的背景下,生态保育发展单元主要承担生态保育和旅游服务的功能。在"产-景-村镇"融合发展模式下的生态保育单元围绕生态农业产业、旅游产业和生活服务功能,从农业型服务设施、旅游型服务类设施和生活型服务设施方面入手,按照相关标准与规范以生活圈的方式进行配置(图8-28)。在设施配置中应考虑"绿色种植—绿色加工—绿色流通—绿色营销—绿色消费"的生态农业全产业链以及"游—娱—吃—行—住—购"的乡村旅游全产业链的服务设施配置(李甜,2018;吴绒和梁琦,2022),根据产业链不同环节和单元体系的不同级别,差异化配置景村融合社区生活圈、生态特色镇生活圈、单元中心镇生活圈三个层级的服务设施。

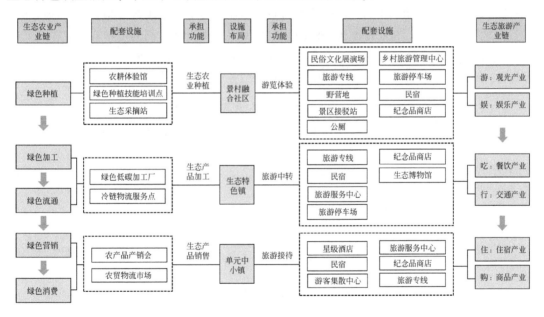

图 8-28 生态保育单元公共服务设施布局及配套

(1) 景村融合社区生活圈

在"产-景-村镇"融合发展的模式下,景村融合社区在生态农业产业链环节中承担绿色种植的生态农业种植的功能。在乡村旅游产业链中承担着"游""娱"的旅游体验的功能。因此该生活圈应配套以满足生态农业种植功能以及旅游体验功能为主的设施。景村融合社区生活圈按照15~25min步行可达范围为服务半径。在生活型服务设施方面，应配备能够满足基本生活需求的公共服务设施。在农业型服务设施和旅游型服务类设施方面，景村融合社区生活圈应配备农耕体验馆、绿色种植技能培训点、生态采摘站、乡村旅游管理中心、旅游停车场、旅游专线、民俗文化展演场、野营地等相关服务设施。

（2）生态特色镇生活圈

单元内的生态特色镇在生态农业产业链环节中承担着绿色加工、绿色流通的生态产品加工功能以及"吃""行"的旅游中转的重要功能。因此该生活圈应配套以满足生态产品加工以及承担旅游中转功能为主的设施。生态特色镇生活圈以单元内特色镇镇区为中心，按照机动车30min可达范围为服务半径。在生活型服务设施方面，需配备满足日常生活的公共服务设施。在农业型服务设施和旅游型服务类设施方面，主要配置绿色低碳加工厂、冷链物流服务点、旅游专线、民宿、旅游服务中心、旅游停车场、生态博物馆等满足旅游和生态农业发展需求的相关服务设施。

（3）单元中心镇生活圈

单元中心镇在"产–景–村镇"融合发展的模式中主要承担生态产业链中绿色营销、绿色消费的生态产品销售功能以及"住""购"的旅游接待功能。因此该生活圈应配套以满足生态产品销售以及承担旅游接待功能为主的设施。单元中心镇生活圈以单元的中心镇镇区为中心，按照机动车40min可达范围为服务半径。在生活型服务设施方面，应配备日常生活公共服务设施。在农业型服务设施和旅游型服务类设施方面需衔接和满足生态特色镇、景村融合社区旅游产业和生态农业产业发展的需求，主要配置农产品产销会、农贸物流市场、星级酒店、民宿、游客集散中心、旅游服务中心等相关服务设施（表8-5）。

表8-5　生态保育发展单元公共服务设施配置表

生活圈范围	服务范围	生活型服务设施	农业型和旅游型服务性设施
景村融合社区生活圈	15~25min步行	幼儿园、社区卫生服务站、居家养老服务点、休闲广场、菜市场、银行网点等	农耕体验馆、绿色种植技能培训点、生态采摘站、民宿文化展演场、旅游专线、野营地、景区接驳站、公厕、乡村旅游管理中心、旅游停车场、民宿、纪念品商店等
生态特色镇生活圈	机动车行驶30min	幼儿园、小学、乡镇卫生院、居家养老服务点、文化活动中心、全民健身中心、菜市场、综合超市、银行网点、客运站等	绿色低碳加工厂、冷链物流服务点、旅游专线、民宿、旅游服务中心、旅游停车场、纪念品商店、生态博物馆等
单元中心镇生活圈	机动车行驶40min	幼儿园、小学、中学、高中、乡镇卫生院、防疫站、残疾人之家、养老服务中心、休闲广场、文化活动中心、全民健身中心、菜市场、综合超市、银行网点、客运站、商贸物流市场、物流中心等	农产品产销会、农贸物流市场、星级酒店、民宿、游客集散中心、旅游服务中心、纪念品商店、旅游专线等

资料来源：根据《镇规划标准》（GB 50188—2007）、《旅游景区服务指南》（GBT 26355—2010）及相关资料（曾博伟，2010）整理总结。

参 考 文 献

白郁欣，畅晗，张立.2020.韩国的小城镇政策、规划建设及对我国的启示.小城镇建设，38（12）：59-66.

毕宇珠，苟天来，张骞之，等.2012.战后德国城乡等值化发展模式及其启示——以巴伐利亚州为例.生态经济，（5）：99-102，106.

曹象明，周若祁.2008.黄土高原沟壑区小流域村镇体系空间分布特征及引导策略——以陕西省淳化县为例.人文地理，（5）：53-56.

曹晓腾，雷振东，屈雯.2020.农业现代化背景下的镇域镇村体系空间优化研究——以陕西省龙池镇为例.小城镇建设，38（7）：27-35.

陈建滨，高梦薇，付洋，等.2020.基于城乡融合理念的新型镇村发展路径研究——以成都城乡融合发展单元为例.城市规划，44（8）：120-128，136.

陈坤秋，龙花楼，马历，等.2019.农村土地制度改革与乡村振兴.地理科学进展，38（9）：1424-1434.

陈乐，李郇，姚尧，等.2018.人口集聚对中国城市经济增长的影响分析.地理学报，73（6）：1107-1120.

陈明.2012.中国城镇化发展质量研究评述.规划师，28（7）：5-10.

陈秋红，于法稳.2014.美丽乡村建设研究与实践进展综述.学习与实践，（6）：107-116.

陈小卉，闾海.2021.国土空间规划体系建构下乡村空间规划探索——以江苏为例.城市规划学刊，（1）：74-81.

陈雪，王海滔，雷诚，等.2016.新型城镇化背景下产镇融合规划编制方法研究——以江苏省金坛市直溪镇为例.规划师，32（2）：59-64.

陈雪，王海滔，雷诚.2018.苏州城镇空间演进特征及主体能动机制研究//共享与品质——2018中国城市规划年会论文集：1233-1242.

陈永林，谢炳庚.2016.江南丘陵区乡村聚落空间演化及重构——以赣南地区为例.地理研究，35（1）：184-194.

陈振华，侯建辉，刘津玉.2014.新型农村社区建设：空间布局与建设模式.规划师，30（3）：5-12.

程嘉蔚，徐佳，王艺玲，等.2021.基于BP神经网络的仓内稻谷温度预测模型.现代电子技术，44（19）：178-182.

程杰，张小雷，马天宇，等.2009.基于水土资源约束的新疆开都河—孔雀河流域城镇发展研究.干旱区资源与环境，23（10）：45-52.

程俊杰，刘志彪.2012.中国工业化道路中的江苏模式：背景、特色及其演进.江苏社会科学，（1）：245-251.

程连生，冯文勇，蒋立宏.2001.太原盆地东南部农村聚落空心化机理分析.地理学报，56（4）：437-446.

程诺.2021.乡村振兴战略下山区现代农业发展路径探析——以四川省巴中市建设现代山地高效特色农业社区为例.农村经济与科技，32（11）：166-168.

崔功豪，徐英时.2001.县域城镇体系规划的若干问题.城市规划，（7）：25-27.

戴柳燕，周国华，何兰 . 2019. 乡村吸引力的概念及其形成机制 . 经济地理，39（8）：177-184.

董阳，王娟 . 2014. 从"国家的视角"到"社会建构的视角"——新型城镇化问题研究综述 . 城市发展研究，21（3）：8-14，34.

董宇坤，白暴力 . 2017. 党的十八大以来生产力布局理论的政治经济学分析 . 经济纵横，（12）：11-19.

杜立柱，朱明 . 2016. 大农业特色的新型城镇化策略——以哈尔滨市大用镇规划为例 . 规划师，32（1）：40-44.

杜志威，李郇 . 2017. 珠三角快速城镇化地区发展的增长与收缩新现象 . 地理学报，72（10）：1800-1811.

段德罡，张志敏 . 2012. 城乡一体化空间共生发展模式研究——以陕西省蔡家坡地区为例 . 城乡建设，（2）：32-34.

段德罡，杨茹，赵晓倩 . 2019. 县域乡村振兴规划编制研究——以杨陵区为例 . 小城镇建设，37（2）：24-32.

段然 . 2019. 成都市城乡融合发展研究 . 成都：西南财经大学硕士学位论文 .

段云龙，周静斌，申晓静 . 2011. 基于熵权 TOPSIS 法的房地产项目后评价模型研究 . 项目管理技术，9（9）：40-43.

樊杰 . 2007. 我国主体功能区划的科学基础 . 地理学报，（4）：339-350.

樊亚明，刘慧 . 2016. "景村融合"理念下的美丽乡村规划设计路径 . 规划师，32（4）：97-100.

范昊，景普秋 . 2018. 自由延展、城市区域与网络共生：欧美城乡关系演进动态及其比较 . 城市发展研究，25（6）：92-102.

范凌云 . 2015. 社会空间视角下苏南乡村城镇化历程与特征分析——以苏州市为例 . 城市规划学刊，（4）：27-35.

冯雷 . 2010. 从城乡割裂到城乡融合从分割发展到统筹发展——中国城乡一体化发展研究 . 广东经济，（9）：50-54.

耿虹，李彦群，高鹏，等 . 2018. 基于微小产居单元特征的乡村就地城镇化探索 . 规划师，34（7）：86-93.

耿慧志，李开明 . 2020. 国土空间规划体系下乡村地区全域空间管控策略——基于上海市的经验分析 . 城市规划学刊，（4）：58-66.

顾朝林，金延杰，刘晋媛，等 . 2008. 县域村镇体系规划试点思路与框架——以山东胶南市为例 . 规划师，（10）：62-67.

郭恒梅，马晓冬 . 2020. 基于夜间灯光数据的淮海经济区经济空间格局演化及中心性测度 . 地理与地理信息科学，36（2）：34-40，125.

郭金玉，张忠彬，孙庆云 . 2008. 层次分析法的研究与应用 . 中国安全科学学报，（5）：148-153.

郭志刚，刘伟 . 2020. 城乡融合视角下的美国乡村发展借鉴研究——克莱姆森地区城乡体系引介 . 上海城市规划，（5）：117-123.

国家卫生和计划生育委员会流动人口司 . 2017. 中国流动人口发展报告 2017. 北京：中国人口出版社 .

何灵聪 . 2012. 城乡统筹视角下的我国镇村体系规划进展与展望 . 规划师，28（5）：5-9.

何仁伟 . 2018. 城乡融合与乡村振兴：理论探讨、机理阐释与实现路径 . 地理研究，37（11）：2127-2140.

何旭，杨海娟，王晓雅 . 2019. 乡村农户旅游适应效果、模式及其影响因素——以西安市和咸阳市 17 个案例村为例 . 地理研究，38（9）：2330-2345.

何亚莉 . 2017. 农业现代化导向下的农村社区建设模式探究 . 建筑与文化，（1）：111-113.

黑川纪章 . 2009. 新共生思想 . 覃力，杨熹微，慕春暖，等，译 . 北京：中国建筑工业出版社 .

胡鞍钢，鄢一龙，吕捷．2011．中国发展奇迹的重要手段——以五年计划转型为例（从"六五"到"十一五"）．清华大学学报（哲学社会科学版），26（1）：43-52．

胡滨，薛晖，曾九利，等．2009．成都城乡统筹规划编制的理念、实践及经验启示．规划师，25（8）：26-30．

胡滨，邱建，曾九利，等．2013．产城一体单元规划方法及其应用——以四川省成都天府新区为例．城市规划，37（8）：79-83．

胡红梅．2014．大都市郊野地区村庄整治模式研究——以青西郊野单元为例．上海城市规划，116（3）：50-54．

胡畔，谢晖，王兴平．2010．乡村基本公共服务设施均等化内涵与方法——以南京市江宁区江宁街道为例．城市规划，34（7）：28-33．

胡守钧．2012．社会共生论（第二版）．上海：复旦大学出版社．

胡泽文，武夷山．2012．基于多元回归和BP神经网络的科技产出影响因素分析与预测研究．科学学研究，30（7）：992-1004．

华晨，高宁，乔治·阿勒特．2012．从村庄建设到地区发展——乡村集群发展模式．浙江大学学报（人文社会科学版），42（3）：131-138．

黄婧，吴沅箐．2020．乡村振兴背景下的上海市郊野单元村庄规划研究——以松江区泖港镇试点为例．上海国土资源，41（2）：13-18，30．

黄水木．2007．中国沿海发达地区城乡协调发展模式与调控机制研究．福州：福建师范大学博士学位论文．

黄薇，骆高远，陈修颖．2012．广东省城乡一体化发育水平区域差异现状分析．广东农业科学，39（5）：218-221，228．

黄亚平，林小如．2013．欠发达山区县域新型城镇化路径模式探讨——以湖北省为例．城市规划，37（7）：17-22．

黄亚平，郑有旭，谭江迪，等．2022．空间生产语境下的村镇聚落体系认知与规划路径．城市规划学刊，（3）：29-36．

蒋贵凰．2009．城乡统筹视域下乡村内部动力机制的形成．农业经济，（1）：50-52．

蒋万芳，袁南华．2016．县域乡村建设规划试点编制方法研究——以广东省广州市增城区为例．小城镇建设，324（6）：33-39，52．

焦必方．2017．日本农村城市化进程及其特点——基于日本市町村结构变化的研究与分析．复旦学报（社会科学版），59（2）：162-172．

焦利民，唐欣，刘小平．2016．城市群视角下空间联系与城市扩张的关联分析．地理科学进展，35（10）：1177-1185．

金钟范．2004．韩国小城镇发展政策实践与启示．中国农村经济，（3）：74-78，80．

角媛梅，胡文英，速少华，等．2006．哀牢山区哈尼聚落空间格局与耕作半径研究．资源科学，28（3）：66-72．

劳昕，沈体雁，杨洋，等．2016．长江中游城市群经济联系测度研究——基于引力模型的社会网络分析．城市发展研究，23（7）：91-98．

雷诚，孙萌忆，丁邹洲，等．2020．产镇融合演化路径及规划策略探讨——江苏省小城镇发展40年．城市规划学刊，（1）：93-101．

李二玲，胥亚男，雍雅君，等．2018．农业结构调整与中国乡村转型发展——以河南省巩义市和鄢陵县为例．地理科学进展，37（5）：698-709．

李国平，赵永超．2008．梯度理论综述．人文地理，（1）：61-64，47．

李红波，张小林，吴启焰，等．2015．发达地区乡村聚落空间重构的特征与机理研究——以苏南为例．自然资源学报，30（4）：591-603.

李君，李小建．2008．河南中收入丘陵区村庄空心化微观分析．中国人口·资源与环境，18（1）：170-175.

李莉，张宗毅．2017．韩国农业机械化扶持政策的历史及进展．世界农业，（5）：111-116.

李亮，谈明洪．2020．日本町村聚落演变特征分析．中国科学院大学学报，37（6）：767-774.

李玲．2020．城乡融合发展的浙江实践．中共乐山市委党校学报（新论），22（2）：89-96.

李敏瑞，张昊冉．2022．持续推进基于生态产业化与产业生态化理念的乡村振兴．中国农业资源与区划，43（4）：31-37.

李平星，陈雯，孙伟．2014．经济发达地区乡村地域多功能空间分异及影响因素——以江苏省为例．地理学报，69（6）：797-807.

李平星，陈诚，陈江龙．2015．乡村地域多功能时空格局演变及影响因素研究——以江苏省为例．地理科学，35（7）：845-851.

李晴．2012．东亚韩国、日本"新村"建设的特色与启示．上海城市规划，（1）：89-94.

李涛，廖和平，杨伟，等．2015．重庆市"土地、人口、产业"城镇化质量的时空分异及耦合协调性．经济地理，35（5）：65-71.

李甜．2018．全产业链模式推动乡村全域旅游发展路径．农业经济，（12）：49-50.

李铁生．2005．基于共生理论的城乡统筹机理研究——访浙江工商大学教授、经济学博士郝云宏．经济师，（6）：6-7.

李婷婷，龙花楼．2014．基于转型与协调视角的乡村发展分析——以山东省为例．地理科学进展，33（4）：531-541.

李婷婷，龙花楼，王艳飞．2019．中国农村宅基地闲置程度及其成因分析．中国土地科学，33（12）：64-71.

李文荣，陈建伟．2012．城乡等值化的理论剖析及实践启示．城市问题，（1）：22-25，29.

李晓军，郭雨露，何微丹，等．2020．乡村振兴背景下大都市地区村庄"群落化"规划探索——以广州从化米埗乡村群规划为例．现代城市研究，（3）：38-45，53.

李鑫，马晓冬，Khuong M H，等．2020．城乡融合导向下乡村发展动力机制．自然资源学报，35（8）：1926-1939.

李彦，谢丽塈，张晓巍．2017．景区依托型美丽乡村规划策略研究——以营盘滩美丽乡村建设为例．小城镇建设，（7）：42-47.

李哲睿，甄峰，黄刚，等．2019．基于多源数据的城镇中心性测度及规划应用——以常州为例．城市规划学刊，250（3）：111-118.

李智，张小林，李红波，等．2018．江苏典型县域城乡聚落规模体系的演化路径及驱动机制．地理学报，73（12）：2392-2408.

林坚，陈雪梅．2020．郊野单元规划：高度城市化地区国土整治和用途管制的重要抓手．上海城市规划，（2）：99-103.

林涛，王竹，高峻．2012．浙北乡村集聚化进程中相关政策的空间动力解读．建筑与文化，（10）：68-69.

林永新．2015．乡村治理视角下半城镇化地区的农村工业化——基于珠三角、苏南、温州的比较研究．城市规划学刊，（3）：101-110.

刘彬，华晔，杨忠伟，等．2020．城乡一体化背景下苏州乡村空间发展透视．城市规划，44（9）：106-112.

刘博雷．2014．中国36个主要城市经济社会发展水平的实证研究——基于Stata的面板数据分析．经济与社会发展，12（3）：105-108.

刘春芳, 张志英. 2018. 从城乡一体化到城乡融合: 新型城乡关系的思考. 地理科学, 38 (10): 1624-1633.

刘长辉, 周君, 王雪娇. 2022. 经济区与行政区适度分离视角下跨区域要素流动与产业协作治理路径研究——以成渝地区阆中市、苍溪县、南部县三县 (市) 为例. 规划师, 38 (6): 51-56.

刘豪兴. 2010. 农村社会学. 北京: 中国人民大学出版社.

刘浩, 张毅, 郑文升. 2011. 城市土地集约利用与区域城市化的时空耦合协调发展评价——以环渤海地区城市为例. 地理研究, 30 (10): 1805-1817.

刘柯. 2007. 基于主成分分析的 BP 神经网络在城市建成区面积预测中的应用——以北京市为例. 地理科学进展, (6): 129-137.

刘平. 2009. 日本的创意农业与新农村建设. 现代日本经济, (3): 56-64.

刘荣增. 2006. 共生理论及其在我国区域协调发展中的运用. 工业技术经济, (3): 19-21.

刘荣增, 王淑华, 齐建文. 2012. 基于共生理论的河南省城乡统筹空间差异研究. 地域研究与开发, 31 (4): 19-22, 28.

刘涛, 曹广忠, 边雪, 等. 2010. 城镇化与工业化及经济社会发展的协调性评价及规律性探讨. 人文地理, 25 (6): 47-52.

刘彦随. 2018. 中国新时代城乡融合与乡村振兴. 地理学报, 73 (4): 637-650.

刘彦随. 2020. 中国乡村振兴规划的基础理论与方法论. 地理学报, 75 (6): 1120-1133.

刘彦随, 陈百明. 2002. 中国可持续发展问题与土地利用/覆被变化研究. 地理研究, (3): 324-330.

刘彦随, 刘玉, 陈玉福. 2011. 中国地域多功能性评价及其决策机制. 地理学报, 66 (10): 1379-1389.

刘彦随, 张紫雯, 王介勇. 2018. 中国农业地域分异与现代农业区划方案. 地理学报, 73 (2): 203-218.

刘玉, 刘彦随, 郭丽英. 2011. 乡村地域多功能的内涵及其政策启示. 人文地理, 26 (6): 103-106, 132.

刘震, 徐国亮. 2017. 新型城镇化中的城市反哺农村. 甘肃社会科学, (6): 182-186.

刘润生, 余建忠, 刘煜如, 等. 2021. 浙江美丽城镇建设的蝶变之路——以湖州市织里镇为例//面向高质量发展的空间治理——2020 中国城市规划年会论文集 (18 小城镇规划): 36-53.

龙花楼, 屠爽爽. 2018. 乡村重构的理论认知. 地理科学进展, 37 (5): 581-590.

龙花楼, 刘彦随, 邹健. 2009a. 中国东部沿海地区乡村发展类型及其乡村性评价. 地理学报, 64 (4): 426-434.

龙花楼, 李裕瑞, 刘彦随. 2009b. 中国空心化村庄演化特征及其动力机制. 地理学报, 64 (10): 1203-1213.

龙花楼, 李婷婷, 邹健. 2011. 我国乡村转型发展动力机制与优化对策的典型分析. 经济地理, 31 (12): 2080-2085.

卢尚书. 2020. 日本町村合并整合用地制度研究——以长野县安昙野市为例. 规划师, 36 (S2): 109-116.

陆大道. 2002. 关于"点-轴"空间结构系统的形成机理分析. 地理科学, (1): 1-6.

罗其友, 伦闰琪, 杨亚东, 等. 2019. 我国乡村振兴若干问题思考. 中国农业资源与区划, 40 (2): 1-7.

罗彦, 杜枫, 邱凯付. 2013. 协同理论下的城乡统筹规划编制. 规划师, 29 (12): 12-16.

罗震东, 何鹤鸣. 2017. 新自下而上进程——电子商务作用下的乡村城镇化. 城市规划, 41 (3): 31-40.

雒占福, 张永锋, 蒋慧敏, 等. 2021. 晋中城市群县域可达性及经济联系格局研究. 资源开发与市场, 37 (2): 168-172.

闾海, 顾萌, 葛大永. 2018. 要素流动视角下的苏南地区乡村振兴策略探讨. 规划师, 34 (12): 140-146.

马琰，连皓，雷振东，等 . 2021a. 西咸城乡融合发展试验区融合发展路径与策略 . 规划师，37（9）：
　　61-67.

马琰，刘县英，雷振东，等 . 2021b. 西咸城乡融合发展试验区规划策略 . 规划师，37（5）：32-37.

茅锐，林显一 . 2022. 在乡村振兴中促进城乡融合发展——来自主要发达国家的经验启示 . 国际经济评
　　论，（1）：155-173，8.

穆松林 . 2016. 大都市郊区生态经济发展空间布局优化研究——以北京山区沟域经济为视角 . 城市发展研
　　究，23（6）：98-104，132，2.

彭冲，陈乐一，韩峰 . 2014. 新型城镇化与土地集约利用的时空演变及关系 . 地理研究，33（11）：
　　2005-2020.

彭鹏 . 2008. 湖南农村聚居模式的演变趋势及调控研究 . 上海：华东师范大学博士学位论文 .

蒲向军，刘秋鸣，谢波 . 2018. 城乡要素驱动下我国城乡关系的历史分期与特征 . 规划师，34（11）：
　　81-87.

祁新华，朱宇，周燕萍 . 2012. 乡村劳动力迁移的"双拉力"模型及其就地城镇化效应——基于中国东南
　　沿海三个地区的实证研究 . 地理科学，32（1）：25-30.

钱玲燕，干靓，张立，等 . 2020. 德国乡村的功能重构与内生型发展 . 国际城市规划，35（5）：6-13.

钱慧，裴新生，秦军，等 . 2021. 系统思维下国土空间规划中的农业空间规划研究 . 城市规划学刊，（3）：
　　74-81.

钱紫华，辜元，熊兮 . 2020. 产城景融合发展下重庆乡村地区的规划探索 . 上海城市规划，（4）：52-56.

乔家君 . 2012. 村庄选址区位研究 . 河南大学学报：自然科学版，42（1）：47-55.

乔伟峰，戈大专，高金龙，等 . 2019. 江苏省乡村地域功能与振兴路径选择研究 . 地理研究，38（3）：
　　522-534.

乔显琴 . 2014. "产城一体化"视角下的小城镇工业园区空间布局规划研究 . 西安：西安建筑科技大学硕
　　士学位论文 .

郄瑞卿 . 2012. 基于景观生态学的农村居民点用地演变及影响因素分析——以吉林省磐石市为例 . 安徽农
　　业科学，40（29）：14345-14347，14368.

仇方道，杨国霞 . 2006. 苏北地区农村城镇化发展机制研究——以江苏省沭阳县为例 . 国土与自然资源研
　　究，（4）：7-9.

曲亮，郝云宏 . 2004. 基于共生理论的城乡统筹机理研究 . 农业现代化研究，（5）：371-374.

任远 . 2016. 城镇化的升级和新型城镇化 . 城市规划学刊，（2）：66-71.

申东润 . 2010. 韩国小城市发展的经验 . 当代韩国，（2）：55-63.

沈大炜，林志强，陆佳 . 2016. 农业全产业链引导下的现代农业科技园规划策略——以广西兴业农业科技
　　园的规划实践为例 . 规划师，32（S1）：46-50.

师博 . 2021. 从农村到城市：建党百年来我国经济发展的理论创新与实践演进 . 西安财经大学学报，
　　34（2）：39-46.

施德浩，陈前虎，陈浩 . 2021. 生态文明的浙江实践：创建类规划的模式演进与治理创新 . 城市规划学
　　刊，（6）：53-60.

石磊 . 2004. 寻求"另类"发展的范式——韩国新村运动与中国乡村建设 . 社会学研究，（4）：39-49.

史春云，张捷，尤海梅，等 . 2007. 四川省旅游区域核心—边缘空间格局演变 . 地理学报，（6）：631-639.

舒帮荣，黄琪，刘友兆，等 . 2012. 基于变权的城镇用地扩展生态适宜性空间模糊评价——以江苏省太仓
　　市为例 . 自然资源学报，27（3）：402-412.

宋京华 . 2013. 新型城镇化进程中的美丽乡村规划设计 . 小城镇建设，（2）：57-62.

宿瑞，王成，唐宁，等 . 2018. 区域镇村社区空间网络结构特征及其优化策略 . 地理科学进展，37（5）：

688-697.

孙敏, 姜允芳. 2015. "存量发展"背景下上海市郊野单元规划研究. 城市观察, (2): 132-139.

孙正林. 2008. 新农村建设与工业化、城镇化关系研究——日本工业化和城镇化的发展对我国的启示. 求是学刊, (1): 66-70.

谭雪兰, 于思远, 陈婉铃, 等. 2017. 长株潭地区乡村功能评价及地域分异特征研究. 地理科学, 37 (8): 1203-1210.

唐林楠, 刘玉, 潘瑜春, 等. 2016. 基于 BP 模型和 Ward 法的北京市平谷区乡村地域功能评价与分区. 地理科学, 36 (10): 1514-1521.

陶小兰. 2012. 城乡统筹发展背景下县域镇村体系规划探讨——以广西扶绥县为例. 规划师, 28 (5): 25-29.

滕明雨, 简小鹰, 张磊, 等. 2018. 现代山地特色高效农业的理论思考. 山西农业大学学报 (社会科学版), 17 (6): 60-65.

屠爽爽, 郑瑜晗, 龙花楼, 等. 2020. 乡村发展与重构格局特征及振兴路径——以广西为例. 地理学报, 75 (2): 365-381.

汪宇明. 2002. 核心—边缘理论在区域旅游规划中的运用. 经济地理, (3): 372-375.

王海滔, 陈雪, 雷诚. 2017. 苏南城镇产镇融合发展模式及策略研究——以昆山市千灯镇为例. 现代城市研究, (5): 82-89.

王皓宇, 张江勇, 宋晓璐. 2019. 农旅资源型特色小镇发展模式与实践路径探究——以赣州市江口果蔬小镇规划为例. 小城镇建设, 37 (4): 51-59.

王介勇, 刘彦随, 陈玉福. 2010. 黄淮海平原农区典型村庄用地扩展及其动力机制. 地理研究, 29 (10): 1833-1840.

王金岩, 何淑华. 2012. 从"树形"到"互动网络"——公交引导下的村镇社区空间发展模式初探. 城市规划, 36 (10): 68-74.

王黎明, 李旭, 曹彬, 等. 2020. 基于 BP 神经网络的线路绝缘子表面泄漏电流预测. 高压电器, 56 (2): 69-76.

王宁宁, 陈锐, 赵宇. 2016. 基于信息流的互联网信息空间网络分析. 地理研究, 35 (1): 137-147.

王士君, 冯章献, 刘大平, 等. 2012. 中心地理论创新与发展的基本视角和框架. 地理科学进展, 31 (10): 1256-1263.

王士君, 廉超, 赵梓渝. 2019. 从中心地到城市网络——中国城镇体系研究的理论转变. 地理研究, 38 (1): 64-74.

王伟. 2010. 基于制造业区位商分析的中国三大城市群经济空间演变实证与解释. 城市规划学刊, (1): 35-41.

王兴平, 涂志华, 戎一翎. 2011. 改革驱动下苏南乡村空间与规划转型初探. 城市规划, 35 (5): 56-61.

王艳飞, 刘彦随, 李玉恒. 2016. 乡村转型发展格局与驱动机制的区域性分析. 经济地理, 36 (5): 135-142.

王玉虎, 张娟. 2018. 乡村振兴战略下的县域城镇化发展再认识. 城市发展研究, 25 (5): 1-6.

危小建, 肖展春, 侯贺平, 等. 2017. 基于复杂网络的辽宁省县域农村居民点空间结构变化分析. 农业工程学报, 33 (8): 236-244.

魏书威, 王阳, 陈恺悦, 等. 2019. 改革开放以来我国乡村体系规划的演进特征与启示. 规划师, 35 (16): 56-61.

邬轶群, 王竹, 于慧芳, 等. 2022. 乡村"产居一体"的演进机制与空间图谱解析——以浙江碧门村为例. 地理研究, 41 (2): 325-340.

吴碧波.2017. 国外城镇化经验借鉴及对中国农村地区的启示. 世界农业，454（2）：164-171.

吴丹.2016. 现代特色农业示范区规划策略与实践——以广西天等县"天映彩卷"农业示范区为例. 规划师，32（9）：140-147.

吴绒，梁琦.2022. 生态约束、大数据嵌入与绿色农业全产业链协同. 江苏农业科学，50（5）：234-241.

吴儒练，邹勇文，李洪义.2022. 中国特色景观旅游名镇名村空间分布特征及影响因素. 干旱区资源与环境，36（2）：155-163.

吴宇哲，孙小峰.2018. 改革开放40周年中国土地政策回溯与展望：城市化的视角. 中国土地科学，32（7）：7-14.

吴沅箐.2015. 上海市郊野单元规划模式划分及比较研究. 上海国土资源，36（2）：28-32.

吴振方.2019. 农业适度规模经营：缘由、路径与前景. 农村经济，（1）：29-36.

武廷海.2013. 建立新型城乡关系 走新型城镇化道路——新马克思主义视野中的中国城镇化. 城市规划，（11）：9-19.

向博文，赵渺希.2020.1958～1962年中国人民公社居民点规划简评. 城市与区域规划研究，12（1）：93-106.

向乔玉，吕斌.2014. 产城融合背景下产业园区模块空间建设体系规划引导. 规划师，30（6）：17-24.

肖莉.2021. 基于土地要素的城市近郊乡镇"产城乡"一体化路径探索. 规划师，37（S1）：93-97.

邢继雯，谢志强.2022. 协同推进新型城镇化与城乡融合发展的思考. 理论视野，（3）：63-68.

熊威.2021. 武汉非集中建设区田园功能单元规划模式探讨. 规划师，37（3）：78-84.

熊鹰，黄利华，邹芳，等.2021. 基于县域尺度乡村地域多功能空间分异特征及类型划分——以湖南省为例. 经济地理，41（6）：162-170.

徐素.2018. 日本的城乡发展演进、乡村治理状况及借鉴意义. 上海城市规划，（1）：63-71.

徐文辉.2016. 美丽乡村规划建设理论与实践. 北京：中国建筑工业出版社.

许洁，秦海田.2010. 基于超系统论的城乡空间协同发展模式. 城市管理与科技，12（4）：33-35.

薛俊菲.2008. 基于航空网络的中国城市体系等级结构与分布格局. 地理研究，（1）：23-32，242.

杨保清，晁恒，李贵才，等.2021. 中国村镇聚落概念、识别与区划研究. 经济地理，41（5）：165-175.

杨保军，陈鹏，董珂，等.2019. 生态文明背景下的国土空间规划体系构建. 城市规划学刊，（4）：16-23.

杨春，谭少华，岳翰，等.2022. 农业结构转型对乡村景观与居民满意度的影响——以重庆九岭村为例. 南方建筑，（3）：88-97.

杨新海，洪亘伟，赵剑锋.2013. 城乡一体化背景下苏州村镇公共服务设施配置研究. 城市规划学刊，（3）：22-27.

杨贵庆.2019. 城乡共构视角下的乡村振兴多元路径探索. 规划师，35（11）：5-10.

杨贵庆，关中美.2018. 基于生产力生产关系理论的乡村空间布局优化. 西部人居环境学刊，33（1）：1-6.

杨眉，王世新，周艺，等.2011.DMSP/OLS夜间灯光数据应用研究综述. 遥感技术与应用，26（1）：45-51.

杨秋惠.2019. 镇村域国土空间规划的单元式编制与管理——上海市郊野单元规划的发展与探索. 上海城市规划，（4）：24-31.

杨忍，刘彦随，龙花楼.2015. 中国环渤海地区人口–土地–产业非农化转型协同演化特征. 地理研究，34（3）：475-486.

杨忍，陈燕纯，龚建周.2019. 转型视阈下珠三角地区乡村发展过程及地域模式梳理. 地理研究，38（3）：725-740.

杨忍，张菁，陈燕纯.2021.基于功能视角的广州都市边缘区乡村发展类型分化及其动力机制.地理科学，41（2）：232-242.

杨元珍，范凌云，毛贵牛.2016.城乡一体化进程中苏南地区村庄布点规划研究——以震泽镇为例.小城镇建设，（10）：50-55，62.

杨志恒.2019.城乡融合发展的理论溯源、内涵与机制分析.地理与地理信息科学，35（4）：111-116.

杨卓，汪鑫，罗震东.2020.基于B2B电商企业关联网络的长三角功能空间格局研究.城市规划学刊，（4）：37-42.

叶红，陈可.2016.适应新时期珠三角发展需求的村庄规划编制体系.新建筑，（4）：28-32.

叶红，李贝宁.2016.群落化视角下的珠三角地区乡村群规划.上海城市规划，129（4）：22-28.

叶红，唐双，彭月洋，等.2021.城乡等值：新时代背景下的乡村发展新路径.城市规划学刊，（3）：44-49.

易鑫.2010.德国的乡村规划及其法规建设.国际城市规划，25（2）：11-16.

于涛，张京祥，罗小龙.2010.我国东部发达地区县级市城市化质量研究——以江苏省常熟市为例.城市发展研究，17（11）：7-12，24.

余斌，李营营，朱媛媛，等.2020.中国中部农区乡村重构特征及其地域模式——以江汉平原为例.自然资源学报，35（9）：2063-2078.

余瑞林，刘承良，熊剑平，等.2012.武汉城市圈社会经济-资源-环境耦合的演化分析.经济地理，32（5）：120-126.

袁奇峰，陈世栋.2015.城乡统筹视角下都市边缘区的农民、农地与村庄.城市规划学刊，（3）：111-118.

袁源，赵小风，赵雲泰，等.2020.国土空间规划体系下村庄规划编制的分级谋划与纵向传导研究.城市规划学刊，（6）：43-48.

岳文泽，钟鹏宇，甄延临，等.2021.从城乡统筹走向城乡融合：缘起与实践.苏州大学学报（哲学社会科学版），42（4）：52-61.

曾博伟.2010.中国旅游小城镇发展研究.北京：中央民族大学博士学位论文.

曾鹏，王珊，朱柳慧.2021.精明收缩导向下的乡村社区生活圈优化路径——以河北省肃宁县为例.规划师，37（12）：34-42.

张晨，肖大威，黄翼.2020.广州市美丽乡村空间分异特征及其影响因素.热带地理，40（3）：551-561.

张富刚，刘彦随.2008.中国区域农村发展动力机制及其发展模式.地理学报，（2）：115-122.

张鑑，赵毅.2017.镇村布局规划探索与实践.南京：东南大学出版社.

张克俊，杜婵.2019.从城乡统筹、城乡一体化到城乡融合发展：继承与升华.农村经济，（11）：19-26.

张立，何莲.2017.村民和政府视角审视镇村布局规划及延伸探讨——基于苏中地区X镇的案例研究.城市规划，41（1）：55-62.

张立，李雯骅，张尚武.2021.国土空间规划背景下建构乡村规划体系的思考——兼议村庄规划的管控约束与发展导向.城市规划学刊，（6）：70-77.

张立，李雯骅，白郁欣.2022.应对收缩的日韩乡村社会政策与经验启示.国际城市规划，37（3）：1-9.

张茜茜，廖和平，巫芯宇，等.2019.乡村振兴背景下的"人、地、业"转型空间差异及影响因素分析——以重庆市渝北区为例.西南大学学报（自然科学版），41（4）：1-9.

张尚武.2013.城镇化与规划体系转型——基于乡村视角的认识.城市规划学刊，211（6）：19-25.

张巍.2001.完善城镇网络结构，促进城乡一体.上海城市规划，（3）：12-15.

张伟，闾海，胡剑双，等.2021.新时代省域尺度城乡融合发展路径思考——基于江苏实践案例分析.城市规划，45（12）：17-26.

张艳芳, 刘治彦. 2018. 国家治理现代化视角下构建空间规划体系的着力点. 城乡规划, (5): 21-26.

张英男, 龙花楼, 马历, 等. 2019. 城乡关系研究进展及其对乡村振兴的启示. 地理研究, 38 (3): 578-594.

张永姣, 曹鸿. 2015. 基于"主体功能"的新型村镇建设模式优选及聚落体系重构——藉由"图底关系理论"的探索. 人文地理, 30 (6): 83-88.

章光日, 顾朝林. 2006. 快速城市化进程中的被动城市化问题研究. 城市规划, (5): 48-54.

赵丹, 刘科伟, 许玲, 等. 2013. 快速城镇化背景下镇域村庄体系规划研究——以咸阳市礼泉县烟霞镇为例. 城市发展研究, 20 (7): 77-82, 89.

赵虎, 郑敏, 戎一翎. 2011. 村镇规划发展的阶段、趋势及反思. 现代城市研究, 26 (5): 47-50.

赵民, 陈晨, 周晔, 等. 2016. 论城乡关系的历史演进及我国先发地区的政策选择——对苏州城乡一体化实践的研究. 城市规划学刊, (6): 22-30.

赵民, 方辰昊, 陈晨. 2018. "城乡发展一体化"的内涵与评价指标体系建构——暨若干特大城市实证研究. 城市规划学刊, (2): 11-18.

赵群毅. 2009. 城乡关系的战略转型与新时期城乡一体化规划探讨. 城市规划学刊, (6): 47-52.

赵万民, 冯矛, 李雅兰. 2017. 村镇公共服务设施协同共享配置方法. 规划师, 33 (3): 78-83.

赵潇. 2020. 农业型小城镇产业发展与城镇空间的耦合关系研究. 西安: 西安建筑科技大学硕士学位论文.

赵小风, 张鸣鸣, 赵云泰, 等. 2018. 乡村振兴背景下村庄规划的总体思路. 土地经济研究, (2): 108-120.

赵毅, 郑俊, 张建召. 2015. 新型城镇化背景下县域基本公共服务设施规划方法. 规划师, 31 (3): 22-28.

赵毅, 张飞, 李瑞勤. 2018. 快速城镇化地区乡村振兴路径探析——以江苏苏南地区为例. 城市规划学刊, 242 (2): 98-105.

赵毅, 陈超, 许珊珊. 2020. 特色田园乡村引领下的县域乡村振兴路径探析——以江苏省溧阳市为例. 城市规划, 44 (11): 106-116.

赵英丽. 2006. 城乡统筹规划的理论基础与内容分析. 城市规划学刊, (1): 32-38.

赵之枫, 朱三兵. 2019. 基于实施单元的北京小城镇规划策略研究. 小城镇建设, 37 (6): 5-13.

郑书剑. 2014. 立足城边村, 实现整体人居体系城乡融合: 以珠三角地区为例. 国际城市规划, 29 (4): 60-64.

郑玉梁, 李竹颖, 杨潇. 2019. 公园城市理念下的城乡融合发展单元发展路径研究——以成都市为例. 城乡规划, (1): 73-78.

中国标准化研究院. 2010. 美丽乡村建设指南: GB 32000—2015. 北京: 中国标准出版社.

钟业喜, 陆玉麒. 2011. 基于铁路网络的中国城市等级体系与分布格局. 地理研究, 30 (5): 785-794.

钟业喜, 陆玉麒. 2012. 基于空间联系的城市腹地范围划分——以江苏省为例. 地理科学, 32 (5): 536-543.

周春山, 王宇渠, 徐期莹, 等. 2019. 珠三角城镇化新进程. 地理研究, 38 (1): 45-63.

周国华, 贺艳华, 唐承丽, 等. 2011. 中国农村聚居演变的驱动机制及态势分析. 地理学报, 66 (4): 515-524.

周洁, 卢青, 田晓玉, 等. 2011. 基于 GIS 的巩义市农村居民点景观格局时空演变研究. 河南农业大学学报, 45 (4): 472-476, 481.

周明生, 李宗尧. 2011. 由城乡统筹走向城乡融合——基于江苏实践的对中国城镇化道路的思考. 中国名城, (9): 12-19.

周晓芳, 周永章, 欧阳军. 2011. 基于地貌空间格局的喀斯特聚落风水空间差异——以贵州省三个典型地貌区为例. 经济地理, 31（11）: 1930-1936.

周洋岑, 罗震东, 耿磊. 2016. 基于"精明收缩"的山地乡村居民点集聚规划——以湖北省宜昌市龙泉镇为例. 规划师, 32（6）: 86-91.

周一星, 史育龙. 1995. 建立中国城市的实体地域概念. 地理学报,（4）: 289-301.

周一星, 张莉, 武悦. 2001. 城市中心性与我国城市中心性的等级体系. 地域研究与开发,（4）: 1-5.

朱俊成. 2010. 基于共生理论的区域多中心协同发展研究. 经济地理,（8）: 1272-1277.

朱俊华, 许靖涛, 梁家健. 2020. 农业城市主义视角下百色国家农业科技园区特色营造策略. 规划师, 36（13）: 53-59.

朱喜钢, 崔功豪, 黄琴诗. 2019. 从城乡统筹到多规合一——国土空间规划的浙江缘起与实践. 城市规划, 43（12）: 27-36.

卓莉, 陈晋, 史培军, 等. 2005. 基于夜间灯光数据的中国人口密度模拟. 地理学报,（2）: 266-276.

Douglas A E. 1994. Symbiotic Interactions. Oxford: Oxford University Press.

Meijers E J, Burger M J. 2017. Stretching the concept of "borrowed size". Urban Studies, 54（1）: 269-291.

Meijers E J, Burger M J, Hoogerbrugge M M. 2016. Borrowing size in networks of cities: city size, network connectivity and metropolitan functions in Europe. Papers in Regional Science, 95（1）: 181-198.

Quispel A. 1951. Some theoretical aspects of symbiosis. Antonie van Leeuwenhoek, 17（1）: 69-80.

Veneri P, Ruiz V. 2013. Urban-to-rural population growth linkages: evidence from OECD TL3 regions. OECD Regional Development Working Papers,（3）: 13-15.

Webster D, Muller L. 2002. Challenges of Peri-urbanization in the Lower Yangtze Region: the case of the Hangzhou-Ningbo corridor. Stanford: Stanford University.

附 录

附录 1 样本区县各评价指标的极差标准化处理结果

市	区县市	城镇化率	人均GDP	千人医疗卫生机构床位	非农产业从业人员人均产值	第二产业产值占比	规模以上工业企业个数	规模以上工业总产值	农村人均固定资产投资	农村人均用电量	单位面积农用地机械总动力	设施农业用地占比	乡村服务产业产值占比	公路网密度	地形坡度	地形起伏度	人均耕地面积	生态用地覆盖率	历史文化名村与传统村落数量
嘉兴市	南湖区	0.885	0.438	0.53	0.177	0.465	0.215	0.364	0.523	0.381	0.172	0.279	0.168	0.619	0.991	1	0.232	0.943	0.145
	秀洲区	0.532	0.438	0.139	0.171	0.528	0.227	0.323	0.378	0.311	0.244	0.279	0.171	0.619	0.987	1	0.265	0.801	0.145
	平湖市	0.644	0.438	0.139	0.19	0.649	0.351	0.522	0.447	0.604	0.28	0.622	0.233	0.617	0.979	0.992	0.258	0.942	0.235
	海宁市	0.688	0.475	0.178	0.171	0.599	0.607	0.537	0.482	0.374	0.172	0.263	0.187	0.511	0.975	0.991	0.263	0.894	0.235
	桐乡市	0.645	0.438	0.178	0.164	0.557	0.478	0.486	0.462	0.533	0.244	0.411	0.19	0.794	1	1	0.275	0.946	0.19
	嘉善县	0.734	0.438	0.178	0.171	0.558	1	0.354	0.481	0.567	0.316	0.55	0.156	0.472	0.983	1	0.259	0.84	0.19
	海盐县	0.617	0.475	0.178	0.196	0.638	0.307	0.312	0.487	0.537	0.172	0.355	0.18	0.303	0.982	0.986	0.368	0.945	0.145
湖州市	南浔区	0.49	0.325	0.1	0.19	0.633	0.452	0.29	0.374	0.265	0.352	0.279	0.184	0.619	0.994	0.998	0.32	0.581	0.775
	吴兴区	0.736	0.4	0.374	0.145	0.531	0.189	0.225	0.647	0.265	0.28	0.279	0.147	0.619	0.667	0.726	0.217	0.418	0.685
	德清县	0.573	0.4	0.139	0.19	0.397	0.331	0.292	0.517	0.35	0.532	0.475	0.161	0.408	0.629	0.656	0.22	0.223	0.28
	长兴县	0.598	0.4	0.217	0.19	0.459	0.345	0.353	0.563	0.192	0.28	0.777	0.119	0.472	0.61	0.647	0.411	0.504	0.19
	安吉县	0.549	0.325	0.178	0.164	0.517	0.243	0.231	0.332	0.154	0.316	0.359	0.109	0.354	0.267	0.283	0.318	0.1	0.37
南京市	溧水区	0.576	0.7	0.178	0.28	0.519	0.256	0.349	0.933	0.265	0.244	0.738	0.17	0.619	0.779	0.953	0.535	0.674	0.325
	高淳区	0.558	0.4	0.178	0.203	0.465	0.149	0.444	1	0.154	0.388	0.427	0.151	0.595	0.852	0.992	0.522	0.849	0.415
无锡市	宜兴市	0.676	0.55	0.217	0.235	0.551	0.436	0.809	0.34	1	0.28	0.208	0.196	0.352	0.797	0.849	0.294	0.403	0.775
常州市	金坛区	0.626	0.663	0.178	0.248	0.557	0.242	0.389	0.81	0.507	0.352	0.594	0.211	0.681	0.88	0.98	0.417	0.621	0.145
	溧阳市	0.585	0.55	0.178	0.241	0.524	0.232	0.435	0.68	0.944	0.244	0.57	0.139	0.514	0.768	0.918	0.517	0.665	0.37

续表

市	区县市	城镇化率	人均GDP	千人医疗卫生机构床位	非农从业人员人均产值	第二产业产值占比	规模以上工业企业个数	规模以上工业总产值	农村人均固定资产投资	农村人均用电量	单位面积农用机械总动力	设施农业用地占比	乡村服务业产值占比	公路网密度	地形坡度	地形起伏度	人均耕地面积	生态用地覆盖率	历史文化名村与传统村落数量
宁波市	海曙区	0.939	0.475	0.296	0.19	0.333	0.31	0.344	0.406	0.684	0.316	0.279	0.129	0.496	0.423	0.369	0.141	0.405	0.19
	江北区	0.88	0.625	0.257	0.216	0.322	0.201	0.278	0.721	0.14	0.244	0.279	0.142	0.496	0.744	0.813	0.141	0.735	0.145
	北仑区	0.787	1	0.1	0.274	0.551	0.352	1	0.483	0.199	0.388	0.279	0.141	0.279	0.45	0.5	0.144	0.592	0.1
	镇海区	0.981	0.85	0.178	0.248	0.755	0.277	0.638	0.738	0.141	0.316	0.279	0.135	0.413	0.782	0.849	0.135	0.734	0.145
	鄞州区	0.868	0.588	0.257	0.203	0.295	0.477	0.461	0.473	0.305	0.316	0.392	0.161	0.381	0.527	0.525	0.132	0.465	0.505
	奉化市	0.541	0.513	0.178	0.19	0.644	0.275	0.248	0.459	0.326	0.316	0.571	0.123	0.322	0.261	0.189	0.302	0.25	0.595
	余姚市	0.848	0.4	0.1	0.164	0.603	0.502	0.491	0.253	0.572	0.46	0.643	0.132	0.385	0.553	0.537	0.203	0.522	0.28
	慈溪市	0.83	0.475	0.139	0.222	0.64	0.602	0.811	0.306	0.949	0.352	0.896	0.125	0.351	0.833	0.889	0.183	0.743	0.28
	象山县	0.561	0.4	0.178	0.171	0.455	0.272	0.235	0.383	0.276	1	0.865	0.116	0.361	0.352	0.336	0.263	0.312	0.46
	宁海县	0.584	0.4	0.178	0.171	0.548	0.281	0.294	0.512	0.37	0.316	0.337	0.129	0.287	0.272	0.236	0.275	0.208	1
许昌市	建安区	0.312	0.363	0.178	0.19	0.577	0.169	0.349	0.453	0.265	0.46	0.128	0.14	0.619	0.824	0.998	0.484	1	0.1
	禹州市	0.402	0.288	0.139	0.19	0.599	0.247	0.497	0.591	0.121	0.352	0.112	0.14	0.664	0.545	0.846	0.379	0.921	0.28
	长葛市	0.48	0.438	0.139	0.184	0.764	0.265	0.679	0.616	0.137	0.532	0.108	0.14	0.619	0.804	0.997	0.272	0.995	0.1
	鄢陵县	0.318	0.25	0.217	0.177	0.444	0.121	0.339	0.559	0.108	0.46	0.108	0.14	0.619	0.791	0.995	0.494	0.999	0.1
	襄城县	0.302	0.288	0.178	0.209	0.451	0.135	0.315	0.315	0.115	0.424	0.196	0.156	0.45	0.801	0.983	0.392	0.949	0.1
鹰潭市	余江区	0.437	0.213	0.178	0.106	0.522	0.126	0.349	0.453	0.128	0.28	0.108	0.14	0.619	0.521	0.835	0.533	0.489	0.1
	贵溪市	0.449	0.363	0.217	0.184	0.649	0.135	0.516	0.772	0.265	0.28	0.275	0.121	0.362	0.271	0.428	0.515	0.241	0.235
郑州市	二七区	0.983	0.363	1	0.254	0.243	0.121	0.12	0.513	0.101	0.208	0.111	0.176	0.619	0.623	0.97	0.104	0.955	0.1
	管城回族区	1	0.738	0.335	1	0.162	0.101	0.115	0.414	0.1	0.388	0.279	0.193	0.619	0.805	0.998	0.1	0.999	0.1
	惠济区	0.703	0.363	0.1	0.37	0.1	0.103	0.117	0.76	0.115	0.244	1	0.119	0.619	0.833	0.991	0.211	0.955	0.1
	巩义市	0.616	0.363	0.178	0.196	0.623	0.249	0.118	0.744	0.396	0.388	0.103	0.245	0.619	0.275	0.542	0.295	0.677	0.37
	荥阳市	0.512	0.325	0.139	0.171	0.522	0.218	0.117	0.616	0.14	0.316	0.149	0.111	0.619	0.525	0.868	0.385	0.882	0.235
	新密市	0.601	0.325	0.217	0.171	0.551	0.186	0.118	0.504	0.161	0.568	0.267	0.141	0.619	0.463	0.825	0.348	0.865	0.28

续表

市	区县市	城镇化率	人均GDP	千人医疗卫生机构床位数	非农业从业人员人均产值	第二产业产值占比	规模以上工业企业个数	规模以上工业总产值	农村人均固定资产投资	农村人均用电量	单位面积农用机械总动力	设施农业用地占比	乡村服务产业产值占比	公路网密度	地形坡度	地形起伏度	人均耕地面积	生态用地覆盖率	历史文化名村与传统村落数量
郑州市	新郑市	0.636	0.513	0.217	0.286	0.55	0.167	0.117	0.514	0.133	0.46	0.114	0.108	0.619	0.794	0.978	0.261	0.98	0.1
	登封市	0.519	0.25	0.257	0.556	0.543	0.189	0.116	0.609	0.162	0.388	0.107	0.118	0.619	0.35	0.678	0.441	0.731	0.865
	中牟县	0.554	0.175	0.1	0.261	0.305	0.126	0.115	0.394	0.121	0.28	0.187	0.134	0.619	0.889	1	0.368	0.989	0.1
成都市	温江区	0.806	0.438	0.413	0.222	0.306	0.171	0.186	0.727	0.11	0.388	0.108	0.108	0.899	0.704	0.991	0.192	0.987	0.28
	郫都区	0.751	0.288	0.178	0.126	1	0.226	0.277	0.373	0.123	0.388	0.239	0.128	0.897	0.687	0.991	0.184	0.995	0.145
	彭州市	0.38	0.288	0.296	0.158	0.518	0.146	0.261	0.314	0.131	0.28	0.1	0.1	0.577	0.345	0.319	0.363	0.481	0.19
	都江堰市	0.563	0.25	0.374	0.235	0.264	0.128	0.134	0.318	0.137	0.28	0.1	0.144	0.411	0.285	0.171	0.27	0.236	0.28
	崇州市	0.365	0.25	0.335	0.113	0.416	0.163	0.186	0.396	0.133	0.352	0.228	0.124	0.672	0.411	0.389	0.323	0.41	0.145
	邛崃市	0.445	0.213	0.257	0.132	0.328	0.145	0.149	0.37	0.12	0.244	0.152	0.114	0.722	0.383	0.541	0.496	0.516	0.37
	大邑县	0.371	0.213	0.296	0.126	0.414	0.143	0.159	0.36	0.123	0.316	0.387	0.112	0.387	0.22	0.135	0.315	0.196	0.415
	蒲江县	0.333	0.175	0.178	0.158	0.366	0.129	0.119	0.956	0.122	0.172	0.104	0.109	0.82	0.536	0.827	0.494	0.946	0.505
重庆市	荣昌区	0.539	0.363	0.217	0.184	0.555	0.207	0.269	0.329	0.128	0.208	0.136	0.107	0.71	0.513	0.914	0.518	0.937	0.145
	潼南区	0.476	0.25	0.139	0.171	0.475	0.159	0.261	0.279	0.134	0.208	0.235	0.1	0.857	0.343	0.795	0.745	0.96	0.235
	大足区	0.548	0.325	0.217	0.158	0.586	0.209	0.398	0.899	0.134	0.244	0.124	0.102	0.608	0.387	0.736	0.575	0.899	0.28
	合川区	0.598	0.25	0.178	0.184	0.348	0.209	0.277	0.267	0.121	0.208	0.104	0.102	0.734	0.31	0.669	0.534	0.842	0.19
	铜梁区	0.566	0.325	0.217	0.184	0.414	0.203	0.225	0.403	0.124	0.1	0.16	0.108	1	0.369	0.712	0.567	0.834	0.1
	永川区	0.686	0.325	0.296	0.248	0.429	0.212	0.344	0.318	0.135	0.172	0.156	0.104	0.925	0.395	0.754	0.438	0.81	0.19
	璧山区	0.701	0.363	0.217	0.171	0.453	0.208	0.362	0.582	0.262	0.244	0.116	0.102	0.882	0.37	0.711	0.384	0.767	0.1
	江津区	0.544	0.288	0.217	0.132	0.607	0.225	0.693	0.341	0.132	0.136	0.148	0.1	0.561	0.217	0.457	0.525	0.603	0.325
	巴南区	0.878	0.325	0.257	0.196	0.242	0.269	0.249	0.511	0.149	0.208	0.279	0.115	0.606	0.14	0.361	0.391	0.732	0.19

续表

市	区县市	城镇化率	人均GDP	千人医疗卫生机构床位	非农业从业人员人均产值	第二产业产值占比	规模以上工业企业个数	规模以上工业总产值	农村人均固定资产投资	农村人均用电量	单位面积用农机械总动力	设施农业用地占比	乡村服务业产值占比	公路网密度	地形坡度	地形起伏度	人均耕地面积	生态用地覆盖率	历史文化名村与传统村落数量
咸阳市	杨陵区	0.63	0.325	0.296	0.184	0.497	0.137	0.161	0.532	0.265	0.388	0.279	1	0.886	0.539	0.914	0.219	0.981	0.1
	兴平市	0.633	0.213	0.178	0.151	0.51	0.135	0.192	0.592	0.146	0.28	0.276	0.151	0.216	0.642	0.97	0.339	0.995	0.19
	彬州市	0.443	0.288	0.257	0.299	0.7	0.111	0.144	0.652	0.127	0.136	0.114	0.136	0.491	0.221	0.27	0.711	0.645	0.19
	三原县	0.464	0.213	0.178	0.196	0.551	0.143	0.201	0.412	0.139	0.352	0.599	0.162	0.768	0.396	0.777	0.428	0.958	0.19
	泾阳县	0.1	0.1	0.178	0.1	0.186	0.1	0.1	0.1	0.13	0.244	0.267	0.134	0.1	0.487	0.759	0.673	0.907	0.145
	乾县	0.331	0.138	0.178	0.139	0.383	0.11	0.135	0.269	0.125	0.244	0.105	0.14	0.387	0.438	0.816	0.56	0.948	0.145
	礼泉县	0.23	0.138	0.139	0.164	0.339	0.112	0.124	0.424	0.107	0.244	0.125	0.127	0.494	0.466	0.729	0.607	0.862	0.28
	永寿县	0.241	0.175	0.178	0.248	0.338	0.103	0.114	0.431	0.114	0.244	0.101	0.148	0.405	0.194	0.374	0.868	0.553	0.145
	长武县	0.261	0.25	0.217	0.203	0.649	0.103	0.12	0.535	0.128	0.208	0.11	0.132	0.487	0.35	0.368	0.696	0.676	0.37
	旬邑县	0.24	0.138	0.1	0.119	0.324	0.103	0.106	0.352	0.116	0.136	0.101	0.154	0.349	0.1	0.1	0.693	0.165	0.19
	淳化县	0.233	0.175	0.1	0.145	0.351	0.104	0.108	0.298	0.128	0.172	0.129	0.163	0.57	0.278	0.468	1	0.634	0.235
	武功县	0.237	0.175	0.178	0.216	0.476	0.11	0.131	0.242	0.265	0.46	0.133	0.16	0.71	0.553	0.955	0.332	0.997	0.1

附录 2 不同地区各评价指标得分平均值

地区	城镇化率	人均GDP	千人医疗卫生机构床位	非农业从业人员人均产值	第二产业产值占比	规模以上工业企业个数	规模以上工业总产值	农村人均固定资产投资	农村人均用电量	单位面积用农机械总动力	设施农业用地占比	乡村服务业产值占比	公路网密度	地形坡度	地形起伏度	人均耕地面积	生态用地覆盖率	历史文化名村与传统村落数量
东部地区	0.69	0.50	0.20	0.20	0.53	0.36	0.43	0.53	0.42	0.33	0.46	0.16	0.48	0.72	0.75	0.28	0.60	0.35
中部地区	0.55	0.35	0.24	0.28	0.48	0.17	0.26	0.55	0.16	0.38	0.21	0.15	0.60	0.63	0.87	0.35	0.85	0.20
西部地区	0.47	0.25	0.22	0.17	0.45	0.16	0.21	0.43	0.14	0.25	0.18	0.15	0.63	0.39	0.62	0.50	0.74	0.22

附录3 不同地区县域城乡融合动力评价结果

地区	市	区县市	城镇化	工业化	区域发展政策	乡村要素集聚水平	地形地貌条件	乡村资源禀赋	外部动力	内部动力
东部地区	嘉兴市	南湖区	0.165	0.034	0.022	0.038	0.303	0.074	0.221	0.415
		秀洲区	0.087	0.036	0.017	0.042	0.302	0.067	0.14	0.411
		平湖市	0.099	0.050	0.024	0.058	0.300	0.078	0.174	0.435
		海宁市	0.109	0.061	0.021	0.036	0.299	0.075	0.191	0.41
		桐乡市	0.103	0.052	0.023	0.051	0.305	0.077	0.179	0.433
		嘉善县	0.112	0.078	0.025	0.051	0.302	0.070	0.215	0.423
		海盐县	0.102	0.045	0.024	0.035	0.300	0.080	0.171	0.415
	湖州市	南浔区	0.076	0.052	0.016	0.048	0.303	0.073	0.144	0.424
		吴兴区	0.131	0.033	0.024	0.043	0.211	0.055	0.188	0.309
		德清县	0.091	0.036	0.022	0.058	0.195	0.032	0.149	0.285
		长兴县	0.102	0.040	0.020	0.055	0.191	0.056	0.162	0.302
		安吉县	0.089	0.036	0.013	0.040	0.083	0.031	0.138	0.155
	南京市	溧水区	0.106	0.038	0.032	0.057	0.261	0.076	0.177	0.394
		高淳区	0.094	0.031	0.032	0.053	0.279	0.089	0.157	0.42
	无锡市	宜兴市	0.115	0.054	0.028	0.037	0.250	0.060	0.197	0.347
	常州市	金坛区	0.110	0.039	0.033	0.061	0.282	0.062	0.182	0.405
		溧阳市	0.102	0.038	0.037	0.048	0.254	0.076	0.177	0.378
	宁波市	海曙区	0.148	0.033	0.025	0.041	0.121	0.037	0.205	0.2
		江北区	0.143	0.026	0.024	0.038	0.236	0.057	0.193	0.331
		北仑区	0.130	0.051	0.018	0.041	0.144	0.047	0.199	0.231
		镇海区	0.153	0.051	0.024	0.040	0.247	0.056	0.228	0.343
		鄞州区	0.140	0.042	0.020	0.044	0.160	0.049	0.201	0.253
		奉化区	0.095	0.043	0.019	0.047	0.070	0.046	0.157	0.163
		余姚市	0.115	0.056	0.018	0.058	0.166	0.050	0.189	0.274
		慈溪市	0.121	0.066	0.026	0.060	0.261	0.063	0.213	0.385
		象山县	0.093	0.035	0.016	0.091	0.105	0.045	0.144	0.241
		宁海县	0.096	0.040	0.022	0.039	0.078	0.054	0.157	0.17
中部地区	许昌市	建安区	0.066	0.035	0.018	0.046	0.275	0.088	0.12	0.409
		禹州市	0.070	0.042	0.020	0.041	0.207	0.083	0.131	0.331
		长葛市	0.082	0.052	0.021	0.049	0.271	0.078	0.154	0.398
		鄢陵县	0.067	0.028	0.018	0.046	0.269	0.088	0.113	0.403
		襄城县	0.063	0.028	0.011	0.044	0.269	0.080	0.103	0.393
	鹰潭市	余江区	0.073	0.031	0.016	0.037	0.201	0.058	0.12	0.296
		贵溪市	0.085	0.038	0.028	0.036	0.104	0.045	0.151	0.185

地区	市	区县市	城镇化	工业化	区域发展政策	乡村要素集聚水平	地形地貌条件	乡村资源禀赋	外部动力	内部动力
中部地区	郑州市	二七区	0.222	0.017	0.017	0.035	0.237	0.068	0.257	0.339
		管城回族区	0.184	0.013	0.014	0.050	0.271	0.070	0.211	0.392
		惠济区	0.103	0.011	0.024	0.064	0.275	0.072	0.139	0.412
		巩义市	0.098	0.039	0.029	0.046	0.120	0.066	0.166	0.233
		荥阳市	0.082	0.033	0.021	0.039	0.207	0.080	0.136	0.325
		新密市	0.099	0.033	0.018	0.056	0.190	0.078	0.15	0.325
		新郑市	0.111	0.032	0.018	0.044	0.267	0.076	0.16	0.388
		登封市	0.101	0.033	0.021	0.041	0.151	0.090	0.154	0.283
		中牟县	0.080	0.020	0.014	0.039	0.286	0.082	0.113	0.407
西部地区	成都市	温江区	0.145	0.023	0.023	0.047	0.254	0.079	0.192	0.379
		郫都区	0.109	0.054	0.013	0.052	0.251	0.075	0.176	0.378
		彭州市	0.083	0.031	0.012	0.034	0.102	0.052	0.125	0.188
		都江堰市	0.110	0.019	0.012	0.032	0.071	0.035	0.141	0.138
		崇州市	0.083	0.027	0.014	0.045	0.122	0.045	0.124	0.212
		邛崃市	0.083	0.022	0.013	0.038	0.138	0.066	0.118	0.241
		大邑县	0.079	0.026	0.013	0.042	0.055	0.038	0.117	0.135
		蒲江县	0.062	0.022	0.030	0.034	0.203	0.096	0.115	0.333
	重庆市	荣昌区	0.094	0.036	0.012	0.035	0.211	0.087	0.142	0.332
		潼南区	0.076	0.030	0.011	0.041	0.166	0.101	0.116	0.308
		大足区	0.093	0.038	0.029	0.034	0.165	0.091	0.161	0.29
		合川区	0.093	0.028	0.010	0.034	0.143	0.083	0.131	0.26
		铜梁区	0.096	0.029	0.014	0.036	0.159	0.081	0.139	0.277
		永川区	0.118	0.032	0.012	0.038	0.169	0.076	0.162	0.284
		璧山区	0.111	0.033	0.022	0.039	0.159	0.069	0.165	0.267
		江津区	0.091	0.043	0.012	0.028	0.099	0.071	0.147	0.198
		巴南区	0.133	0.026	0.018	0.038	0.073	0.069	0.177	0.18
	咸阳市	杨陵区	0.111	0.029	0.021	0.090	0.215	0.075	0.16	0.38
		兴平市	0.095	0.029	0.020	0.034	0.240	0.083	0.144	0.358
		彬州市	0.088	0.035	0.021	0.027	0.074	0.078	0.145	0.179
		三原县	0.078	0.031	0.015	0.061	0.173	0.085	0.124	0.319
		泾阳县	0.034	0.014	0.005	0.029	0.185	0.092	0.053	0.306
		乾县	0.060	0.022	0.010	0.030	0.185	0.089	0.093	0.304
		礼泉县	0.046	0.021	0.014	0.032	0.178	0.090	0.081	0.3
		永寿县	0.054	0.020	0.015	0.030	0.084	0.079	0.089	0.193
		长武县	0.062	0.032	0.018	0.030	0.109	0.085	0.112	0.224
		旬邑县	0.042	0.019	0.012	0.024	0.030	0.047	0.074	0.102
		淳化县	0.043	0.020	0.011	0.032	0.111	0.092	0.075	0.235
		武功县	0.053	0.026	0.012	0.049	0.223	0.081	0.091	0.353

附录4 不同地区县域城乡融合的类型划分结果

地区	市	区县市	外部动力评价结果分级	内部动力评价结果分级	县域城乡融合类型
东部地区	嘉兴市	南湖区	4	4	城乡一体
		秀洲区	2	4	差异协调
		平湖市	3	4	城乡一体
		海宁市	3	4	城乡一体
		桐乡市	3	4	城乡一体
		嘉善县	4	4	城乡一体
		海盐县	3	4	城乡一体
	湖州市	南浔区	2	4	差异协调
		吴兴区	3	3	城乡一体
		德清县	2	3	差异协调
		长兴县	3	3	城乡一体
		安吉县	2	1	协同收缩
	南京市	溧水区	3	3	城乡一体
		高淳区	3	4	城乡一体
	无锡市	宜兴市	3	3	城乡一体
	常州市	金坛区	3	4	城乡一体
		溧阳市	3	3	城乡一体
	宁波市	海曙区	4	1	差异协调
		江北区	3	3	城乡一体
		北仑区	3	2	差异协调
		镇海区	4	3	城乡一体
		鄞州区	4	2	差异协调
		奉化区	3	1	差异协调
		余姚市	3	2	差异协调
		慈溪市	4	3	城乡一体
		象山县	2	2	协同收缩
		宁海县	3	1	差异协调
中部地区	许昌市	建安区	2	4	差异协调
		禹州市	2	3	差异协调
		长葛市	3	3	城乡一体
		鄢陵县	2	4	差异协调
		襄城县	2	3	差异协调
	鹰潭市	余江区	2	3	差异协调
		贵溪市	3	1	差异协调

续表

地区	市	区县市	外部动力评价结果分级	内部动力评价结果分级	县域城乡融合类型
中部地区	郑州市	二七区	4	3	城乡一体
		管城回族区	4	3	城乡一体
		惠济区	2	4	差异协调
		巩义市	3	2	差异协调
		荥阳市	2	3	差异协调
		新密市	2	3	差异协调
		新郑市	3	3	城乡一体
		登封市	3	3	城乡一体
		中牟县	2	4	差异协调
西部地区	成都市	温江区	3	3	城乡一体
		郫都区	3	3	城乡一体
		彭州市	2	1	协同收缩
		都江堰市	2	1	协同收缩
		崇州市	2	2	协同收缩
		邛崃市	2	2	协同收缩
		大邑县	2	1	协同收缩
		蒲江县	2	3	差异协调
	重庆市	荣昌区	2	3	差异协调
		潼南区	2	3	差异协调
		大足区	3	3	城乡一体
		合川区	2	2	协同收缩
		铜梁区	2	3	差异协调
		永川区	3	2	城乡一体
		璧山区	3	2	差异协调
		江津区	2	1	协同收缩
		巴南区	3	1	差异协调
	咸阳市	杨陵区	3	3	城乡一体
		兴平市	2	3	差异协调
		彬州市	2	1	协同收缩
		三原县	2	3	差异协调
		泾阳县	1	3	差异协调
		乾县	1	3	差异协调
		礼泉县	1	3	差异协调
		永寿县	1	1	协同收缩
		长武县	2	2	协同收缩
		旬邑县	1	1	协同收缩
		淳化县	1	2	协同收缩
		武功县	1	3	差异协调

后　记

　　本书是国家"十三五"重点研发计划"绿色宜居村镇技术创新"重点专项项目"村镇聚落空间重构数字化模拟及评价模型"（2018YFD1100300）研究成果之一。重庆大学左力副教授、李旭副教授、谭文勇副教授、李佳教授、韩贵峰教授、孙忠伟副教授等都参与了项目的研究工作。付鹏、靳泓、池小燕、陈建颖、高黎月、张文杰、王鸿蒙、杨惠乔、张荣明、齐文慧等研究生以及本工作室其他老师和同学们参与了项目研究与资料整理工作。北京大学、东南大学、清华大学、中国建筑设计院有限公司、中国建筑西南勘察设计研究院有限公司、北京大学深圳研究生院、天津市城市规划设计研究总院有限公司、西安建筑科技大学等合作研究单位共同探讨了研究思路并提供了相关资料。正是大家的共同努力，本书才得以顺利完成。

　　本书得到了"村镇聚落空间重构数字化模拟及评价模型"项目的很多专家、学者的指导与帮助，特别是北京大学冯长春教授、国务院发展研究中心刘云中研究员、天津大学曾坚教授、重庆师范大学冯维波教授、江苏省规划设计集团有限公司袁锦富首席规划总监、中国城市规划设计研究院西部分院院长张圣海教授级高级工程师、中山大学杨忍教授、重庆市规划设计研究院卢涛教授级高级工程师、大连理工大学李宏男教授、山东建筑大学崔东旭教授、哈尔滨工业大学宋聚生教授和王耀武教授、华南师范大学刘云刚教授、广州市城市规划编制研究中心吕传廷教授等。感谢重庆市规划和自然资源局、重庆市永川区规划和自然资源局、重庆市大足区规划和自然资源局、成都市规划和自然资源局、溧阳市自然资源和规划局、陕西杨凌示范区自然资源规划局、天津市规划和自然资源局蓟州分局、宁海县住房和城乡建设局、广州市规划和自然资源局番禺区分局等机构对项目研究的支持及提供的宝贵资料！

　　村镇聚落的研究需要不断创新理论与技术方法以解决乡村重构中的新问题。本书只是阶段性研究成果，希望为从事村镇聚落研究的同行提供理论、方法和实践参考。书中的不足与疏漏也恳切希望专家和读者批评与指正。

著　者

2022 年 12 月